Deepen Your Mind

Deepen Your Mind

洪錦魁簡介

一位跨越電腦作業系統與科技時代的電腦專家，著作等身的作家。

❑ DOS 時代他的代表作品是 IBM PC 組合語言、C、C++、Pascal、資料結構。

❑ Windows 時代他的代表作品是 Windows Programming 使用 C、Visual Basic。

❑ Internet 時代他的代表作品是網頁設計使用 HTML。

❑ 大數據時代他的代表作品是 R 語言邁向 Big Data 之路。

❑ 人工智慧時代他的代表作品是機器學習彩色圖解 + 基礎數學與基礎微積分 +
Python 實作

除了作品被翻譯為簡體中文、馬來西亞文，2000 年作品更被翻譯為 Mastering
HTML 英文版行銷美國，近年來作品則是在北京清華大學和台灣深智同步發行：

1：C、Java、Python 最強入門邁向頂尖高手之路王者歸來

2：OpenCV 影像創意邁向 AI 視覺王者歸來

3：Python 網路爬蟲：大數據擷取、清洗、儲存與分析王者歸來

4：演算法最強彩色圖鑑 + Python 程式實作王者歸來

5：matplotlib 從 2D 到 3D 資料視覺化

7：網頁設計 HTML+CSS+JavaScript+jQuery+Bootstrap+Google Maps 王者歸來

6：機器學習彩色圖解 + 基礎數學、基礎微積分 + Python 實作王者歸來

7：R 語言邁向 Big Data 之路王者歸來

8：Excel 完整學習、Excel 函數庫、Excel VBA 應用王者歸來

9：Power BI 最強入門 – 大數據視覺化 + 智慧決策 + 雲端分享王者歸來

他的近期著作分別登上天瓏、博客來、Momo 電腦書類暢銷排行榜前幾名，他的
著作最大的特色是，所有程式語法或是功能解說會依特性分類，同時以實用的程式範
例做解說，讓整本書淺顯易懂，讀者可以由他的著作事半功倍輕鬆掌握相關知識。

Python 操作 Excel
最強入門邁向辦公室自動化之路 王者歸來

序

23 個主題 + 339 個程式實例

這是一本講解用 Python 操作 Excel 工作表的入門書籍，也是目前市面上這方面知識最完整的書籍。整本書從最基礎的活頁簿、工作表說起，逐漸邁入操作工作表、美化工作表、分析工作表資料、將資料以圖表表達，最後講解將 Excel 工作表存成 PDF，以達成未來辦公室自動化的目的。

本書內容另一個特色是在講解 openpyxl 模組或是 Pandas 模組時，會將相關的 Excel 視窗內容搭配說明，讓讀者了解程式設計各參數在 Excel 視窗所代表的真實意義。

整本書分成 23 個主題，339 個程式實例，完整解說下列知識：

- ❑ Python + openpyxl 操作 Excel
- ❑ Python + Pandas 進階分析 Excel 數據
- ❑ 辦公室複雜與日常的工作自動化
- ❑ 從活頁簿說起
- ❑ 詳解操作工作表
- ❑ 使用儲存格
- ❑ 設定儲存格的資料格式
- ❑ 儲存格的保護
- ❑ 將 Excel 函數庫應用在 Python 程式
- ❑ 格式化工作表
- ❑ 條件式格式化工作表
- ❑ 色階、資料橫條與圖示集
- ❑ 凸顯符合條件的儲存格

- ❑ 資料驗證
- ❑ 工作表列印
- ❑ 工作表與影像操作
- ❑ 資料篩選
- ❑ Python 操作 Excel 函數
- ❑ 各類 2D 到 3D 專業圖表設計
- ❑ Excel 工作表轉 CSV 文件
- ❑ CSV 文件轉 Excel 工作表
- ❑ Pandas 入門
- ❑ Pandas 建立樞紐分析表
- ❑ 將 Excel 檔案轉成 PDF

　　寫過許多的電腦書著作，本書沿襲筆者著作的特色，程式實例豐富，相信讀者只要遵循本書內容必定可以在最短時間精通 Python + openpyxl + Pandas 操作 Excel，奠定辦公室自動化的基礎知識，編著本書雖力求完美，但是學經歷不足，謬誤難免，尚祈讀者不吝指正。

洪錦魁 2022-07-10
jiinkwei@me.com

臉書粉絲團

　　歡迎加入：王者歸來電腦專業圖書系列

　　歡迎加入：iCoding 程式語言讀書會 (Python, Java, C, C++, C#, JavaScript, 大數據 , 人工智慧等不限)

　　歡迎加入：穩健精實 AI 技術手作坊

　　歡迎加入：職場神救援 -Excel 公式 / 函數靈活運用

　　讀者可以由上述粉絲團不定期獲得筆者相關訊息。

讀者資源說明

　　讀者資源包含所有程式實例，可至深智公司網頁 https://deepmind.com.tw 下載。

目錄

第 1 章　使用 Python 讀寫 Excel 文件

1-1　先前準備工作.....................1-2

1-2　使用 Python 操作 Excel 的模組說明..1-3

1-3　認識 Excel 視窗.................1-3

1-4　讀取 Excel 檔案................1-4

　1-4-1　開啟檔案.....................1-5

　1-4-2　取得工作表 worksheet 名稱........1-5

1-5　切換工作表物件.................1-6

　1-5-1　直接使用工作表名稱 1-6

　1-5-2　使用 worksheets[n] 切換工作表...1-7

1-6　寫入 Excel 檔案................1-8

　1-6-1　建立空白活頁簿 1-8

　1-6-2　儲存 Excel 檔案..............1-8

　1-6-3　複製 Excel 檔案.............1-10

1-7　關閉檔案......................1-11

1-8　找出目前資料夾的 Excel 檔案 1-12

1-9　找出目前資料夾所有 out 開頭的
　　 Excel 檔案 1-13

1-10　複製所有 out1 開頭的檔案............1-13

1-11　輸入關鍵字找活頁簿 1-14

　1-11-1　目前工作資料夾 1-14

　1-11-2　搜尋特定資料夾 1-15

　1-11-3　使用 os.walk( ) 遍歷所有資料
　　　　 夾底下的檔案..........................1-16

第 2 章　操作 Excel 工作表

2-1　建立工作表 2-2

2-2　複製工作表 2-4

2-3　更改工作表名稱 2-6

2-4　刪除工作表 2-8

　2-4-1　remove( ) 2-8

2-4-2　del 方法 2-9

2-5　更改工作表的顏色 2-10

2-6　隱藏 / 顯示工作表 2-12

　2-6-1　隱藏工作表 2-12

　2-6-2　顯示工作表 2-13

2-7　將一個工作表另外複製 11 份.........2-14

2-8　保護與取消保護工作表 2-17

第 3 章　讀取與寫入儲存格內容

3-1　單一儲存格的存取 3-2

　3-1-1　基礎語法與實作觀念 3-2

　3-1-2　使用 cell( ) 函數設定儲存格的值..3-4

　3-1-3　使用 cell( ) 函數取得儲存格的值..3-5

　3-1-4　貨品價格資訊 3-6

3-2　公式與值的觀念 3-6

　3-2-1　使用 ws[' 行列 '] 格式 3-6

　3-2-2　使用 cell( ) 函數的觀念.................3-8

3-3　取得儲存格位置資訊 3-9

3-4　取得工作表使用的欄數和列數 3-11

3-5　列出工作表區間內容 3-12

　3-5-1　輸出列區間內容 3-12

　3-5-2　輸出行區間內容 3-12

　3-5-3　輸出整個儲存格區間資料 3-12

3-6　工作表物件 ws 的 rows 和 columns.3-14

　3-6-1　認識 rows 和 columns 屬性 3-14

　3-6-2　逐列方式輸出工作表內容 3-15

　3-6-3　逐欄方式輸出工作表內容 3-16

3-7　iter_rows( ) 和 iter_cols( ) 方法 3-16

　3-7-1　認識屬性 3-16

　3-7-2　iter_rows( ) 3-17

　3-7-3　iter_cols( ) 3-18

3-7-4 遍歷所有列 (或欄) 與認識 回傳的資料 3-19

3-7-5 參數 values_only=True 3-20

3-8 指定欄或列 3-21

3-9 切片 3-22

3-9-1 指定的儲存格區間 3-22

3-9-2 特定列或欄的區間 3-23

3-10 工作表物件 ws 的 dimensions 3-24

3-11 將串列資料寫進儲存格 3-26

3-12 欄數與欄位名稱的轉換 3-27

第 4 章 工作表與活頁簿整合實作

4-1 建立多個工作表的應用 4-2

4-2 將活頁簿的工作表複製到不同的 活頁簿 4-4

4-3 將活頁簿的所有工作表複製到另 一個的活頁簿 4-7

4-4 將活頁簿內所有工作表獨立製成 個別的活頁簿 4-10

第 5 章 工作表欄與列的操作

5-1 插入列 5-2

5-1-1 基礎觀念實例 5-2

5-1-2 迴圈實例 5-4

5-1-3 建立薪資條資料 5-5

5-1-4 使用 iter_rows( ) 驗證插入列 5-7

5-2 刪除列 5-8

5-2-1 基礎觀念實例 5-8

5-2-2 刪除多列 5-9

5-3 插入欄 5-10

5-3-1 基礎觀念實例 5-10

5-3-2 插入多欄 5-11

5-4 刪除欄 5-12

5-4-1 基礎觀念實例 5-12

5-4-2 刪除多欄 5-13

5-5 移動儲存格區間 5-14

5-6 更改欄寬與列高 5-16

第 6 章 儲存格的樣式

6-1 認識儲存格的樣式 6-2

6-2 字型功能 6-2

6-2-1 設定單一儲存格的字型樣式 ... 6-2

6-2-2 用迴圈設定某儲存格區間的 字型樣式 6-5

6-2-3 不同字型的應用 6-6

6-3 儲存格的框線 6-7

6-3-1 認識儲存格的框線樣式 6-7

6-3-2 用迴圈設定某儲存格區間的 框線樣式 6-11

6-4 儲存格的圖案 6-13

6-4-1 認識圖案樣式 6-13

6-4-2 為圖案加上前景和背景色彩 ... 6-16

6-4-3 填充圖案的應用 6-17

6-4-4 漸層填滿 6-18

6-5 儲存格對齊方式 6-21

6-5-1 認識對齊方式 6-21

6-5-2 使用迴圈處理儲存格區間的 對齊方式 6-23

6-5-3 上下與左右置中的應用 6-24

6-6 複製樣式 6-25

6-7 色彩 6-25

6-8 樣式名稱與應用 6-27

6-8-1 建立樣式名稱 6-27

6-8-2 註冊樣式名稱 6-27

6-8-3 應用樣式 6-27

第 7 章　儲存格的進階應用

7-1　合併儲存格 7-2
　7-1-1　基礎語法與實作 7-2
　7-1-2　實例應用 7-3
7-2　取消合併儲存格 7-4
7-3　凍結儲存格 7-5
　7-3-1　凍結列的實例 7-6
　7-3-2　凍結列的實例 7-7
　7-3-3　凍結欄和列 7-7
7-4　儲存格的附註 7-8
　7-4-1　建立附註 7-8
　7-4-2　建立附註框的大小 7-10
7-5　折疊 (或隱藏) 儲存格 7-11
7-6　取消保護特定儲存格區間 7-13
　7-6-1　保護工作表 7-13
　7-6-2　設計讓部分工作表可以編輯....... 7-13
　7-6-3　辦公室的實際應用 7-15
7-7　漸層色彩的實例...........................7-16

第 8 章　自訂數值格式化儲存格的應用

8-1　格式化的基本觀念 8-2
8-2　認識數字格式符號 8-2
8-3　內建數字的符號格式 8-3
8-4　測試字串是否內建格式 8-5
　8-4-1　測試是否內建數值字串格式........ 8-5
　8-4-2　測試是否內建日期字串格式........ 8-5
　8-4-3　測試是否內建日期 / 時間字串
　　　　　格式 8-6
8-5　獲得格式字串的索引編號 8-7
8-6　系列應用 8-7
　8-6-1　數字格式的應用 8-7
　8-6-2　日期格式的應用 8-9
　8-6-3　取得儲存格的屬性................... 8-10

8-7　日期應用 8-11

第 9 章　公式與函數

9-1　了解 openpyxl 可以解析的函數........ 9-2
　9-1-1　列出 openpyxl 支援的函數 9-2
　9-1-2　判斷是否支援特定函數 9-3
9-2　在工作表內使用函數 9-3
9-3　在工作表使用公式 9-5
9-4　年資 / 銷售排名 / 業績 / 成績統計
　　　的系列函數應用
　9-4-1　計算年資 9-5
　9-4-2　計算銷售排名 9-7
　9-4-3　業績統計的應用 9-8
　9-4-4　考試成績統計 9-9
9-5　使用 for 迴圈計算儲存格區間的值.. 9-10
9-6　公式的複製 9-12

第 10 章　設定格式化條件

10-1　加入格式條件的函數 10-2
10-2　色階設定 10-2
　10-2-1　ColorScaleRule( ) 函數 10-4
　10-2-2　ColorScale( ) 函數 10-6
10-3　資料橫條 10-10
　10-3-1　DataBarRule( ) 函數 10-11
　10-3-2　DataBar( ) 函數 10-13
10-4　圖示集 10-15
　10-4-1　IconSetRule( ) 函數 10-16
　10-4-2　IconSet( ) 函數 10-19

第 11 章　凸顯符合條件的資料

11-1　凸顯符合條件的數值資料................. 11-3
　11-1-1　格式功能鈕 11-4
　11-1-2　設定凸顯儲存格的條件 11-5
　11-1-3　格式化條件凸顯成績的應用..... 11-6

11-1-4　Rule( ) 函數的 formula 公式 11-8

11-2 凸顯特定字串開頭的字串 11-10

11-3 字串條件功能 11-12

11-4 凸顯重複的值 11-14

11-5 發生的日期 11-16

11-6 前段 / 後段項目規則 11-18

11-6-1　前段項目 11-18

11-6-2　後段項目規則 11-21

11-7 高於 / 低於平均 11-22

第 12 章　驗證儲存格資料

12-1 資料驗證模組 12-2

12-1-1　導入資料驗證模組 12-2

12-1-2　數值輸入的驗證 12-3

12-2 資料驗證區間建立輸入提醒 12-4

12-3 驗證日期的資料輸入 12-5

12-4 錯誤輸入的提醒 12-6

12-5 設定輸入清單 12-7

12-6 將需要驗證的儲存格用黃色底顯示. 12-8

第 13 章　工作表的列印

13-1 置中列印 13-2

13-2 工作表列印屬性 13-3

13-3 設定列印區域 13-4

13-4 設定頁首與頁尾 13-5

13-4-1　頁首的設定 13-5

13-4-2　頁尾的設定 13-6

13-5 文字設定的標記碼 13-6

第 14 章　插入影像

14-1 插入影像 14-2

14-2 控制影像物件的大小 14-3

14-3 影像位置 14-4

14-4 人事資料表插入影像的應用 14-5

第 15 章　直條圖與 3 D 直條圖

15-1 直條圖 BarChart( ) 15-2

15-1-1　圖表的資料來源 15-3

15-1-2　建立直條圖 15-3

15-1-3　將資料加入圖表 15-3

15-1-4　將圖表加入工作表 15-3

15-1-5　建立圖表標題 15-4

15-1-6　建立座標軸標題 15-5

15-1-7　建立 x 軸標籤 15-5

15-2 認識直條圖表的屬性 15-6

15-2-1　圖表的寬度和高度 15-6

15-2-2　圖例屬性 15-8

15-2-3　資料長條的區間 15-10

15-2-4　更改直條資料的顏色 15-11

15-2-5　直條圖的色彩樣式 15-14

15-3 橫條圖 15-16

15-4 直條堆疊圖 15-18

15-4-1　認識屬性 15-18

15-4-2　建立一般堆疊直條圖 15-18

15-4-3　建立一般堆疊直條圖 15-20

15-5 3D 立體直條圖 15-21

15-5-1　基礎觀念 15-21

15-5-2　3D 立體直條圖的外形 15-22

15-6 一個工作表建立多組圖表的應用... 15-24

第 16 章　折線圖與區域圖

16-1 折線圖 LineChart( ) 16-2

16-2 堆疊折線圖 16-4

16-3 建立平滑的線條 16-5

16-4 資料點的標記 16-6

16-5 折線圖的線條樣式 16-7

16-6 3D 立體折線圖 16-9

16-7 區域圖 16-12

16-7-1　基礎實作 16-12

16-7-2　區域圖樣式.................16-14

16-7-3　建立堆疊區域圖.........16-14

16-7-4　重新設計區域圖的填充和輪廓
　　　　顏色........................16-15

16-8　3D 立體區域圖.................16-16

16-8-1　基礎實作....................16-16

16-8-2　3D 區域圖樣式............16-17

第 17 章　散點圖和氣泡圖

17-1　散點圖..............................17-2

17-2　氣泡圖..............................17-5

17-2-1　建立基礎氣泡圖.........17-5

17-2-2　建立立體氣泡圖.........17-7

17-3　建立漸層色彩的氣泡圖......17-8

17-4　多組氣泡圖的實作...........17-11

第 18 章　圓餅、環圈與雷達圖

18-1　圓餅圖..............................18-2

18-1-1　圓餅圖語法與基礎實作...18-2

18-1-2　圓餅圖切片分離.........18-4

18-1-3　重設切片顏色............18-6

18-1-4　顯示切片名稱、資料和百分比.18-7

18-2　圓餅投影圖.......................18-8

18-3　3D 圓餅圖影圖................18-10

18-4　環圈圖............................18-12

18-4-1　環圈圖語法與基礎實作.........18-12

18-4-2　環圈圖的樣式...........18-14

18-4-3　建立含 2 組資料的環圈圖......18-15

18-4-4　環圈圖的切片分離....18-15

18-4-5　綜合應用.................18-17

18-5　雷達圖............................18-18

第 19 章　使用 Python 處理 CSV 文件

19-1　建立一個 CSV 文件..........19-2

19-2　用記事本開啟 CSV 檔案..................19-3

19-3　csv 模組..........................19-4

19-4　讀取 CSV 檔案.................19-4

19-4-1　使用 open( ) 開啟 CSV 檔案....19-4

19-4-2　建立 Reader 物件.........19-5

19-4-3　用迴圈列出串列內容....19-6

19-4-4　使用串列索引讀取 CSV 內容....19-6

19-4-5　讀取 CSV 檔案然後寫入 Excel
　　　　檔案........................19-7

19-5　寫入 CSV 檔案.................19-8

19-5-1　開啟欲寫入的檔案 open( ) 與
　　　　關閉檔案 close( )............19-8

19-5-2　建立 writer 物件.........19-8

19-5-3　輸出串列 writerow( ).........19-8

19-5-4　讀取 Excel 檔案用 CSV 格式
　　　　寫入........................19-10

第 20 章　Pandas 入門

20-1　Series 20-2

20-1-1　使用串列 list 建立 Series 物件..20-3

20-1-2　使用 Python 字典 dict 建立
　　　　Series 物件.................20-3

20-1-3　使用 Numpy 的 ndarray 建立
　　　　Series 物件.................20-4

20-1-4　建立含索引的 Series 物件.......20-4

20-1-5　使用純量建立 Series 物件.......20-5

20-1-6　列出 Series 物件索引與值......20-6

20-1-7　Series 的運算............20-6

20-2　DataFrame 20-10

20-2-1　建立 DataFrame 使用 Series...20-10

20-2-2　欄位 columns 屬性.........20-11

20-2-3　Series 物件的 name 屬性.......20-12

20-2-4　使用元素是字典的串列建立
　　　　DataFrame.................20-13

20-2-5　使用字典建立 DataFrame.......20-13

20-2-6　index 屬性.............................. 20-13

20-2-7　將 columns 欄位當作 DataFrame
物件的 index.......................... 20-14

20-3　基本 Pandas 資料分析與處理........ 20-14

20-3-1　索引參照屬性 20-15

20-3-2　直接索引............................ 20-16

20-3-3　四則運算方法...................... 20-17

20-3-4　邏輯運算方法 20-18

20-3-5　Numpy 的函數應用在 Pandas 20-19

20-3-6　NaN 相關的運算 20-19

20-3-7　NaN 的處理........................ 20-20

20-3-8　幾個簡單的統計函數............ 20-22

20-3-9　增加 index.......................... 20-26

20-3-10　刪除 index........................ 20-26

20-3-11　排序 20-27

20-4　讀取與輸出 Excel 檔案.................. 20-30

20-4-1　寫入 Excel 格式檔案 20-30

20-4-2　讀取 Excel 格式檔案 20-32

20-4-3　讀取 Excel 檔案的系列實例.... 20-33

第 21 章　用 Pandas 操作 Excel

21-1　認識與輸出部分 Excel 資料 21-2

21-1-1　認識 Excel 檔案使用 info( )....... 21-2

21-1-2　輸出前後資料 21-3

21-1-3　了解工作表的列數和欄數 21-3

21-1-4　輸出欄位標籤的計數 21-4

21-2　缺失值處理 21-5

21-2-1　找出漏輸入的儲存格 21-5

21-2-2　填入 0.0 21-6

21-2-3　刪除缺失值的列資料 21-6

21-3　重複資料的處理 21-7

21-4　Pandas 的索引操作 21-8

21-4-1　更改列索引 21-8

21-4-2　更改欄索引 21-9

21-5　篩選欄或列資料............................ 21-10

21-5-1　篩選特定欄資料 21-10

21-5-2　篩選特定列............................ 21-11

21-5-3　篩選符合條件的資料............... 21-12

21-6　儲存格運算的應用 21-12

21-6-1　國人旅遊統計 21-12

21-6-2　高血壓檢測.......................... 21-13

21-6-3　業績統計............................. 21-14

21-6-4　計算銷售排名....................... 21-15

21-6-5　累計來客數.......................... 21-16

21-7　水平合併工作表內容 21-17

21-7-1　有共同欄位的水平合併........... 21-17

21-7-2　沒有共同欄位的水平合併 21-19

21-7-3　更新內容的合併 21-20

21-8　垂直合併 21-22

21-8-1　使用 concat( ) 函數執行員工
資料的垂直合併 21-22

21-8-2　垂直合併同時更新索引 21-23

21-8-3　垂直合併同時自動刪除重複
項目 21-23

第 22 章　建立樞紐分析表

22-1　資料統計分析............................... 22-2

22-1-1　計算客戶數.......................... 22-2

22-1-2　統計客戶性別、職業與商品
類別數 22-3

22-1-3　先做分類再做統計................. 22-4

22-1-4　資料匯總............................. 22-5

22-2　建立樞紐分析表............................ 22-6

22-2-1　認識 pivot_table( ) 函數 22-6

22-2-2　使用樞紐分析表的數據分析
實例 22-9

22-2-3　加總列和欄資料.................... 22-10

22-2-4　針對產品銷售的統計............. 22-10

22-3　列欄位有多組資料的應用.............. 22-11

第 23 章　Excel 檔案轉成 PDF

23-1　安裝模組 23-2
23-2　程式設計 23-2

附錄 A　模組、函數、屬性索引表

附錄 B　RGB 色彩表

第 1 章
使用 Python
讀寫 Excel 文件

1-1　　先前準備工作

1-2　　使用 Python 操作 Excel 的模組說明

1-3　　認識 Excel 視窗

1-4　　讀取 Excel 檔案

1-5　　切換工作表物件

1-6　　寫入 Excel 檔案

1-7　　關閉檔案

1-8　　找出目前資料夾的 Excel 檔案

1-9　　找出目前資料夾所有 out 開頭的 Excel 檔案

1-10　　複製所有 out1 開頭的檔案

1-11　　輸入關鍵字找活頁簿

Excel 是試算表軟體，所建立的檔案稱活頁簿，也是辦公室人員最常使用的軟體，主要是做數據的統計與分析。

雖然 Excel 的功能已經很強大了，但是，有時候我們可能會遇上需從數百或更多試算表中依條件複製一些資料到其他表格，或是從數百或更多資料表中搜尋符合特定條件的資料 … 等，這時 Excel 本身只能按部就班，一步一步完成。然而這時使用 Python 卻可以很輕鬆完成這類工作，本書主要是講解如何使用 Python，可以讓我們輕鬆操作工作表、活頁簿打造高效率的辦公室環境。

1-1　先前準備工作

有關 Microsoft Excel 的更多使用知識可參考筆者所著 Excel 最強入門邁向職場商業應用，這本書也曾經登上博客來暢銷排行榜第一名，以及 Excel 函數庫的書籍，由深智數位發行。

這本書筆者假設讀者已經有 Python 的基礎，如果讀者不熟悉需要複習，建議可以閱讀下列筆者所著的 Python 書籍，Python 最強入門邁向頂尖高手之路，這本書也曾經登上博客來暢銷排行榜第一名，由深智數位發行。

1-2 使用 Python 操作 Excel 的模組說明

本章內容需要使用外掛模組 openpyxl，讀者可參考下載此模組，下載時指令是：

pip install openpyxl

程式導入方法如下：

import openpyxl

1-3 認識 Excel 視窗

下列是 Microsoft Excel 視窗。

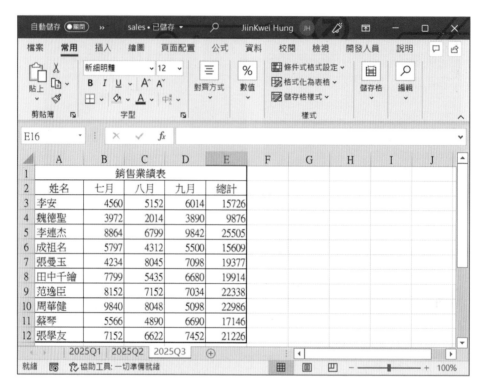

Microsoft Excel 檔案的副檔名是 xlsx，下列是一些基本名詞。

活頁簿 (workbook)：Excel 的檔案又稱活頁簿。

工作表 (worksheet)：一個活頁簿是由不同數量的工作表組成，若以上圖為例，是由 2025Q1、2025Q2、2025Q3 等 3 個工作表所組成，其中 2025Q1 底色是白色，表示這是目前工作表 (active sheet)。

欄位 (column)：工作表的欄位名稱是 A、B、… 等。

列 (row)：工作表的列名稱是 1、2、… 等。

儲存格 (cell)：工作表內的每一個格子稱儲存格，用 (欄名 , 列名) 代表。

1-4　讀取 Excel 檔案

在本書 ch1 資料夾有 sales.xlsx，本節主要以此檔案為實例解說。註：Excel 的檔案又稱活頁簿。

1-4-1 開啟檔案

當我們導入 openpyxl 模組後，可以使用 openpyxl.load_workbook( ) 方法開啟 Excel 檔案。此函數語法如下：

```
wb = openpyxl.load_workbook(filename, read_only=FALSE,
        data_only=False, keep_vba=KEEP_VBA)
```

上述函數參數意義如下：

❑ filename：所讀取的 Excel 檔案名稱。

❑ read_only：設定是否唯讀，也就是只能讀取不可編輯，預設是 False，表示所開啟的 Excel 檔案可以讀寫，如果設為 True 表示所開啟的 Excel 檔案只能讀取無法更改。

❑ data_only：設定含公式的儲存格是否具有公式功能，預設是 False，表示含公式的儲存格仍具有公式功能。

❑ keep_vba：保存 Excel VBA 的內容，預設是保存。

上述函數可以回傳活頁簿物件 (也可稱 Excel 檔案物件)wb，本章將用 wb 變數代表 workbook 活頁簿檔案物件，當然讀者也可以使用其它名稱。

程式實例 ch1_1.py：開啟 sales.xlsx 檔案，然後列出回傳 Excel 活頁簿檔案物件的檔案類型。

```
1  # ch1_1.py
2  import openpyxl
3
4  fn = 'sales.xlsx'
5  wb = openpyxl.load_workbook(fn)        # wb是Excel檔案物件
6  print(type(wb))
```

執行結果

```
==================== RESTART: D:\Python_Excel\ch1\ch1_1.py ====================
<class 'openpyxl.workbook.workbook.Workbook'>
>>> |
```

1-4-2 取得工作表 worksheet 名稱

延續前一小節有了活頁簿 wb 物件後，可以使用下列方式獲得活頁簿的相關資訊。

wb.sheetnames：所有工作表

wb.active：目前工作表

wb.active.title：目前工作表名稱

程式實例 ch1_2.py：列出 sales.xlsx 活頁簿檔案所有的工作表、目前工作表和目前工作表的名稱

```
1   # ch1_2.py
2   import openpyxl
3
4   fn = 'sales.xlsx'
5   wb = openpyxl.load_workbook(fn)        # wb是Excel檔案物件
6   print("所有工作表      = ", wb.sheetnames)
7   print("目前工作表      = ", wb.active)
8   print("目前工作表名稱 = ", wb.active.title)
```

執行結果
```
=================== RESTART: D:/Python_Excel/ch1/ch1_2.py ===================
所有工作表      =  ['2025Q1', '2025Q2', '2025Q3']
目前工作表      =  <Worksheet "2025Q1">
目前工作表名稱 =  2025Q1
```

上述程式獲得了所有的工作表、目前工作表和目前工作表名稱。其實在開啟 Excel 檔案後，最左邊的工作表是預設的工作表，如下所示：

所以上述第 6 列和第 7 列的輸出，可以看到上述結果。

程式實例 ch1_2_1.py：使用迴圈列出 sales.xlsx 活頁簿所有的工作表名稱。

```
1   # ch1_2_1.py
2   import openpyxl
3
4   fn = 'sales.xlsx'
5   wb = openpyxl.load_workbook(fn)        # wb是Excel檔案物件
6   print("所有工作表      = ", wb.sheetnames)
7   for sheet in wb.sheetnames:
8       print("工作表名稱 = ", sheet)
```

執行結果
```
=================== RESTART: D:/Python_Excel/ch1/ch1_2_1.py ===================
所有工作表      =  ['2025Q1', '2025Q2', '2025Q3']
工作表名稱 =  2025Q1
工作表名稱 =  2025Q2
工作表名稱 =  2025Q3
```

1-5　切換工作表物件

1-5-1　直接使用工作表名稱

對於 wb 目前活頁簿物件而言，可以使用下列語法切換工作表物件。

```
ws = wb[sheetname]          # 假設工作表物件名稱是 ws
```

以目前實例而言，可以使用串列的參數，在此可以稱索引，切換特定的工作表物件，下列指令可以切換獲得 2025Q3 工作表物件。

```
ws = wb['2025Q3']
```

此例 ws 是工作表物件，可以使用 title 屬性列出實際工作表名稱。

程式實例 ch1_3.py：重新設計 ch1_2.py，將 title 屬性應用在 ws 物件，取得特定工作表物件 wb['2025Q3'] 的名稱。

```
1  # ch1_3.py
2  import openpyxl
3
4  fn = 'sales.xlsx'
5  wb = openpyxl.load_workbook(fn)
6  print("預設的工作表名稱 = ", wb.active.title)
7  ws = wb['2025Q3']      # 設定特定工作表的名稱
8  print("特定工作表的名稱 = ", ws.title)
```

執行結果
```
==================== RESTART: D:/Python_Excel/ch1/ch1_3.py ====================
預設的工作表名稱 =  2025Q1
特定工作表的名稱 =  2025Q3
```

1-5-2　使用 worksheets[n] 切換工作表

openpyxl 模組的 wb 物件，也允許使用 worksheets[n] 屬性切換工作表，此 n 代表工作表編號，此編號是從 0 開始編號，觀念如下：

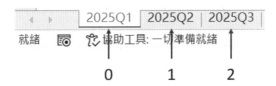

程式實例 ch1_4.c：使用 worksheets[n] 切換顯示工作表名稱。

```
1  # ch1_4.py
2  import openpyxl
3
4  fn = 'sales.xlsx'
5  wb = openpyxl.load_workbook(fn)
6  print("預設的工作表名稱 = ", wb.active.title)
7  ws0 = wb.worksheets[0]
```

```
 8  ws1 = wb.worksheets[1]
 9  ws2 = wb.worksheets[2]
10  print("特定工作表的名稱 = ", ws0.title)
11  print("特定工作表的名稱 = ", ws1.title)
12  print("特定工作表的名稱 = ", ws2.title)
```

執行結果

```
================ RESTART: D:/Python_Excel/ch1/ch1_4.py ================
預設的工作表名稱 =  2025Q1
特定工作表的名稱 =  2025Q1
特定工作表的名稱 =  2025Q2
特定工作表的名稱 =  2025Q3
```

1-6　寫入 Excel 檔案

openpyxl 模組也有提供方法可讓我們寫入 Excel 檔案。

1-6-1　建立空白活頁簿

openpyxl.Workbook( ) 可以建立空白的活頁簿物件，也可想成 Excel 檔案物件，此函數的語法如下：

> wb = openpyxl.Workbook(write_only=False)

上述函數回傳 wb 活頁簿物件，預設所建立的檔案物件是可讀寫，如果想要設為只寫模式，可以加上 write_only=True 參數。

1-6-2　儲存 Excel 檔案

save( ) 方法可以儲存 Excel 活頁簿檔案，這個方法需由 Excel 檔案物件啟動，先前我們是使用 wb 當作檔案物件的變數，這時可以使用 active 獲得目前工作表物件，觀念如下：

> ws = wb.active　　　　　　　　　　# 獲得目前工作表物件

有了 ws 工作表物件，可以使用 title 屬性獲得或是設定工作表名稱，如下所示：

> ws.title　　　　　　　　　　　　　# 目前工作表名稱

假設想要將目前工作表名稱改為 "My sheet"，可以使用下列指令。

    ws.title = 'My sheet'

要儲存目前活頁簿檔案可以使用下列語法：

    wb.save(檔案名稱)   # 可以儲存指定檔案名稱的檔案

或是

    wb.save(filename = 檔案名稱)

程式實例 ch1_5.py：建立一個空白的 Excel 檔案，列出預設的工作表名稱，然後將預設工作表名稱改為 "My sheet"，最後用 out1_5.xlsx 名稱儲存此檔案。

```
1  # ch1_5.py
2  import openpyxl
3
4  wb = openpyxl.Workbook()                      # 建立空白的活頁簿
5  ws = wb.active                                # 獲得目前工作表
6  print("目前工作表名稱 = ", ws.title)          # 列印目前工作表
7  ws.title = 'My sheet'                         # 更改目前工作表名稱
8  print("新工作表名稱   = ", ws.title)          # 列印新的目前工作表
9  wb.save('out1_5.xlsx')                        # 將活頁簿儲存
```

執行結果　下列是執行結果與 out1_5.xlsx 的結果。

```
================= RESTART: D:/Python_Excel/ch1/ch1_5.py =================
目前工作表名稱 =  Sheet
新工作表名稱   =  My sheet
```

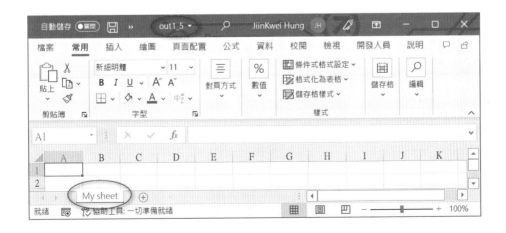

程式實例 ch1_5_1.py：重新設計 ch1_5.py，使用另一種方式建立與儲存活頁簿檔案 out1_5_1.xlsx。

```
1   # ch1_5_1.py
2   import openpyxl
3
4   wb = openpyxl.Workbook()              # 建立空白的活頁簿
5   ws = wb.active                        # 獲得目前工作表
6   print("目前工作表名稱 = ", ws.title)   # 列印目前工作表
7   ws.title = 'My sheet'                 # 更改目前工作表名稱
8   print("新工作表名稱   = ", ws.title)   # 列印新的目前工作表
9   fn = 'out1_5_1.xlsx'
10  wb.save(filename=fn)                  # 將活頁簿儲存
```

執行結果 與 ch1_5.py 相同，可是此程式建立了 out1_5_1.xlsx 活頁簿檔案。

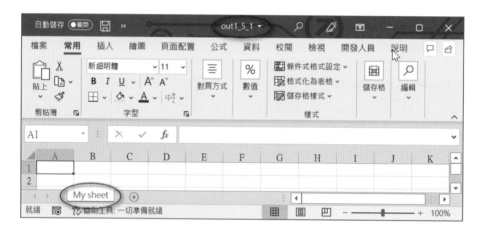

1-6-3　複製 Excel 檔案

我們可以用開啟檔案，然後用新名稱儲存檔案方式達到複製 Excel 檔案的效果。

程式實例 ch1_6.py：將 sales.xlsx 複製一份至 out1_6.xlsx。

```
1   # ch1_6.py
2   import openpyxl
3
4   fn = 'sales.xlsx'
5   wb = openpyxl.load_workbook(fn)   # 開啟sales.xlsx活頁簿
6   wb.save('out1_6.xlsx')            # 將活頁簿儲存至out1_6.xlsx
7   print("複製完成")
```

執行結果 可以在目前工作資料夾看到所建的 out1_6.xlsx 檔案，檔案內容與 sales.xlsx 相同。

```
==================== RESTART: D:/Python_Excel/ch1/ch1_6.py ====================
複製完成
```

1-7 關閉檔案

先前實例筆者使用 wb 當作活頁簿物件，對於未來不再使用的活頁簿物件，可以使用 close( ) 函數關閉此活頁簿物件，執行此 close( ) 函數後，可以將此物件所佔據的記憶體歸還系統，語法如下：

　　wb.close( )

如果沒有執行此函數，程式也不會錯，因為本書程式大多是短小，所以筆者大都省略此函數。

程式實例 ch1_6_1.py：增加 close( ) 函數，重新設計 ch1_6.py 程式。

```
1   # ch1_6_1.py
2   import openpyxl
3
4   fn = 'sales.xlsx'
5   wb = openpyxl.load_workbook(fn)    # 開啟sales.xlsx活頁簿
6   wb.save('out1_6_1.xlsx')           # 活頁簿儲存至out1_6_1.xlsx
7   print("複製完成")
8   wb.close()
```

執行結果　可以在目前工作資料夾看到所建的 out1_6_1.xlsx 檔案，檔案內容與 sales.xlsx 相同。

```
==================== RESTART: D:/Python_Excel/ch1/ch1_6_1.py ====================
複製完成
```

1-8　找出目前資料夾的 Excel 檔案

　　Python 內有一個模組 glob 可用於列出特定工作資料夾的內容 (不含子資料夾)，當導入這個模組後可以使用 glob( ) 方法獲得特定工作目錄的內容，這個方法最大特色是可以使用萬用字元 "*"，例如：可用 "*.xlsx" 獲得所有 Excel 檔案。"?" 可以任意字元、"[abc]" 必需是 abc 字元。更多應用可參考下列實例。

程式實例 ch1_7.py：方法 1 是列出所有特定資料夾的檔案，方法 2 是列出目前資料夾的 Excel 檔案，方法 3 是列出 out1 開頭的所有檔案，方法 4 是使用 ? 字元列出 out1_ 開頭的檔案 (註：out1_ 後面只限一個字元)。

```
1   # ch1_7.py
2   import glob
3
4   print("方法1:列出\\Python\\ch1資料夾的所有Excel檔案")
5   for file in glob.glob('D:\\Python_Excel\\ch1\*.xlsx'):
6       print(file)
7
8   print("方法2:列出目前資料夾的Excel檔案")
9   for file in glob.glob('*.xlsx'):
10      print(file)
11
12  print("方法3:列出目前資料夾out1開頭的Excel檔案")
13  for file in glob.glob('out1*.xlsx'):
14      print(file)
15
16  print("方法4:列出目前資料夾out1_開頭的Excel檔案")
17  for file in glob.glob('out1_?.xlsx'):
18      print(file)
```

執行結果

```
================== RESTART: D:/Python_Excel/ch1/ch1_7.py ==================
方法1:列出\Python\ch1資料夾的所有Excel檔案
D:\Python_Excel\ch1\out1_5.xlsx
D:\Python_Excel\ch1\out1_6.xlsx
D:\Python_Excel\ch1\sales.xlsx
方法2:列出目前資料夾的Excel檔案
out1_5.xlsx
out1_6.xlsx
sales.xlsx
方法3:列出目前資料夾out開頭的Excel檔案
out1_5.xlsx
out1_6.xlsx
方法4:列出目前資料夾out1_開頭的Excel檔案
out1_5.xlsx
out1_6.xlsx
```

1-9 找出目前資料夾所有 out 開頭的 Excel 檔案

為了更有效率操作 Excel，可能我們會想要一次下載多個 Excel 檔案，可以參考下列實例。

程式實例 ch1_8.c：下載目前資料夾內所有 out1 開頭的 Excel 檔案，同時列出這些檔案的工作表。

```
1  # ch1_8.py
2  import glob
3  import openpyxl
4
5  files = glob.glob('out1*.xlsx')
6  for file in files:
7      wb = openpyxl.load_workbook(file)
8      print(f'下載 {file} 成功')
9      print(f'{file} = {wb.sheetnames}')
```

執行結果

```
================== RESTART: D:/Python_Excel/ch1/ch1_8.py ==================
下載 out1_5.xlsx 成功
out1_5.xlsx = ['My sheet']
下載 out1_6.xlsx 成功
out1_6.xlsx = ['2025Q1', '2025Q2', '2025Q3']
```

1-10 複製所有 out1 開頭的檔案

在操作資料夾時，可能會想要將所有特定的 Excel 檔案全部複製一份，這時可以使用複製下載，然後更新檔名。

程式實例 ch1_9.c：將所有 out1 開頭的 Excel 檔案名稱前面增加 new 字串。

```
1   # ch1_9.py
2   import glob
3   import openpyxl
4
5   files = glob.glob('out1*.xlsx')
6   for file in files:
7       wb = openpyxl.load_workbook(file)
8       newfile = 'new' + file
9       wb.save(newfile)
10  newfiles = glob.glob('new*.xlsx')
11  print("輸出拷貝結果")
12  for newf in newfiles:
13      print(newf)
```

執行結果

```
=================== RESTART: D:/Python_Excel/ch1/ch1_9.py ===================
輸出拷貝結果
newout1_5.xlsx
newout1_6.xlsx
```

程式實例 ch1_10.c：將所有 out 開頭的 Excel 檔案，另外複製一份為 new 取代 out 開頭。

```
1   # ch1_10.py
2   import glob
3   import openpyxl
4
5   files = glob.glob('out1*.xlsx')
6   for file in files:
7       wb = openpyxl.load_workbook(file)
8       newfile = file.replace('out','new')
9       wb.save(newfile)
10  newfiles = glob.glob('new1*.xlsx')
11  print("輸出拷貝結果")
12  for newf in newfiles:
13      print(newf)
```

執行結果

```
=================== RESTART: D:/Python_Excel/ch1/ch1_10.py ===================
輸出拷貝結果
new1_5.xlsx
new1_6.xlsx
```

1-11　輸入關鍵字找活頁簿

1-11-1　目前工作資料夾

在使用 Excel 時，也可以用關鍵字搜尋活頁簿。

程式實例 ch1_11.c：搜尋目前工作資料夾內，檔案名稱含 out 的活頁簿。

```
1  # ch1_11.py
2  import glob
3
4  key = input('請輸入關鍵字 : ')
5  keyword = '*' + key + '*.xlsx'   # 組成關鍵字的字串
6  files = glob.glob(keyword)
7  for fn in files:
8      print(fn)
```

執行結果
```
=================== RESTART: D:/Python_Excel/ch1/ch1_11.py ===================
請輸入關鍵字 : out
newout1_5.xlsx
newout1_6.xlsx
out1_5.xlsx
out1_6.xlsx
```

1-11-2　搜尋特定資料夾

前一小節是搜尋目前工作資料夾內含 out 字串的活頁簿，讀者也可以搜尋其他工作資料夾的活頁簿，只要增加資料夾名稱即可。

程式實例 ch1_12.py：可以參考下列實例。

```
1  # ch1_12.py
2  import glob
3
4  mydir = input('請輸入指定資料夾 : ')
5  key = input('請輸入關鍵字 : ')
6  keyword = mydir + '*' + key + '*.xlsx'
7  files = glob.glob(keyword)
8  for fn in files:
9      print(fn)
```

執行結果
```
=================== RESTART: D:\Python_Excel\ch1\ch1_12.py ===================
請輸入指定資料夾 : D:/Python_Excel/ch1/
請輸入關鍵字 : out
D:/Python_Excel/ch1\newout1_5.xlsx
D:/Python_Excel/ch1\newout1_6.xlsx
D:/Python_Excel/ch1\out1_5.xlsx
D:/Python_Excel/ch1\out1_6.xlsx
```

上述輸入是使用 "/" 區隔子資料夾，也可以使用 "\" 區隔子資料夾，可以參考下列執行結果。

```
=================== RESTART: D:\Python_Excel\ch1\ch1_12.py ===================
請輸入指定資料夾 : D:\Python_Excel\ch1\
請輸入關鍵字 : out
D:\Python_Excel\ch1\newout1_5.xlsx
D:\Python_Excel\ch1\newout1_6.xlsx
D:\Python_Excel\ch1\out1_5.xlsx
D:\Python_Excel\ch1\out1_6.xlsx
```

1-11-3　使用 os.walk( ) 遍歷所有資料夾底下的檔案

Python 的 os 模組有 os.walk( ) 方法可以遍歷指定資料夾底下所有的子資料夾，有了這個觀念我們就可以使用這個方法找特定活頁簿檔案。這個方法每次執行迴圈時將傳回 3 個值：

1： 目前工作資料夾名稱 (dirName)。

2： 目前工作資料夾底下的子資料夾串列 (sub_dirNames)。

3： 目前工作資料夾底下的檔案串列 (fileNames)。

下列是語法格式：

for dirName, sub_dirNames, fileNames in os.walk(資料夾路徑)：
　　程式區塊

程式實例 ch1_13.py：輸入指定資料夾與檔案名稱關鍵字，這個程式會輸出所有資料夾底下相符的活頁簿。

```
1   # ch1_13.py
2   import glob
3   import os
4
5   mydir = input('請輸入指定資料夾 : ')
6   key = input('請輸入關鍵字 : ')
7   for dirName, sub_dirNames, fileNames in os.walk(mydir):
8       print(f"目前資料夾名稱 : {dirName}")
9       keyword = dirName + '\*' + key + '*.xlsx'
10      files = glob.glob(keyword)
11      for fn in files:
12          print(fn)
```

執行結果

```
================= RESTART: D:/Python_Excel/ch1/ch1_13.py =================
請輸入指定資料夾 : D:\Python_Excel\
請輸入關鍵字 : out
目前資料夾名稱 : D:\Python_Excel\
目前資料夾名稱 : D:\Python_Excel\ch1
D:\Python_Excel\ch1\newout1_5.xlsx
D:\Python_Excel\ch1\newout1_6.xlsx
D:\Python_Excel\ch1\out1_5.xlsx
D:\Python_Excel\ch1\out1_6.xlsx
目前資料夾名稱 : D:\Python_Excel\ch2
D:\Python_Excel\ch2\out2_1.xlsx
D:\Python_Excel\ch2\out2_10.xlsx
D:\Python_Excel\ch2\out2_11.xlsx
```

註 當讀者執行此檔案時，由於許多資料夾底下皆有 *out*.xlsx 檔案，所以可以看到更多搜尋結果。

第 2 章
操作 Excel 工作表

2-1   建立工作表

2-2   複製工作表

2-3   更改工作表名稱

2-4   刪除工作表

2-5   更改工作表的顏色

2-6   隱藏 / 顯示工作表

2-7   將一個工作表另外複製 11 份

2-8   保護與取消保護工作表

2-1 建立工作表

函數 wb.create_sheet( ) 可以建立工作表，註：wb 是活頁簿 (Workbook) 物件，此函數語法如下：

> ws = wb.create_sheet([title= 工作表名稱][index = N])

上述函數各參數意義如下：

❑ title= 工作表名稱：title 也可以省略，代表所建立的工作表名稱，如果整個省略會使用系統預設的工作表名稱 sheetN，第一次 N 是省略，未來如果再建立工作表時，N 會由阿拉伯數字 1 開始遞增。註：活頁簿成功後系統會自動建立 sheet 工作表。

❑ index=n：index 也可以省略，預設是省略此參數，將建立的工作表放在工作表列的末端。如果 n 是 0 會將建立的工作表放在工作表前端，如果是 -1 會將建立的工作表放在倒數第 2 的位置。

建立工作表成功後，會回傳工作表物件 ws。

註 上述 w.create_sheet( ) 語法是建立工作表時，同時為工作表命名，也可以建立完工作表後，使用 title 屬性取得或是重新為工作表命名。

程式實例 ch2_1.py：建立空白活頁簿，然後列印所有工作表。接著新增工作表，再度列印所有工作表，最後將這個活頁簿儲存至 out2_1.xlsx。

```
1  # ch2_1.py
2  import openpyxl
3
4  wb = openpyxl.Workbook()                       # 建立空白的活頁簿
5  print("所有工作表名稱 = ", wb.sheetnames)       # 列印所有工作表
6  wb.create_sheet()                              # 建立新工作表
7  print("所有工作表名稱 = ", wb.sheetnames)       # 列印所有工作表
8  ws = wb.active                                 # 取得目前工作表
9  print("目前工作表名稱 = ", ws.title)           # 列印目前工作表
10 wb.save('out2_1.xlsx')                         # 將活頁簿儲存
```

執行結果 同時在資料夾可以看到擁有 2 個工作表的 out19_19.xlsx 檔案。

```
================== RESTART: D:/Python_Excel/ch2/ch2_1.py ==================
所有工作表名稱 =  ['Sheet']
所有工作表名稱 =  ['Sheet', 'Sheet1']
目前工作表名稱 =  Sheet
```

在建立工作表時預設工作表名稱是 "SheetN"，N 是數字編號以遞增方式顯示，另外新建立的工作表是放在工作表列的最右邊，我們可以在 create_sheet( ) 內增加參數 title 和 index 設定新工作表的名稱和位置。工作表的位置是從 0 開始，所以如果 index=0，表示在最左邊。

程式實例 ch2_2.py：擴充 ch2_1.py，增加使用 title 和 index 關鍵字。

```
1   # ch2_2.py
2   import openpyxl
3
4   wb = openpyxl.Workbook()                            # 建立空白的活頁簿
5   print("所有工作表名稱 = ", wb.sheetnames)            # 列印所有工作表
6   wb.create_sheet()                                  # 建立新工作表
7   print("所有工作表名稱 = ", wb.sheetnames)            # 列印所有工作表
8   wb.create_sheet(index=0, title='First sheet')      # 第 1 個工作表
9   print("所有工作表名稱 = ", wb.sheetnames)            # 列印所有工作表
10  wb.create_sheet(index=2, title='Third sheet')      # 第 3 個工作表
11  print("所有工作表名稱 = ", wb.sheetnames)            # 列印所有工作表
12  wb.create_sheet(index=-1, title='Fourth sheet')    # 第 4 個工作表
13  print("所有工作表名稱 = ", wb.sheetnames)            # 列印所有工作表
14  wb.save('out2_2.xlsx')                             # 將活頁簿儲存
```

執行結果

```
==================== RESTART: D:/Python_Excel/ch2/ch2_2.py ====================
所有工作表名稱 =  ['Sheet']
所有工作表名稱 =  ['Sheet', 'Sheet1']
所有工作表名稱 =  ['First sheet', 'Sheet', 'Sheet1']
所有工作表名稱 =  ['First sheet', 'Sheet', 'Third sheet', 'Sheet1']
所有工作表名稱 =  ['First sheet', 'Sheet', 'Third sheet', 'Fourth sheet', 'Sheet1']
```

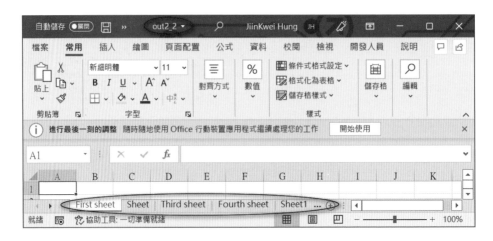

程式實例 ch2_3.c：省略 index 和 title 參數，重新設計 ch2_2.c。

```
1   # ch2_3.py
2   import openpyxl
3
4   wb = openpyxl.Workbook()                        # 建立空白的活頁簿
5   print("所有工作表名稱 = ", wb.sheetnames)       # 列印所有工作表
6   wb.create_sheet()                               # 建立新工作表
7   print("所有工作表名稱 = ", wb.sheetnames)       # 列印所有工作表
8   wb.create_sheet('First sheet', 0)               # 第 1 個工作表
9   print("所有工作表名稱 = ", wb.sheetnames)       # 列印所有工作表
10  wb.create_sheet('Third sheet', 2)               # 第 3 個工作表
11  print("所有工作表名稱 = ", wb.sheetnames)       # 列印所有工作表
12  wb.create_sheet('Fourth sheet', -1)             # 第 4 個工作表
13  print("所有工作表名稱 = ", wb.sheetnames)       # 列印所有工作表
14  wb.save('out2_3.xlsx')                          # 將活頁簿儲存
```

執行結果　與 ch2_2.c 相同。

註　當省略 index 和 title 參數時，建議是將所建立的工作表位置放在工作表名稱後。

2-2 複製工作表

可以使用下列方法複製工作表。

```
wb.copy_worksheet(src)
```

上述 src 是要複製的工作表，例如：下列是複製工作表簡單的語法。

```
src = wb.active
dst = wb.copy_worksheet(src)
```

複製工作表時需留意下列事項：

1：　只複製儲存格的值、格式、超連結、註解、大小等屬性。

2：　影像、圖表不複製。

3：　當活頁簿以唯讀 (read only) 或只寫 (write only) 模式開啟時，無法複製。

4：　不可以在不同活頁簿間複製工作表。

註　若是想在不同活頁簿間複製工作表，必須讀取來源活頁簿的工作表內容，然後寫入目的活頁簿指定的工作表內，相關實例可以參考 4-2 節。

程式實例 ch2_4.py：為 data2_4.xlsx 的 2025Q1 工作表複製一份，如果沒有指定新的名稱，系統會自訂為 " 原名稱 +Copy"。

```
1  # ch2_4.py
2  import openpyxl
3
4  fn = "data2_4.xlsx"
5  wb = openpyxl.load_workbook(fn)              # 開啟活頁簿
6  print("所有工作表名稱 = ", wb.sheetnames)     # 列印所有工作表
7  src = wb.active
8  dst = wb.copy_worksheet(src)
9  print("所有工作表名稱 = ", wb.sheetnames)     # 列印所有工作表
10 wb.save('out2_4.xlsx')                        # 將活頁簿儲存
```

執行結果　下列是 Python Shell 視窗和 out2_4.xlsx 的結果。

```
==================== RESTART: D:/Python_Excel/ch2/ch2_4.py ====================
所有工作表名稱 =  ['2025Q1']
所有工作表名稱 =  ['2025Q1', '2025Q1 Copy']
```

> **註** 檔案若是在開啟狀態，無法執行儲存，所以如果讀者多次測試本程式，請記得需將 out2_4.xlsc 關閉。

2-3 更改工作表名稱

　　工作表複製後，系統會給予預設的名稱，對名稱如果不滿意，可以利用 title 屬性更改工作表名稱，細節可以參考下列實例。

程式實例 ch2_5.c：為 data2_5.xlsx 的 2025Q1，複製 3 份，然後將名稱分別改為 2025Q2、2025Q3 和 2025Q4。

```
1   # ch2_5.py
2   import openpyxl
3
4   fn = "data2_5.xlsx"
5   wb = openpyxl.load_workbook(fn)              # 開啟活頁簿
6   print("所有工作表名稱 = ", wb.sheetnames)    # 列印所有工作表
7   src = wb.active
8   dst2 = wb.copy_worksheet(src)
9   dst2.title = "2025Q2"
10  dst3 = wb.copy_worksheet(src)
11  dst3.title = "2025Q3"
12  dst4 = wb.copy_worksheet(src)
13  dst4.title = "2025Q4"
14  print("所有工作表名稱 = ", wb.sheetnames)    # 列印所有工作表
15  wb.save('out2_5.xlsx')                        # 將活頁簿儲存
```

執行結果 開啟 out2_5.xlsx 可以得到下列結果。

```
=================== RESTART: D:/Python_Excel/ch2/ch2_5.py ===================
所有工作表名稱 =  ['2025Q1']
所有工作表名稱 =  ['2025Q1', '2025Q2', '2025Q3', '2025Q4']
```

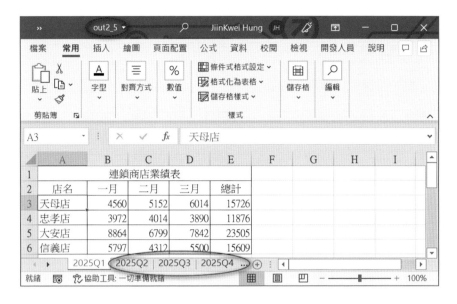

程式實例 ch2_5_1.c：將 data2_5_1.xlsx 的工作表 2025Q1、2025Q2、2025Q3 和 2025Q4，改為 2026Q1、2026Q2、2026Q3 和 2026Q4，然後將結果存入 out2_5_1. xlsx。

```
1   # ch2_5_1.py
2   import openpyxl
3
4   fn = "data2_5_1.xlsx"
5   wb = openpyxl.load_workbook(fn)                # 開啟活頁簿
6   print("所有工作表名稱 = ", wb.sheetnames)      # 列印所有工作表
7   for sheet in wb.sheetnames:
8       ws = wb[sheet]
9       ws.title = sheet.replace('2025', '2026')
10  print("所有工作表名稱 = ", wb.sheetnames)      # 列印所有工作表
11  wb.save('out2_5_1.xlsx')                        # 將活頁簿儲存
```

執行結果 開啟 out2_5_1.xlsx 可以得到下列結果。

```
================== RESTART: D:/Python_Excel/ch2/ch2_5_1.py ==================
所有工作表名稱 = ['2025Q1', '2025Q2', '2025Q3', '2025Q4']
所有工作表名稱 = ['2026Q1', '2026Q2', '2026Q3', '2026Q4']
```

2-4 刪除工作表

刪除工作表可以使用 remove( ) 方法或是 del 方法，本小節將分別說明。

2-4-1　remove( )

可以使用下列方法刪除指定的工作表，例如：下列是要刪除 2025Q3 工作表。

```
sheet = wb['2025Q3']
wb.remove(sheet)
```

上述 sheet 是要刪除的工作表物件，也可以用索引方式刪除工作表，例如：下列是刪除索引 2 的工作表。

```
sheet = wb.worksheets[2]
wb.remove(sheet)
```

程式實例 ch2_6.py：先刪除 data2_6.xlsx 的 2025Q3 工作表，然後刪除索引 1 的工作表。

```
1  # ch2_6.py
2  import openpyxl
3
```

```
4   fn = "data2_6.xlsx"
5   wb = openpyxl.load_workbook(fn)              # 開啟活頁簿
6   print("所有工作表名稱 = ", wb.sheetnames)      # 列印所有工作表
7   sheet = wb['2025Q3']
8   wb.remove(sheet)
9   print("所有工作表名稱 = ", wb.sheetnames)      # 列印所有工作表
10  sheet = wb.worksheets[1]
11  wb.remove(sheet)
12  print("所有工作表名稱 = ", wb.sheetnames)      # 列印所有工作表
13  wb.save('out2_6.xlsx')                        # 將活頁簿儲存
```

執行結果 開啟 out2_6.xlsx 可以得到下列結果。

```
================== RESTART: D:/Python_Excel/ch2/ch2_6.py ==================
所有工作表名稱 = ['2025Q1', '2025Q2', '2025Q3', '2025Q4']
所有工作表名稱 = ['2025Q1', '2025Q2', '2025Q4']
所有工作表名稱 = ['2025Q1', '2025Q4']
```

2-4-2 del 方法

可以使用下列指定刪除特定的工作表。

del wb['2025Q5']

註 一般比較少使用 del 刪除工作表，建議使用 2-4-1 節的 remove( ) 函數刪除工作表即可。

程式實例 ch2_6_1.c：使用 del 方法刪除 2025Q3 工作表。

```
1  # ch2_6_1.py
2  import openpyxl
3
4  fn = "data2_6_1.xlsx"
5  wb = openpyxl.load_workbook(fn)            # 開啟活頁簿
6  print("所有工作表名稱 = ", wb.sheetnames)    # 列印所有工作表
7  del wb['2025Q3']
8  print("所有工作表名稱 = ", wb.sheetnames)    # 列印所有工作表
9  wb.save('out2_6_1.xlsx')                    # 將活頁簿儲存
```

執行結果　開啟 out2_6_1.xlsx 可以得到下列結果。

```
================== RESTART: D:\Python_Excel\ch2\ch2_6_1.py ==================
所有工作表名稱 =  ['2025Q1', '2025Q2', '2025Q3', '2025Q4']
所有工作表名稱 =  ['2025Q1', '2025Q2', '2025Q4']
```

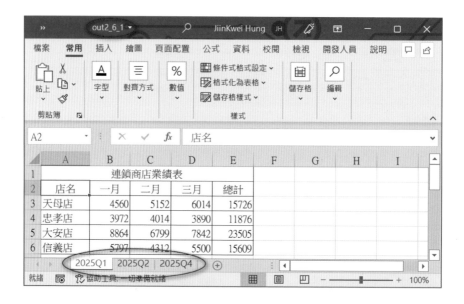

2-5　更改工作表的顏色

工作表可以使用 sheet_properties.tabColor 屬性更改標籤的顏色，顏色採用 16 進位 RGB 格式，觀念如下：

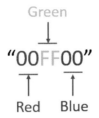

註 有關 RGB 數字與色彩對照表，可以參考附錄 B。

程式實例 ch2_7.c：為 data2_7.xlsx 的 4 個標籤，分別建立不同的顏色。

```python
1  # ch2_7.py
2  import openpyxl
3
4  fn = "data2_7.xlsx"
5  wb = openpyxl.load_workbook(fn)              # 開啟活頁簿
6  ws1 = wb['2025Q1']
7  ws1.sheet_properties.tabColor = "0000FF"
8  ws2 = wb['2025Q2']
9  ws2.sheet_properties.tabColor = "00FF00"
10 ws3 = wb['2025Q3']
11 ws3.sheet_properties.tabColor = "FF0000"
12 ws4 = wb['2025Q4']
13 ws4.sheet_properties.tabColor = "FFFF00"
14 wb.save('out2_7.xlsx')                        # 將活頁簿儲存
```

執行結果 這個程式 Python Shell 沒有輸出結果，讀者可以開啟 out2_7.py，可以得到下列結果。

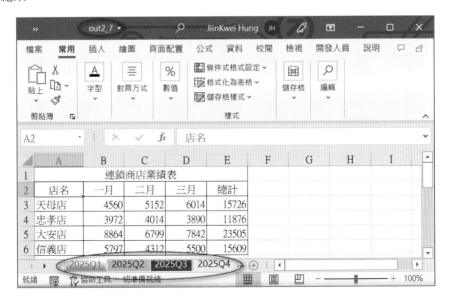

2-6　隱藏 / 顯示工作表

2-6-1　隱藏工作表

所有工作表預設是顯示 (visible) 狀態，但是可以使用 sheet_state 屬性設定隱藏 (hidden) 或是顯示 (visible) 工作表，語法觀念如下：

> ws.sheet_state = "hidden"

程式實例 ch2_8.c：將 data2_8.xlsx 的 2025Q3 工作表隱藏，然後將此隱藏的工作表存入 out2_8.xlsx。

```
1  # ch2_8.py
2  import openpyxl
3
4  fn = "data2_8.xlsx"
5  wb = openpyxl.load_workbook(fn)              # 開啟活頁簿
6  print("所有工作表名稱 = ", wb.sheetnames)     # 列印所有工作表
7  ws = wb['2025Q3']
8  ws.sheet_state = "hidden"
9  print("所有工作表名稱 = ", wb.sheetnames)     # 列印所有工作表
10 wb.save('out2_8.xlsx')                        # 將活頁簿儲存
```

執行結果 工作表 2025Q3 只是被隱藏，所以工作區還有這個工作表。

```
================ RESTART: D:/Python_Excel/ch2/ch2_8.py ================
所有工作表名稱 = ['2025Q1', '2025Q2', '2025Q3', '2025Q4']
所有工作表名稱 = ['2025Q1', '2025Q2', '2025Q3', '2025Q4']
```

但是如果開啟 out2_8.xlsx，因為 2025Q3 工作表已經被隱藏，所以就看不到此工作表了，可以參考下列 out2_8.xlsx 的 Excel 視窗畫面。

2-6-2　顯示工作表

所謂的顯示工作表，也可以想成是取消隱藏工作表，語法觀念如下：

ws.sheet_state = "visible"

程式實例 ch2_9.c：將 data2_9.xlsx 的 2025Q3 工作表取消隱藏，然後將此取消隱藏的工作表存入 out2_9.xlsx。註：data2_9.xlsx 其實是 out2_8.xlsx 複製的檔案。

```
1  # ch2_9.py
2  import openpyxl
3
4  fn = "data2_9.xlsx"
5  wb = openpyxl.load_workbook(fn)              # 開啟活頁簿
6  print("所有工作表名稱 = ", wb.sheetnames)     # 列印所有工作表
7  ws = wb['2025Q3']
8  ws.sheet_state = "visible"
9  print("所有工作表名稱 = ", wb.sheetnames)     # 列印所有工作表
10 wb.save('out2_9.xlsx')                        # 將活頁簿儲存
```

執行結果
```
==================== RESTART: D:/Python_Excel/ch2/ch2_9.py ====================
所有工作表名稱 =  ['2025Q1', '2025Q2', '2025Q3', '2025Q4']
所有工作表名稱 =  ['2025Q1', '2025Q2', '2025Q3', '2025Q4']
```

下列是原先 data2_9.xlsx 的視窗畫面。

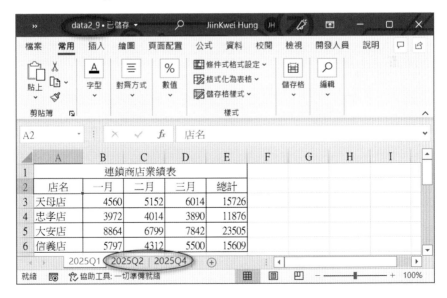

下列是 out2_9.xlsx 的視窗畫面。

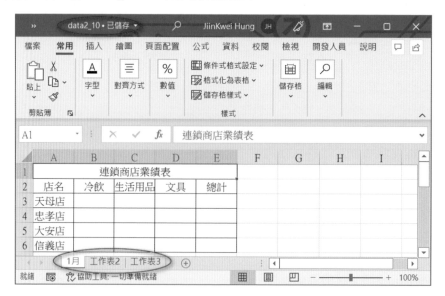

2-7　將一個工作表另外複製 11 份

在執行 Excel 操作時，有時會想要將 1 月份的含欄位資訊的工作表，另外複製其他 11 個月份，有一個 data2_10.xlsx 活頁簿內容如下。

程式實例 ch2_10.py：將上述 1 月份工作表複製至 2 月 ~ 12 月。

```
1   # ch2_10.py
2   import openpyxl
3
4   fn = "data2_10.xlsx"
5   wb = openpyxl.load_workbook(fn)                    # 開啟活頁簿
6   print("所有工作表名稱 = ", wb.sheetnames)          # 列印所有工作表
7   src = wb.active
8   for i in range(2,13):
9       dst = wb.copy_worksheet(src)
10      month = str(i) + "月"
11      dst.title = month
12  print("所有工作表名稱 = ", wb.sheetnames)          # 列印所有工作表
13  wb.save('out2_10.xlsx')                            # 將活頁簿儲存
```

執行結果 開啟 out2_10.xlsx 可以得到下列結果。

```
================== RESTART: D:\Python_Excel\ch2\ch2_10.py ==================
所有工作表名稱 = ['1月', '工作表2', '工作表3']
所有工作表名稱 = ['1月', '工作表2', '工作表3', '2月', '3月', '4月', '5月', '6月
', '7月', '8月', '9月', '10月', '11月', '12月']
```

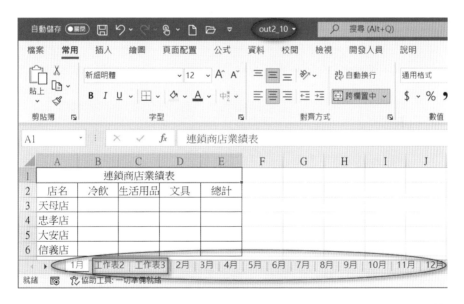

上述程式有一點不美好，因為工作表 2 和工作表 3 仍在 out2_10.xlsx 活頁簿內。

程式實例 ch2_11.py：重新設計 ch2_10.py，複製月份時，同時將不需要的工作表 2 和工作表 3 刪除。

```
1  # ch2_11.py
2  import openpyxl
3
4  fn = "data2_11.xlsx"
5  wb = openpyxl.load_workbook(fn)              # 開啟活頁簿
6  print("所有工作表名稱 = ", wb.sheetnames)     # 列印所有工作表
7  for sheet in wb.sheetnames:
8      if sheet != "1月":
9          ws = wb[sheet]
10         wb.remove(ws)
11 src = wb.active
12 for i in range(2,13):
13     dst = wb.copy_worksheet(src)
14     month = str(i) + "月"
15     dst.title = month
16 print("所有工作表名稱 = ", wb.sheetnames)     # 列印所有工作表
17 wb.save('out2_11.xlsx')                       # 將活頁簿儲存
```

執行結果　開啟 out2_11.xlsx 可以得到下列結果。

```
==================== RESTART: D:/Python_Excel/ch2/ch2_11.py ====================
所有工作表名稱 =  ['1月', '工作表2', '工作表3']
所有工作表名稱 =  ['1月', '2月', '3月', '4月', '5月', '6月', '7月', '8月', '9月'
, '10月', '11月', '12月']
```

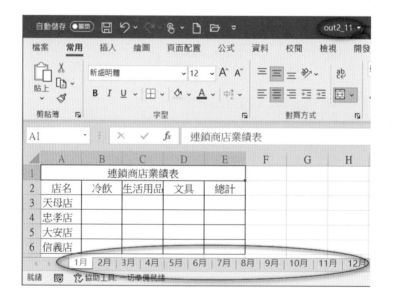

2-8　保護與取消保護工作表

保護工作表的方法如下：

```
ws.protection.sheet = True
ws.protection.enable( )
```

如果要設定保護工作表的密碼可以用下列指令。

```
ws.protection.password = 'pwd'
```

要取消保護工作表，可以使用下列指令。

```
ws.protection.disable( )
```

程式實例 ch2_12.py：保護 2025Q1 工作表，將所保護的工作表的活頁簿儲存至 out2_12.xlsx。

```
1   # ch2_12.py
2   import openpyxl
3
4   fn = "data2_12.xlsx"
5   wb = openpyxl.load_workbook(fn)
6   ws = wb.active
7   ws.protection.sheet = True
8   ws.protection.enable()
9   wb.save("out2_12.xlsx")
```

執行結果　開啟 out2_12.xlsx，若是想要修改 2025Q1 工作表內容，將看到工作表被保護中的對話方塊。

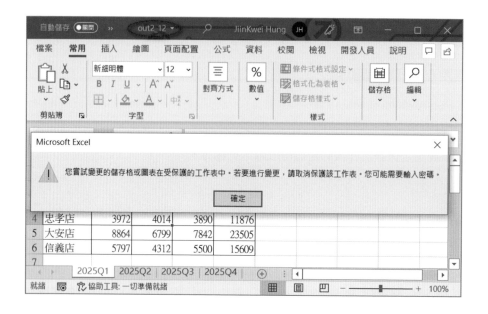

第 3 章

讀取與寫入儲存格內容

3-1 單一儲存格的存取

3-2 公式與值的觀念

3-3 取得儲存格位置資訊

3-4 取得工作表使用的欄數和列數

3-5 列出工作表區間內容

3-6 工作表物件 ws 的 rows 和 columns

3-7 iter_rows( ) 和 iter_cols( ) 方法

3-8 指定欄或列

3-9 切片

3-10 工作表物件 ws 的 dimensions

3-11 將串列資料寫進儲存格

3-12 欄數與欄位名稱的轉換

閱讀本節前筆者需提醒本章所使用的 ws 是指工作表物件。

3-1 單一儲存格的存取

3-1-1 基礎語法與實作觀念

可以使用下列公式取得或是設定單一儲存格的內容。

　　ws[儲存格位置**]**

或是改為

　　ws['欄列**']**　　或是　　**ws['**行列**']**

上述儲存格位置可以使用我們熟知的 Excel 儲存格位置觀念 " 欄列 "，其中欄也可以稱行是用 A .. 英文字母代表。列則是用數字代表。例如：下列是設定 A2 儲存格的內容是 10。

```
ws['A2'] = 10
```

下列是取得 A2 儲存格的內容。

```
data = ws['A2'].value
```

註 需留意的是需要增加 value 屬性。

程式實例 ch3_1.py：開啟一個空的活頁簿，然後設定此活頁簿的內容，最後將結果存入 out3_1.xlsx 檔案內。

```
 1  # ch3_1.py
 2  import openpyxl
 3
 4  wb = openpyxl.Workbook()        # 建立空白的活頁簿
 5  ws = wb.active                  # 取得目前工作表
 6  ws['A2'] = 'Apple'
 7  ws['A3'] = 'Orange'
 8  ws['B2'] = 200
 9  ws['B3'] = 150
10  wb.save('out3_1.xlsx')          # 將活頁簿儲存
```

執行結果 開啟 out3_1.xlsx 可以得到下列結果。

註 輸入資料的格式與在 Excel 視窗是相同，字串靠左對齊，數值資料靠右對齊。

程式實例 ch3_2.py：假設有一個活頁簿 data3_2.xlsx 內容如下，這個程式會列出幾個特定儲存格的內容。

```
1   # ch3_2.py
2   import openpyxl
3
4   fn = 'data3_2.xlsx'
5   wb = openpyxl.load_workbook(fn)
6   ws = wb.active
7   print("儲存格B2 = ", ws['B2'].value)      # B2
8   print("儲存格B3 = ", ws['B3'].value)      # B3
9   print("儲存格B4 = ", ws['B4'].value)      # B4
10  print("儲存格C3 = ", ws['C3'].value)      # C3
11  print("儲存格C4 = ", ws['C4'].value)      # C4
```

執行結果

```
=================== RESTART: D:/Python_Excel/ch3/ch3_2.py ===================
儲存格B2 =  深智新進員工測驗
儲存格B3 =  姓名
儲存格B4 =  洪一忠
儲存格C3 =  數學
儲存格C4 =  96
```

3-1-2　使用 cell( ) 函數設定儲存格的值

使用 cell( ) 函數，可以用下列語法設定特定除儲存的內容。

> ws.cell(row= 列數 , column= 行數 , value= 值)

或是

> ws.cell(row= 列數 , column= 行數).value = 值

例如：下列是設定 3 列 2 行的值是 10。

> ws.cell(row=3, column=2, value=10)

或是

> ws.cell(row=3, column=2).value = 10

程式實例 ch3_3.py：使用 cell( ) 函數的觀念重新設計 ch3_1.py。

```
1   # ch3_3.py
2   import openpyxl
3
4   wb = openpyxl.Workbook()        # 建立空白的活頁簿
5   ws = wb.active                  # 取得目前工作表
6   ws.cell(row=2, column=1, value='Apple')
7   ws.cell(row=3, column=1, value='Orange')
8   ws.cell(row=2, column=2, value=200)
9   ws.cell(row=3, column=2, value=150)
10  wb.save('out3_3.xlsx')          # 將活頁簿儲存
```

執行結果　開啟 out3_3.xlsx 可以得到下列結果。

▲	A	B	C	D
1				
2	Apple	200		
3	Orange	150		

Sheet ⊕

程式實例 ch3_3_1.py：使用另一種 ws.cell( ) 方式重新設計 ch3_3.py。

```
1   # ch3_3_1.py
2   import openpyxl
3
4   wb = openpyxl.Workbook()      # 建立空白的活頁簿
5   ws = wb.active               # 取得目前工作表
6   ws.cell(row=2, column=1).value = 'Apple'
7   ws.cell(row=3, column=1).value = 'Orange'
8   ws.cell(row=2, column=2).value = 200
9   ws.cell(row=3, column=2).value = 150
10  wb.save('out3_3_1.xlsx')     # 將活頁簿儲存
```

執行結果　out3_3_1.xlsx 內容與 out3_3.xlsx 相同。

　　讀者可以會覺得使用 cell( ) 函數可能比較麻煩，但是未來要存取儲存格區間時，使用這個函數配合迴圈函數會比較簡單。

3-1-3　使用 cell( ) 函數取得儲存格的值

　　使用 cell( ) 函數，可以用下列語法設定特定除儲存的內容。

　　　data = ws.cell(row= 列數 , column= 行數).value

　　上述語法相當於 cell( ) 函數內省略 value 參數設定，但是用了 value 屬性取得特定函數的內容。

程式實例 ch3_4.py：使用 cell( ) 函數的觀念重新設計 ch3_2.py。

```
1   # ch3_4.py
2   import openpyxl
3
4   fn = 'data3_2.xlsx'
5   wb = openpyxl.load_workbook(fn)
6   ws = wb.active
7   print("儲存格B2 = ", ws.cell(row=2, column=2).value)    # B2
8   print("儲存格B3 = ", ws.cell(row=3, column=2).value)    # B3
9   print("儲存格B4 = ", ws.cell(row=4, column=2).value)    # B4
10  print("儲存格C3 = ", ws.cell(row=3, column=3).value)    # C3
11  print("儲存格C4 = ", ws.cell(row=4, column=3).value)    # C4
```

執行結果
```
================== RESTART: D:\Python_Excel\ch3\ch3_4.py ==================
儲存格B2 =  深智新進員工測驗
儲存格B3 =  姓名
儲存格B4 =  洪一忠
儲存格C3 =  數學
儲存格C4 =  96
```

3-1-4　貨品價格資訊

當今社會原物料行情是波動的，我們也可以應用 Excel 的 time 模組的 strftime( ) 函數，記錄每天的原物料行情。

註　strftime("%Y/%m/%d") 函數可以回傳年 / 月 / 日格式的日期。

程式實例 ch3_5.py：建立商品期貨價格的資訊。

```
1   # ch3_5.py
2   import openpyxl
3   import time
4
5   wb = openpyxl.Workbook()        # 建立空白的活頁簿
6   ws = wb.active                  # 取得目前工作表
7   ws['A1'] = time.strftime("%Y/%m/%d")
8   ws['A2'] = '期貨行情'
9   ws['A3'] = '小麥'
10  ws['A4'] = '玉米'
11  ws['B3'] = 1097
12  ws['B4'] = 742
13  wb.save('out3_5.xlsx')          # 將活頁簿儲存
```

執行結果　開啟 out3_5.xlsx 可以得到下列結果。

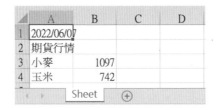

3-2　公式與值的觀念

3-2-1　使用 ws[' 行列 '] 格式

有一個活頁簿 data3_6.xlsx 工作表 1 的內容如下，其中 C7 和 C8 儲存格是公式，分別如下：

```
=MAX(C4:C6)                         # C7 儲存格
=MIN(C4:C6)                         # C8 儲存格
```

可以參考下列 Excel 視窗說明畫面。

當我們使用 3-1-1 節，使用 value 屬性取得值時，所獲得的是公式，可以參考下列實例。

程式實例 ch3_6.py：列出含公式的儲存格內容。

```
1   # ch3_6.py
2   import openpyxl
3
4   fn = 'data3_6.xlsx'
5   wb = openpyxl.load_workbook(fn)
6   ws = wb.active
7   print("儲存格B4 = ", ws['B4'].value)
8   print("儲存格B5 = ", ws['B5'].value)
9   print("儲存格B6 = ", ws['B6'].value)
10  print("儲存格B7 = ", ws['B7'].value)
11  print("儲存格B8 = ", ws['B8'].value)
12  print("儲存格C4 = ", ws['C4'].value)
```

```
13  print("儲存格C5 = ", ws['C5'].value)
14  print("儲存格C6 = ", ws['C6'].value)
15  print("儲存格C7 = ", ws['C7'].value)
16  print("儲存格C8 = ", ws['C8'].value)
```

執行結果

```
==================== RESTART: D:/Python_Excel/ch3/ch3_6.py ====================
儲存格B4 =   洪冰儒
儲存格B5 =   洪雨星
儲存格B6 =   洪星宇
儲存格B7 =   最高業績
儲存格B8 =   最低業績
儲存格C4 =   98000
儲存格C5 =   87600
儲存格C6 =   125600
儲存格C7 =   =MAX(C4:C6)
儲存格C8 =   =MIN(C4:C6)
```

　　如果希望上述可以得到數值結果，參考 1-4-1 節在使用 load_workbook( ) 下載活頁簿時，需加上 data_only=True 參數。

程式實例 ch3_7.py：使用 data_only=True 參數，重新設計 ch3_6.py。

```
1   # ch3_7.py
2   import openpyxl
3
4   fn = 'data3_6.xlsx'
5   wb = openpyxl.load_workbook(fn, data_only=True)
6   ws = wb.active
7   print("儲存格B4 = ", ws['B4'].value)
8   print("儲存格B5 = ", ws['B5'].value)
9   print("儲存格B6 = ", ws['B6'].value)
10  print("儲存格B7 = ", ws['B7'].value)
11  print("儲存格B8 = ", ws['B8'].value)
12  print("儲存格C4 = ", ws['C4'].value)
13  print("儲存格C5 = ", ws['C5'].value)
14  print("儲存格C6 = ", ws['C6'].value)
15  print("儲存格C7 = ", ws['C7'].value)
16  print("儲存格C8 = ", ws['C8'].value)
```

執行結果

```
==================== RESTART: D:/Python_Excel/ch3/ch3_7.py ====================
儲存格B4 =   洪冰儒
儲存格B5 =   洪雨星
儲存格B6 =   洪星宇
儲存格B7 =   最高業績
儲存格B8 =   最低業績
儲存格C4 =   98000
儲存格C5 =   87600
儲存格C6 =   125600
儲存格C7 =   125600
儲存格C8 =   87600
```

3-2-2　使用 cell( ) 函數的觀念

　　若是使用 cell( ) 函數觀念重新設計 ch3_6.c 和 ch3_7.c 可以獲得一樣的結果。

程式實例 ch3_8.c：使用 cell( ) 函數的觀念重新設計 ch3_6.c。

```
1   # ch3_8.py
2   import openpyxl
3
4   fn = 'data3_6.xlsx'
5   wb = openpyxl.load_workbook(fn)
6   ws = wb.active
7   print("儲存格B4 = ", ws.cell(row=4, column=2).value)
8   print("儲存格B5 = ", ws.cell(row=5, column=2).value)
9   print("儲存格B6 = ", ws.cell(row=6, column=2).value)
10  print("儲存格B7 = ", ws.cell(row=7, column=2).value)
11  print("儲存格B8 = ", ws.cell(row=8, column=2).value)
12  print("儲存格C4 = ", ws.cell(row=4, column=2).value)
13  print("儲存格C5 = ", ws.cell(row=5, column=3).value)
14  print("儲存格C6 = ", ws.cell(row=6, column=3).value)
15  print("儲存格C7 = ", ws.cell(row=7, column=3).value)
16  print("儲存格C8 = ", ws.cell(row=8, column=3).value)
```

執行結果 與 ch3_6.c 相同。

程式實例 ch3_9.c：使用 cell( ) 函數的觀念重新設計 ch3_7.c。

```
1   # ch3_9.py
2   import openpyxl
3
4   fn = 'data3_6.xlsx'
5   wb = openpyxl.load_workbook(fn, data_only=True)
6   ws = wb.active
7   print("儲存格B4 = ", ws.cell(row=4, column=2).value)
8   print("儲存格B5 = ", ws.cell(row=5, column=2).value)
9   print("儲存格B6 = ", ws.cell(row=6, column=2).value)
10  print("儲存格B7 = ", ws.cell(row=7, column=2).value)
11  print("儲存格B8 = ", ws.cell(row=8, column=2).value)
12  print("儲存格C4 = ", ws.cell(row=4, column=2).value)
13  print("儲存格C5 = ", ws.cell(row=5, column=3).value)
14  print("儲存格C6 = ", ws.cell(row=6, column=3).value)
15  print("儲存格C7 = ", ws.cell(row=7, column=3).value)
16  print("儲存格C8 = ", ws.cell(row=8, column=3).value)
```

執行結果 與 ch3_7.c 相同。

3-3 取得儲存格位置資訊

上述對於 ws[' 欄列 '] 而言，除了可以使用 value 屬性取得儲存格內容外，也可以使用 row、column 或 coordinate 取得儲存格相對位置資訊。

❑ row：回傳列資訊。

❑ column：用數字回傳欄 (行) 資訊。

❑ coordinate：回傳 Excel 格式的 ' 欄列 ' 資訊，這也可以稱座標資訊。

程式實例 ch3_10.py：列出儲存格位置資訊，假設有一個 data3_10.xlsx 活頁簿的工作表內容如下：。

	A	B	C	D
1	品項	銷售金額		
2	滑鼠	6000		
3	鍵盤	3000		
4	USB	4200		
5	小計	13200		

工作表1 ⊕

```
1   # ch3_10.py
2   import openpyxl
3
4   fn = 'data3_10.xlsx'
5   wb = openpyxl.load_workbook(fn)
6   ws = wb.active
7   print(f"A1 = {ws['A1'].value}")
8   print(f"A1 = {ws['A1'].column}, {ws['A1'].row}, {ws['A1'].coordinate}")
9   print(f"A2 = {ws['A2'].value}")
10  print(f"A2 = {ws['A2'].column}, {ws['A2'].row}, {ws['A2'].coordinate}")
11  print(f"A3 = {ws['A3'].value}")
12  print(f"A3 = {ws['A3'].column}, {ws['A3'].row}, {ws['A3'].coordinate}")
13  print(f"B1 = {ws['B1'].value}")
14  print(f"B1 = {ws['B1'].column}, {ws['B1'].row}, {ws['B1'].coordinate}")
15  print(f"B2 = {ws['B2'].value}")
16  print(f"B2 = {ws['B2'].column}, {ws['B2'].row}, {ws['B2'].coordinate}")
17  print(f"B3 = {ws['B3'].value}")
18  print(f"B3 = {ws['B3'].column}, {ws['B3'].row}, {ws['B3'].coordinate}")
```

執行結果

```
==================== RESTART: D:/Python_Excel/ch3/ch3_10.py ====================
A1 = 品項
A1 = 1, 1, A1
A2 = 滑鼠
A2 = 1, 2, A2
A3 = 鍵盤
A3 = 1, 3, A3
B1 = 銷售金額
B1 = 2, 1, B1
B2 = 6000
B2 = 2, 2, B2
B3 = 3000
B3 = 2, 3, B3
```

3-4 取得工作表使用的欄數和列數

對於目前工作表物件 (本章實例使用 ws 當變數) 而言，有 2 個屬性可以了解目前工作表使用資訊。

❏ max_column：可以使用 ws.max_column 回傳工作表內容所使用的欄數。

❏ max_row：可以使用 ws.max_row 回傳工作表內容所使用的列數。

註 欄數也可以稱行數。

程式實例 ch3_11.py：假設有一個活頁簿的工作表內容如下，這個程式會回傳 data3_11.xlsx 活頁簿工作表 1 的欄位數和列數。

	A	B	C	D	E
1					
2		STARKCOFFEE進貨單			
3		日期	品項	金額	
4		2021/3/8	Arabica	88000	
5		2021/3/15	Robusta	56000	
6		2021/3/20	Java	60000	
7		2021/3/22	Arabica	78000	
8		2021/4/8	Arabica	48000	
9		2021/4/9	Java	62000	
10		2021/4/10	Robusta	46000	
11		2021/5/5	Arabica	120000	

工作表1　⊕

```
1   # ch3_11.py
2   import openpyxl
3
4   fn = 'data3_11.xlsx'
5   wb = openpyxl.load_workbook(fn)
6   ws = wb.active
7   print(f"工作表欄數 = {ws.max_column}")
8   print(f"工作表列數 = {ws.max_row}")
```

執行結果

```
=============== RESTART: D:\Python_Excel\ch3\ch3_11.py ===============
工作表欄數 = 4
工作表列數 = 11
```

讀者從執行結果可以看到，即使第一列和第一行是空白，也會被計算當作列數和行數。

3-5 列出工作表區間內容

3-5-1 輸出列區間內容

　　從前面幾節的內容相信讀者已經可以掌握取得個別儲存格內容，如果想要取得儲存格區間的內容可以使用迴圈的觀念。

程式實例 ch3_12.py：取得 data3_11.xlsx 活頁簿工作表 1 的第 3 列內容。

```
1   # ch3_12.py
2   import openpyxl
3
4   fn = 'data3_11.xlsx'
5   wb = openpyxl.load_workbook(fn)
6   ws = wb.active
7   for i in range(2,ws.max_column+1):
8       print(ws.cell(row=3,column=i).value, end=' ')
```

執行結果

```
==================== RESTART: D:/Python_Excel/ch3/ch3_12.py ====================
日期 品項 金額
```

3-5-2 輸出行區間內容

程式實例 ch3_13.py：取得 data3_11.xlsx 活頁簿工作表 1 的第 B 欄內容。

```
1   # ch3_13.py
2   import openpyxl
3
4   fn = 'data3_11.xlsx'
5   wb = openpyxl.load_workbook(fn)
6   ws = wb.active
7   for i in range(2,ws.max_row+1):
8       print(ws.cell(row=i,column=2).value)
```

執行結果

```
==================== RESTART: D:/Python_Excel/ch3/ch3_13.py ====================
STARKCOFFEE進貨單
日期
2021-03-08 00:00:00
2021-03-15 00:00:00
2021-03-20 00:00:00
2021-03-22 00:00:00
2021-04-08 00:00:00
2021-04-09 00:00:00
2021-04-10 00:00:00
2021-05-05 00:00:00
```

3-5-3 輸出整個儲存格區間資料

　　如果想要取得某一區塊儲存格空間可以使用雙層迴圈的觀念。

程式實例 ch3_14.py：data3_14.xlsx 活頁簿的工作表 1 內容如下，這個程式會列出 A1:B5 區間的儲存格資料。

```
1   # ch3_14.py
2   import openpyxl
3
4   fn = 'data3_14.xlsx'
5   wb = openpyxl.load_workbook(fn)
6   ws = wb.active
7   for i in range(1,ws.max_row+1):              # row做索引增值
8       for j in range(1,ws.max_column+1):       # column做索引增值
9           print(f"{ws.cell(row=i,column=j).value}", end=" ")
10      print()                                  # 換列輸出
```

執行結果
```
=================== RESTART: D:/Python_Excel/ch3/ch3_14.py ===================
品項 銷售金額
滑鼠 6000
鍵盤 3000
螢幕 4200
小計 =SUM(B2:B4)
```

上述程式執行結果的 B5 儲存格，顯示的是公式，可以在開啟檔案時，設定 data_only 參數為 True，就可以獲得公式的計算結果。

程式實例 ch3_15.c：改良 ch3_14.py，設定顯示銷售金額小計的結果。

```
1   # ch3_15.py
2   import openpyxl
3
4   fn = 'data3_14.xlsx'
5   wb = openpyxl.load_workbook(fn, data_only=True)
6   ws = wb.active
7   for i in range(1,ws.max_row+1):              # row做索引增值
8       for j in range(1,ws.max_column+1):       # column做索引增值
9           print(f"{ws.cell(row=i,column=j).value}", end=" ")
10      print()                                  # 換列輸出
```

執行結果
```
=================== RESTART: D:/Python_Excel/ch3/ch3_15.py ===================
品項 銷售金額
滑鼠 6000
鍵盤 3000
螢幕 4200
小計 13200
```

3-6　工作表物件 ws 的 rows 和 columns

3-6-1　認識 rows 和 columns 屬性

當建立工作表物件 ws 成功後，會自動產生下列數據產生器 (generators) 屬性。

❏ rows：工作表數據產生器以列方式包裹，每一列用一個元組 (tuple) 包裹。

❏ columns：工作表數據產生器以欄方式包裹，每一欄用一個元組 (tuple) 包裹。

程式實例 ch3_16.py：使用 data3_16.xlsx 活頁簿的工作表 1 為實例，此工作表內容如下，輸出 ws.rows 和 ws.columns 的資料類型。

	A	B	C	D	E
1	天空SPA客戶資料				
2	姓名	地區	性別	身高	身份
3	洪冰儒	士林	男	170	會員
4	洪雨星	中正	男	165	會員
5	洪星宇	信義	男	171	非會員
6	洪冰雨	信義	女	162	會員
7	郭孟華	士林	女	165	會員
8	陳新華	信義	男	178	會員
9	謝冰	士林	女	166	會員

工作表1 ⊕

```
1  # ch3_16.py
2  import openpyxl
3
4  fn = 'data3_16.xlsx'
5  wb = openpyxl.load_workbook(fn)
6  ws = wb.active
7  print(type(ws.rows))        # 獲得ws.rows資料類型
8  print(type(ws.columns))     # 獲得ws.columns資料類型
```

執行結果

```
==================== RESTART: D:/Python_Excel/ch3/ch3_16.py ====================
<class 'generator'>
<class 'generator'>
```

由於 ws.rows 和 ws.columns 是數據產生器，若是想取得它的內容須先將它們轉成串列 (list)，然後就可以用索引方式取得。

程式實例 ch3_17.py：列出 data3_16.xlsx 活頁簿工作表 1，特定欄與列的資訊。需留意由於資料轉成了串列，所以索引值是從 0 開始。本程式會列出 A 欄資料和索引 2 這列 (洪冰儒) 資料。

```
1   # ch3_17.py
2   import openpyxl
3
4   fn = 'data3_16.xlsx'
5   wb = openpyxl.load_workbook(fn)
6   ws = wb.active
7   for cell in list(ws.columns)[0]:      # A欄
8       print(cell.value)
9   for cell in list(ws.rows)[2]:         # 索引是2
10      print(cell.value, end=' ')
```

執行結果

```
================== RESTART: D:/Python_Excel/ch3/ch3_17.py ==================
天空SPA客戶資料
姓名
洪冰儒
洪雨星
洪星宇
洪冰雨
郭孟華
陳新華
謝冰
洪冰儒 士林 男 170 會員
```

3-6-2　逐列方式輸出工作表內容

對於數據產生器而言，我們也可以不用轉成串列，直接使用逐列方式獲得全部的工作表內容。

程式實例 ch3_18.py：使用逐列方式獲得 data3_16.xlsx 活頁簿工作表 1，全部的內容。

```
1   # ch3_18.py
2   import openpyxl
3
4   fn = 'data3_16.xlsx'
5   wb = openpyxl.load_workbook(fn)
6   ws = wb.active
7   for row in ws.rows:
8       for cell in row:
9           print(cell.value, end=' ')
10      print()
```

執行結果

```
================== RESTART: D:/Python_Excel/ch3/ch3_18.py ==================
天空SPA客戶資料 None None None None
姓名 地區 性別 身高 身份
洪冰儒 士林 男 170 會員
洪雨星 中正 男 165 會員
洪星宇 信義 男 171 非會員
洪冰雨 信義 女 162 會員
郭孟華 士林 女 165 會員
陳新華 信義 男 178 會員
謝冰 士林 女 166 會員
```

在上述執行結果中，由於第一列只有 A1 儲存格有資料，此資料是跨行置中對齊，Python 讀取 B2:E2 的資料是 None。

3-6-3　逐欄方式輸出工作表內容

讀者可能會想是否可以使用逐欄 (行) 方式獲得全部的工作表內容，答案是可以的。

程式實例 ch3_19.py：使用逐欄方式獲得全部的工作表內容。

```
1   # ch3_19.py
2   import openpyxl
3
4   fn = 'data3_16.xlsx'
5   wb = openpyxl.load_workbook(fn)
6   ws = wb.active
7   for col in ws.columns:
8       for cell in col:
9           print(cell.value, end=' ')
10      print()
```

執行結果

```
==================== RESTART: D:/Python_Excel/ch3/ch3_19.py ====================
天空SPA客戶資料 姓名 洪冰僑 洪雨星 洪星宇 洪冰雨 郭孟華 陳新華 謝冰
None 地區 士林 中正 信義 信義 士林 信義 士林
None 性別 男 男 男 女 女 男 女
None 身高 170 165 171 162 165 178 166
None 身份 會員 會員 非會員 會員 會員 會員 會員
```

3-7 iter_rows( ) 和 iter_cols( ) 方法

建立了工作表物件後，有下列兩個方法可以使用。

    ws.iter_rows( )　　　　　# 在特定區間內，逐列遍歷
    ws.iter_cols( )　　　　　# 在特定區間內，逐欄 (行) 遍歷

上述方法回傳的是元組類型的列或是欄資料。

3-7-1　認識屬性

在講解 3-7 節的兩個函數前，讀者需要先認識下列幾個工作表物件 ws 的屬性。

❑ min_row：可以回傳工作表有資料的最小列數。

❑ max_row：可以回傳工作表有資料的最大列數。

❑ min_column：可以回傳工作表有資料的最小欄數。

❑ max_column：可以回傳工作表有資料的最大欄數。

程式實例 ch3_19_1.c：假設有一個 data3_19_1.xlsx 活頁簿工作表 1 內容如下，請使用此工作表列出 min_row、max_row、min_column 和 max_column 屬性的內容。

	A	B	C	D	E
1	1	5	9	13	
2	2	6	10	14	
3	3	7	11	15	
4	4	8	12	16	

工作表1 ｜ 工作表2 ｜ 工作表3 ｜ ⊕

```
1  # ch3_19_1.py
2  import openpyxl
3
4  fn = 'data3_19_1.xlsx'
5  wb = openpyxl.load_workbook(fn)
6  ws = wb.active
7  print(f"工作表有資料最小列數 = {ws.min_row}")
8  print(f"工作表有資料最大列數 = {ws.max_row}")
9  print(f"工作表有資料最小欄數 = {ws.min_column}")
10 print(f"工作表有資料最大欄數 = {ws.max_column}")
```

執行結果

```
=================== RESTART: D:\Python_Excel\ch3\ch3_19_1.py ===================
工作表有資料最小列數 = 1
工作表有資料最大列數 = 4
工作表有資料最小欄數 = 1
工作表有資料最大欄數 = 4
```

3-7-2　iter_rows( )

這個方法算產生的效果類似 3-6 節的 rows 屬性，不過可以使用此方法設定遍歷的區間。此函數會包含 4 個參數，語法如下：

> ws.iter_rows(min_row, max_row, min_col, max_col)

❑ min_row 和 max_row 可以設定逐列遍歷的列區間。

❑ min_col 和 max_col：可以設定逐行遍歷的欄區間。

註　如果省略上述參數，表示遍歷工作表所有列，更多相關細節將在 3-7-4 和 3-7-5 節解說。

程式實例 ch3_19_2.py：請使用 data3_19_1.xlsx 活頁簿工作表 1，請遍歷列區間是 2 至 3，欄區間也是 2 至 3。

```
1   # ch3_19_2.py
2   import openpyxl
3
4   fn = 'data3_19_1.xlsx'
5   wb = openpyxl.load_workbook(fn)
6   ws = wb.active
7   for row in ws.iter_rows(min_row=2,max_row=3,min_col=2,max_col=3):
8       for cell in row:
9           print(cell.value, end=' ')
10      print()
```

執行結果

```
==================== RESTART: D:/Python_Excel/ch3/ch3_19_2.py ====================
6 10
7 11
```

3-7-3　iter_cols( )

這個方法算產生的效果類似 3-6 節的 columns 屬性，不過可以使用此方法設定遍歷的區間。此函數會包含 4 個參數，語法如下：

ws.iter_cols(min_row, max_row, min_col, max_col)

❑ min_row 和 max_row 可以設定逐列遍歷的列區間。

❑ min_col 和 max_col：可以設定逐行遍歷的欄區間。

註　如果省略上述參數，表示遍歷工作表所有欄，更多相關細節將在 3-7-4 和 3-7-5 節解說。

程式實例 ch3_19_3.c：請使用 data3_19_1.xlsx 活頁簿工作表 1，請遍歷列區間是 2 至 3，欄區間也是 2 至 3。

```
1   # ch3_19_3.py
2   import openpyxl
3
4   fn = 'data3_19_1.xlsx'
5   wb = openpyxl.load_workbook(fn)
6   ws = wb.active
7   for col in ws.iter_cols(min_row=2,max_row=3,min_col=2,max_col=3):
8       for cell in col:
9           print(cell.value, end=' ')
10      print()
```

執行結果
```
================= RESTART: D:/Python_Excel/ch3/ch3_19_3.py =================
6 7
10 11
```

3-7-4 遍歷所有列 (或欄) 與認識回傳的資料

前面已經介紹了，可以使用 ws.iter_rows( ) 遍歷所有的列資料，回傳的是元組資料類型，在先前實例使用下列方式解析列資料，得到輸出結果。

```
for cell in row:
    print(cell.value, end=' ')
```

下列實例將輸出 cell 的資料原型。

程式實例 ch3_19_4.py：使用 ws.iter_rows( ) 遍歷和輸出所有的列資料原型。

```
1  # ch3_19_4.py
2  import openpyxl
3
4  fn = 'data3_19_1.xlsx'
5  wb = openpyxl.load_workbook(fn)
6  ws = wb.active
7  for row in ws.iter_rows():
8      print(type(row))
9      print(row)
```

執行結果
```
================= RESTART: D:/Python_Excel/ch3/ch3_19_4.py =================
<class 'tuple'>
(<Cell '工作表1'.A1>, <Cell '工作表1'.B1>, <Cell '工作表1'.C1>, <Cell '工作表1'.D1>)
<class 'tuple'>
(<Cell '工作表1'.A2>, <Cell '工作表1'.B2>, <Cell '工作表1'.C2>, <Cell '工作表1'.D2>)
<class 'tuple'>
(<Cell '工作表1'.A3>, <Cell '工作表1'.B3>, <Cell '工作表1'.C3>, <Cell '工作表1'.D3>)
<class 'tuple'>
(<Cell '工作表1'.A4>, <Cell '工作表1'.B4>, <Cell '工作表1'.C4>, <Cell '工作表1'.D4>)
```

由上述輸出我們知道 ws.iter_rows( ) 回傳的 row 資料類型是元組 (tuple)，而元組的元素是 openpyxl 模組特有的資料類型，元素可以使用下列方式解析獲得實際儲存格的內容。註：下列指令筆者重複書寫，主要是方便讀者容易了解。

```
for cell in row:
    print(cell.value, end=' ')
```

程式實例 ch3_19_5.py：將 ch3_19_4.py 的觀念應用在 ws.iter_cols( )，遍歷和輸出所有的欄資料原型。

```
1   # ch3_19_5.py
2   import openpyxl
3
4   fn = 'data3_19_1.xlsx'
5   wb = openpyxl.load_workbook(fn)
6   ws = wb.active
7   for col in ws.iter_cols():
8       print(type(col))
9       print(col)
```

執行結果

```
================= RESTART: D:/Python_Excel/ch3/ch3_19_5.py =================
<class 'tuple'>
(<Cell '工作表1'.A1>, <Cell '工作表1'.A2>, <Cell '工作表1'.A3>, <Cell '工作表1'.A4>)
<class 'tuple'>
(<Cell '工作表1'.B1>, <Cell '工作表1'.B2>, <Cell '工作表1'.B3>, <Cell '工作表1'.B4>)
<class 'tuple'>
(<Cell '工作表1'.C1>, <Cell '工作表1'.C2>, <Cell '工作表1'.C3>, <Cell '工作表1'.C4>)
<class 'tuple'>
(<Cell '工作表1'.D1>, <Cell '工作表1'.D2>, <Cell '工作表1'.D3>, <Cell '工作表1'.D4>)
```

若是和 ch3_19_4.py 相比較，可以看到元組內元素組合不同，其餘觀念是類似。

3-7-5　參數 values_only=True

使用 ws.iter_rows( ) 或是 ws_iter_cols( ) 函數時，也可以加上下列參數：

values_only=True

有了這個參數可以讓回傳的元組元素顯示儲存格內容。

程式實例 ch3_9_6.py：增加參數重新設計 ch3_9_4.py。

```
1   # ch3_19_6.py
2   import openpyxl
3
4   fn = 'data3_19_1.xlsx'
5   wb = openpyxl.load_workbook(fn)
6   ws = wb.active
7   for row in ws.iter_rows(values_only=True):
8       print(type(row))
9       print(row)
```

執行結果

```
================= RESTART: D:/Python_Excel/ch3/ch3_19_6.py =================
<class 'tuple'>
(1, 5, 9, 13)
<class 'tuple'>
(2, 6, 10, 14)
<class 'tuple'>
(3, 7, 11, 15)
<class 'tuple'>
(4, 8, 12, 16)
```

上述可以獲得比較容易了解的執行結果。

程式實例 ch3_9_7.py：增加參數重新設計 ch3_9_5.py。

```
1   # ch3_19_7.py
2   import openpyxl
3
4   fn = 'data3_19_1.xlsx'
5   wb = openpyxl.load_workbook(fn)
6   ws = wb.active
7   for col in ws.iter_cols(values_only=True):
8       print(type(col))
9       print(col)
```

執行結果

```
================= RESTART: D:/Python_Excel/ch3/ch3_19_7.py =================
<class 'tuple'>
(1, 2, 3, 4)
<class 'tuple'>
(5, 6, 7, 8)
<class 'tuple'>
(9, 10, 11, 12)
<class 'tuple'>
(13, 14, 15, 16)
```

3-8 指定欄或列

在 3-6 節有介紹工作表物件 ws 的 columns 和 rows 屬性，然後將結果轉成串列，在使用索引方式取得特定欄 (行) 或列的內容。其實也可以使用下列方式獲得特定欄的內容。

```
colA = ws['A']                    # 取得 A 欄位的內容
row5 = ws[5]                      # 取得第 5 列內容
```

上述回傳的是元組 (tuple) 資料類型。

程式實例 ch3_20.py：使用 data3_16.xlsx 的工作表 1，輸出 A 欄和第 5 列資料。

```
1   # ch3_20.py
2   import openpyxl
3
4   fn = 'data3_16.xlsx'
5   wb = openpyxl.load_workbook(fn)
6   ws = wb.active
7   for cell in ws['A']:       # A欄
8       print(cell.value)
9   for cell in ws[5]:         # 索引是5
10      print(cell.value, end=' ')
```

執行結果

```
=============== RESTART: D:/Python_Excel/ch3/ch3_20.py ===================
天空SPA客戶資料
姓名
洪冰儒
洪雨星
洪星宇
洪冰雨
郭孟華
陳新華
謝冰
洪星宇 信義 男 171 非會員
```

3-9 切片

Excel 的儲存格區間的切片觀念也可以應用在 Python 操作工作表。

3-9-1　指定的儲存格區間

3-8 節介紹了特定欄 (行) 和列的儲存格資料，也可以使用下列切片方式取得特定儲存格區間的資料。

ws['A1':'E9']　　　　　　　　　　　　# A1:E9 儲存格區間的資料

這是使用切片的觀念讀取某區間資料，回傳資料類型是元組 (tuple)，例如：讀取 A1:E9 資料可用下列方法：

for row in ws['A1':'E9']:　　　　　# 逐列讀取
　　　for cell in row:　　　　　　　# 讀取特定欄的每一儲存格
　　　　　　print(cell.value)

程式實例 ch3_21.py：採用切片觀念讀取 data3_16.xlsx 的工作表 1，A1:E9 儲存格區間內容。

```
1   # ch3_21.py
2   import openpyxl
3
4   fn = 'data3_16.xlsx'
5   wb = openpyxl.load_workbook(fn)
6   ws = wb.active
7   for row in ws['A1':'E9']:
8       for cell in row:
9           print(cell.value, end=' ')
10      print()
```

執行結果
```
=============== RESTART: D:/Python_Excel/ch3/ch3_21.py ===============
天空SPA客戶資料 None None None None
姓名 地區 性別 身高 身份
洪冰儒 士林 男 170 會員
洪雨星 中正 男 165 會員
洪星宇 信義 男 171 非會員
洪冰雨 信義 女 162 會員
郭孟華 士林 女 165 會員
陳新華 信義 男 178 會員
謝冰 士林 女 166 會員
```

程式實例 ch3_21_1.py：使用另一種格式重新設計 ch3_21.py。

```python
1  # ch3_21_1.py
2  import openpyxl
3
4  fn = 'data3_16.xlsx'
5  wb = openpyxl.load_workbook(fn)
6  ws = wb.active
7  range = ws['A1':'E9']
8  for a, b, c, d, e in range:
9      print(f"{a.value} {b.value} {c.value} {d.value} {e.value}")
```

執行結果　與 ch3_21.py 相同。

3-9-2　特定列或欄的區間

也可以使用下列切片方式取得特定欄或列的儲存格區間的資料。

```
ws['B:D']              # 取得 B 至 D 欄間的儲存格資料
ws[3:6]                # 取得第 3 至 6 列間的儲存格資料
```

程式實例 ch3_22.py：輸出 data3_16.xlsx 工作表 1，B 至 D 欄間的儲存格資料。

```python
1  # ch3_22.py
2  import openpyxl
3
4  fn = 'data3_16.xlsx'
5  wb = openpyxl.load_workbook(fn)
6  ws = wb.active
7  data_range = ws['B':'D']
8  for cols in data_range:
9      for cell in cols:
10         print(cell.value, end=' ')
11     print()
```

執行結果
```
=============== RESTART: D:/Python_Excel/ch3/ch3_22.py ===============
None 地區 士林 中正 信義 信義 士林 信義 士林
None 性別 男 男 男 女 女 男 女
None 身高 170 165 171 162 165 178 166
```

上述因為 B1:D1 皆是沒有資料，所以輸出是 None。

程式實例 ch3_23.py：輸出 data3_16.xlsx 工作表 1，B 至 D 欄間的儲存格資料。

```
1   # ch3_23.py
2   import openpyxl
3
4   fn = 'data3_16.xlsx'
5   wb = openpyxl.load_workbook(fn)
6   ws = wb.active
7   data_range = ws[3:6]
8   for rows in data_range:
9       for cell in rows:
10          print(cell.value, end=' ')
11      print()
```

執行結果

```
==================== RESTART: D:/Python_Excel/ch3/ch3_23.py ====================
洪冰儒 士林 男 170 會員
洪雨星 中正 男 165 會員
洪星宇 信義 男 171 非會員
洪冰雨 信義 女 162 會員
```

3-10　工作表物件 ws 的 dimensions

工作表物件的 dimensions 屬性可以回傳目前表格的 " 左上角 : 右下角 " 的座標。

程式實例 ch3_24.py：以 data3_16.xlsx 為例，測試 dimensions 屬性。

```
1   # ch3_24.py
2   import openpyxl
3
4   fn = 'data3_16.xlsx'
5   wb = openpyxl.load_workbook(fn)
6   ws = wb.active
7   print(ws.dimensions)
```

執行結果

```
==================== RESTART: D:/Python_Excel/ch3/ch3_24.py ====================
A1:E9
```

如果檢視 data3_24.xlsx 可以獲得下列觀念。

有時候我們會碰上一個工作表內有多個表格，這時 dimensions 屬性是使用矩形大小方是回傳多個表格的 " 最左上角 : 最右下角 " 的座標。例如：假設 data3_25.xlsx 活頁簿工作表 1 內容如下。

程式實例 ch3_25.py：使用 data3_25.xlsx 重新設計 ch3_24.py 可以得到下列結果。

```
1  # ch3_25.py
2  import openpyxl
3
4  fn = 'data3_25.xlsx'
5  wb = openpyxl.load_workbook(fn)
6  ws = wb.active
7  print(ws.dimensions)
```

執行結果

```
=================== RESTART: D:/Python_Excel/ch3/ch3_25.py ===================
A1:H9
```

程式實例 ch3_26.py：使用 dimensions 屬性的觀念重新設計 ch3_21.py：

```
1   # ch3_26.py
2   import openpyxl
3
4   fn = 'data3_16.xlsx'
5   wb = openpyxl.load_workbook(fn)
6   ws = wb.active
7   for row in ws[ws.dimensions]:
8       for cell in row:
9           print(cell.value, end=' ')
10      print()
```

執行結果

```
================= RESTART: D:/Python_Excel/ch3/ch3_26.py =================
天空SPA客戶資料 None None None None
姓名 地區 性別 身高 身份
洪冰儒 士林 男 170 會員
洪雨星 中正 男 165 會員
洪星宇 信義 男 171 非會員
洪冰雨 信義 女 162 會員
郭孟華 士林 女 165 會員
陳新華 信義 男 178 會員
謝冰 士林 女 166 會員
```

3-11　將串列資料寫進儲存格

　　我們可以使用 append( ) 方法將串列資料寫入儲存格，append 這個名詞有附加的意義，如果目前工作表沒有資料 append( ) 可將資料從第一列 (row) 開始寫入，如果目前工作表已經有資料可將資料從已有資料的下一列開始寫入。

程式實例 ch3_27.py：在空白工作表使用 append( ) 輸入串列資料，最後將輸出結果存入 out3_27.xlsx。

```
1   # ch3_27.py
2   import openpyxl
3
4   wb = openpyxl.Workbook()          # 建立空白的活頁簿
5   ws = wb.active                    # 獲得目前工作表
6   row1 = ['數學','物理','化學']      # 定義串列資料
7   ws.append(row1)                   # 寫入串列
8   row2 = [98, 82, 89]               # 定義串列資料
9   ws.append(row2)                   # 寫入串列
10  wb.save('out3_27.xlsx')           # 將活頁簿儲存
```

執行結果　開啟 out3_27.xlsx 可以看到下列結果。

上述我們成功的一次輸入一個串列資料，如果串列資料的元素也是串列，我們可以使用迴圈方式輸入內含串列元素的串列。

程式實例 ch3_28.py：在已有資料的工作表，使用 append( ) 輸入內含串列元素的串列。

```
1  # ch3_28.py
2  import openpyxl
3
4  wb = openpyxl.Workbook()      # 建立空白的活頁簿
5  ws = wb.active                # 獲得目前工作表
6  ws['A1'] = '明志科技大學'
7  rows = [                      # 定義串列資料
8      ['數學', '物理', '化學'],
9      [98, 82, 89],
10     [79, 88, 90],
11     [80, 78, 91]]
12 for row in rows:
13     ws.append(row)            # 寫入串列
14 wb.save('out3_28.xlsx')       # 將活頁簿儲存
```

執行結果 開啟 out3_28.xlsx 可以看到下列結果。

	A	B	C	D
1	明志科技大學			
2	數學	物理	化學	
3	98	82	89	
4	79	88	90	
5	80	78	91	

Sheet ⊕

3-12 欄數與欄位名稱的轉換

在 Excel 中欄名稱是 A、B、… Z、AA、AB、AC、… 等，例如：1 代表 A、2 代表 B、26 代表 Z、27 代表 AA、28 代表 AB。。如果工作表的欄位數很多時，很明顯我們無法很清楚了解到底索引是多少，例如：BC 是多少？為了解決這方面的問題，下列將介紹 2 個轉換方法：

```
get_column_letter( 數值 )                    # 將數值轉成字母
column_index_from_string( 字母 )              # 將字母轉成數值
```

上述方法存在於 openpyxl.utils 模組內，所以程式前面要加上下列指令。

```
from openpyxl.utils import get_column_letter, column_index_from_string
```

程式實例 ch3_29.py：將數值轉成字母與欄位的字母轉成數值。

```
 1  # ch3_29.py
 2  import openpyxl
 3  from openpyxl.utils import get_column_letter, column_index_from_string
 4
 5  wb = openpyxl.Workbook()
 6  ws = wb.active
 7  print("欄數= ",get_column_letter(ws.max_column))
 8  print("3    = ",get_column_letter(3))
 9  print("27   = ",get_column_letter(27))
10  print("100 = ",get_column_letter(100))
11  print("800 = ",get_column_letter(800))
12
13  print("A    = ", column_index_from_string('A'))
14  print("E    = ", column_index_from_string('E'))
15  print("AA   = ", column_index_from_string('AA'))
16  print("AZ   = ", column_index_from_string('AZ'))
17  print("AAA = ", column_index_from_string('AAA'))
```

執行結果

```
==================== RESTART: D:/Python_Excel/ch3/ch3_29.py ====================
欄數=  A
3    =  C
27   =  AA
100  =  CV
800  =  ADT
A    =  1
E    =  5
AA   =  27
AZ   =  52
AAA =  703
```

第 4 章
工作表與活頁簿整合實作

4-1　　建立多個工作表的應用

4-2　　將活頁簿的工作表複製到不同的活頁簿

4-3　　將活頁簿的所有工作表複製到另一個的活頁簿

4-4　　將活頁簿內所有工作表獨立製成個別的活頁簿

前面 3 章筆者介紹了存取工作表資料、操作工作表與活頁簿，這一節主要是將前三章所學的觀念做一個整合性的實作，方便讀者可以融會貫通。

4-1 建立多個工作表的應用

程式實例 ch4_1.xlsx：建立 out4_1.xlsx 活頁簿，同時在此活頁簿內建立 3 個工作表，這 3 個工作表將顯示不同類型的資料。

```python
1   # ch4_1.py
2   import openpyxl
3   from openpyxl.utils import get_column_letter
4   wb = openpyxl.Workbook()
5   ws1 = wb.active
6   ws1.title = "DataRange"
7   for row in range(1, 20):
8       ws1.append(range(500))
9   ws2 = wb.create_sheet(title="School")
10  ws2['F5'] = "明志科技大學"
11  ws3 = wb.create_sheet(title="Data")
12  for row in range(10, 20):
13      for col in range(27, 54):
14          ws3.cell(column=col,row=row,value="{0}".format(get_column_letter(col)))
15  wb.save("out4_1.xlsx")
```

執行結果　開啟 out4_1.xlsx 可以得到下列結果。

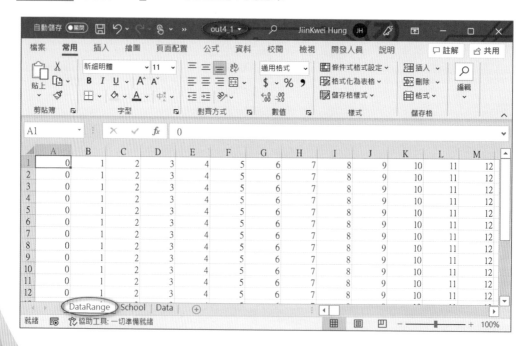

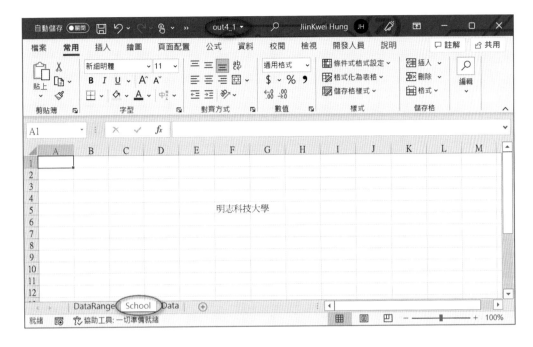

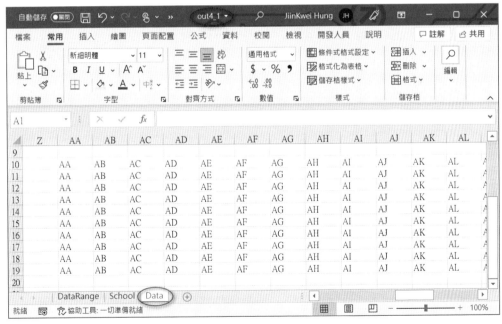

4-2　將活頁簿的工作表複製到不同的活頁簿

在 2-2 節有介紹在同一活頁簿內複製工作表，這一節重點是解說將工作表複製到不同活頁簿內。由於目前尚未解說儲存格的格式觀念，所以所複製的工作表只是工作表的內容。有一個活頁簿 data4_2.xlsx 工作表 1 的內容如下：

	A	B	C	D	E	F	G	H
1	天空SPA客戶資料							
2	姓名	地區	性別	身高	身份		性別	人數
3	洪冰儒	士林	男	170	會員		男	4
4	洪雨星	中正	男	165	會員		女	3
5	洪星宇	信義	男	171	非會員			
6	洪冰雨	信義	女	162	會員			
7	郭孟華	士林	女	165	會員			
8	陳新華	信義	男	178	會員			
9	謝冰	士林	女	166	會員			
10								

工作表1

程式實例 ch4_2.xlsx：將 data4_2.xlsx 工作表 1 的內容複製到 out4_2.xlsx 的 sheet 工作表。

```
1   # ch4_2.py
2   import openpyxl
3
4   fn = "data4_2.xlsx"                    # 來源活頁簿
5   wb = openpyxl.load_workbook(fn)
6   ws = wb.active
7
8   new_wb = openpyxl.Workbook()           # 建立目的的活頁簿
9   new_ws = new_wb.active
10
11  for m in range(1, ws.max_row+1):
12      for n in range(65, 65+ws.max_column):    # 65是A
13          ch = chr(n)                    # 將ASCII碼值轉字元
14          index = ch + str(m)
15          data =  ws[index].value
16          new_ws[index].value = data  # 寫入目的活頁簿
17
18  new_wb.save("out4_2.xlsx")             # 儲存結果
```

執行結果　下列是開啟 out4_2.xlsx 工作表的結果。

	A	B	C	D	E	F	G	H
1	天空SPA客戶資料							
2	姓名	地區	性別	身高	身份		性別	人數
3	洪冰儒	士林	男	170	會員		男	4
4	洪雨星	中正	男	165	會員		女	3
5	洪星宇	信義	男	171	非會員			
6	洪冰雨	信義	女	162	會員			
7	郭孟華	士林	女	165	會員			
8	陳新華	信義	男	178	會員			
9	謝冰	士林	女	166	會員			

上述程式的重點是第 15 列，如下：

```
data = ws[index].value
```

因為 index 的格式是 ' 欄列 '，其中 A 的 ASCII 碼值是 65，所以第 12 列使用 for 迴圈時是使用 65 當作起始點，第 13 列則是將 ASCII 碼值轉成字元，如下：

```
ch = chr(n)
```

上述可以符合 Excel 的欄位標記。第 14 列的指令如下：

```
index = ch + str(m)
```

上述就可以組成 ' 欄列 ' 的儲存格位址觀念。

程式實例 ch4_3.py：使用 iter_rows( ) 函數遍歷列的觀念重新設計 ch4_2.py。

```
1   # ch4_3.py
2   import openpyxl
3
4   fn = "data4_2.xlsx"              # 來源活頁簿
5   wb = openpyxl.load_workbook(fn)
6   ws = wb.active
7
8   new_wb = openpyxl.Workbook()     # 建立目的的活頁簿
9   new_ws = new_wb.active
10
11  for data in ws.iter_rows(min_row=1,max_row=ws.max_row,
12          min_col=1,max_col=ws.max_column, values_only=True):
13      value = list(data)
14      new_ws.append(value)         # 寫入目的活頁簿
15
16  new_wb.save("out4_3.xlsx")       # 儲存結果
```

執行結果　讀者可以開啟 out4_3.xlsx，可以得到和 out4_2.xlsx 相同的結果。

　　上述程式的關鍵是第 11 列，使用 for 迴圈搭配 iter_rows( ) 函數，遍歷工作表時是使用 data，因為 data 可以取得每一列的資料，然後第 13 列將 data 轉為串列 (list) 變數 value，最後就可以使用 append( ) 函數將串列資料 value 寫入新活頁簿工作表物件的儲存格。

　　上述實例是將活頁簿的工作表複製到新的活頁簿，讀者可能會想可以使用開啟原始活頁簿，再使用另一個活頁簿名稱儲存此活頁簿也可以達到複製至新活頁簿的目的，這個觀念也是對，其實上述程式只是讓讀者了解設計此類程式的邏輯，下列將以實例解說，將活頁簿的工作表複製到不同已經存在的活頁簿內。

程式實例 ch4_4.py：將活頁簿的工作表複製到不同已經存在的活頁簿內，假設已經存在的工作表 data4_4.xlsx 內容如下：

A1		⋮	×	✓	fx	天空SPA客戶資料	

	A	B	C	D	E	F	G	H
1	天空SPA客戶資料							
2	姓名	地區	性別	身高	身份		性別	人數
3	洪冰儒	士林	男	170	會員		男	4
4	洪雨星	中正	男	165	會員		女	1
5	洪星宇	信義	男	171	非會員			
6	陳新華	信義	男	178	會員			
7	謝冰	士林	女	166	會員			

原始SPA客戶表　⊕

　　這個程式會將 data4_2.xlsx 工作表 1 複製到 data4_4.xlsx 內，但是最後使用 out4_4.xlsx 儲存含複製結果的工作表。

```python
1  # ch4_4.py
2  import openpyxl
3
4  fn = "data4_2.xlsx"                        # 來源活頁簿
5  wb = openpyxl.load_workbook(fn)
6  ws = wb.active
7  dst = "data4_4.xlsx"
8  new_wb = openpyxl.load_workbook(dst)       # 開啟目的活頁簿
9  new_ws = new_wb.create_sheet(title="新SPA客戶表")
10 for data in ws.iter_rows(min_row=1,max_row=ws.max_row,
11            min_col=1,max_col=ws.max_column, values_only=True):
12     value = list(data)
13     new_ws.append(value)                   # 寫入目的活頁簿
14
15 new_wb.save("out4_4.xlsx")                  # 用新活頁簿儲存結果
```

執行結果 開啟 out4_4.xlsx 可以得到 2 個工作表，其中新 SPA 客戶表是複製的結果。

	A	B	C	D	E	F	G	H
1	天空SPA客戶資料							
2	姓名	地區	性別	身高	身份		性別	人數
3	洪冰儒	士林	男	170	會員		男	4
4	洪雨星	中正	男	165	會員		女	3
5	洪星宇	信義	男	171	非會員			
6	洪冰雨	信義	女	162	會員			
7	郭孟華	士林	女	165	會員			
8	陳新蕗	信義	男	178	會員			

原始SPA客戶表　新SPA客戶表

4-3 將活頁簿的所有工作表複製到另一個的活頁簿

有一個活頁簿 data4_5.xlsx 內有 4 個工作表，內容如下：

	A	B	C	D	E	F
1						
2		單位：萬				
3		3C連鎖賣場業績表				
4		產品	第一季	第二季	第三季	第四季
5		iPhone	88000	78000	82000	92000
6		iPad	50000	52000	55000	60000
7		iWatch	50000	55000	53500	58000
8						

台北店　新竹店　台中店　高雄店

	A	B	C	D	E	F
1						
2		單位：萬				
3		3C連鎖賣場業績表				
4		產品	第一季	第二季	第三季	第四季
5		iPhone	60000	48000	52400	55000
6		iPad	42000	43000	28000	36000
7		iWatch	9800	8800	9200	10200
8						

台北店　新竹店　台中店　高雄店

	A	B	C	D	E	F
1						
2		單位：萬				
3			3C連鎖賣場業績表			
4		產品	第一季	第二季	第三季	第四季
5		iPhone	38000	32000	28000	30000
6		iPad	22000	25000	31000	28000
7		iWatch	10500	12000	11000	16000

台北店 ｜ 新竹店 ｜ 台中店 ｜ 高雄店

	A	B	C	D	E	F
1						
2		單位：萬				
3			3C連鎖賣場業績表			
4		產品	第一季	第二季	第三季	第四季
5		iPhone	42000	36000	38000	48800
6		iPad	21000	22000	25000	12000
7		iWatch	9900	12000	15000	18000

台北店 ｜ 新竹店 ｜ 台中店 ｜ 高雄店

活頁簿 dst.xlsx 內有一個工作表，內容如下：

	A	B	C	D	E	F
1						
2		單位：萬				
3			3C連鎖賣場業績表			
4		產品	第一季	第二季	第三季	第四季
5		iPhone				
6		iPad				
7		iWatch				

總公司

程式實例 ch4_5.xlsx：將 data4_5.xlsx 活頁簿的所有工作表複製至 dst4_5.xlcs 活頁簿內，最後使用 out4_5.xlsx 活頁簿儲存。

```python
1   # ch4_5.py
2   import openpyxl
3
4   fn1 = "data4_5.xlsx"                          # 來源活頁簿
5   wb = openpyxl.load_workbook(fn1)
6   fn2 = "dst4_5.xlsx"
7   new_wb = openpyxl.load_workbook(fn2)         # 建立目的活頁簿
8   for i in range(4):
9       ws = wb.worksheets[i]
10      dst_title = ws.title
11      new_ws = new_wb.create_sheet(title=dst_title)
12      for data in ws.iter_rows(min_row=1,max_row=ws.max_row,
13              min_col=1,max_col=ws.max_column, values_only=True):
14          value = list(data)
15          new_ws.append(value)                 # 寫入目的活頁簿
16  new_wb.save("out4_5.xlsx")                   # 儲存結果
```

執行結果　下列是開啟 out4_5.xlsx 的 2 個工作表驗證結果。

	A	B	C	D	E	F
1						
2		單位：萬				
3		3C連鎖賣場業績表				
4		產品	第一季	第二季	第三季	第四季
5		iPhone				
6		iPad				
7		iWatch				

總公司 ｜ 台北店 ｜ 新竹店 ｜ 台中店 ｜ 高雄店 ｜ ⊕

	A	B	C	D	E	F
1						
2		單位：萬				
3		3C連鎖賣場業績表				
4		產品	第一季	第二季	第三季	第四季
5		iPhone	88000	78000	82000	92000
6		iPad	50000	52000	55000	60000
7		iWatch	50000	55000	53500	58000

總公司 ｜ 台北店 ｜ 新竹店 ｜ 台中店 ｜ 高雄店 ｜ ⊕

4-4 將活頁簿內所有工作表獨立製成個別的活頁簿

程式實例 ch4_6.xlsx：data4_5.xlsx 有多個工作表，每個工作表用一個活頁簿儲存，所以會有多個活頁簿產生。

```
1   # ch4_6.py
2   import openpyxl
3
4   fn = "data4_5.xlsx"                    # 來源活頁簿
5   wb = openpyxl.load_workbook(fn)
6   ws = wb.active
7   for i in range(4):
8       ws = wb.worksheets[i]
9       fname = ws.title
10      new_wb = openpyxl.Workbook()       # 建立目的的活頁簿
11      new_ws = new_wb.active
12      for data in ws.iter_rows(min_row=1,max_row=ws.max_row,
13              min_col=1,max_col=ws.max_column, values_only=True):
14          value = list(data)
15          new_ws.append(value)           # 寫入目的活頁簿
16      fname = fname + '.xlsx'
17      new_wb.save(fname)                  # 儲存結果
```

執行結果 因為 data4_5.xlsx 有 4 個工作表，分別是台中店、台北店、新竹店、高雄店，所有執行此程式後可以得到以店名為名稱的活頁簿，下列是示範輸出。

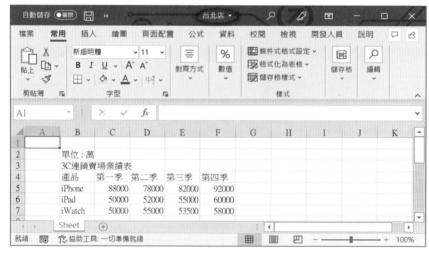

這一章將針對插入工作表列與欄的相關知識作解說。

第 5 章
工作表欄與列的操作

5-1   插入列

5-2   刪除列

5-3   插入欄

5-4   刪除欄

5-5   移動儲存格區間

5-6   更改欄寬與列高

5-1 插入列

5-1-1 基礎觀念實例

插入列的語法如下：

```
ws.insert_rows(index, amount)
```

上述參數說明如下：

❑ index：插入的起始列。

❑ amount：插入的列數，如果省略 amount 相當於插入 1 列。

註　當執行插入列後，插入起始列後面的列號將會自動往下更動。

有一個 data5_1.xlsx 活頁簿檔案的薪資工作表內容如下：

	A	B	C	D	E	F	G	H
1				深智數位薪資表				
2	員工編號	姓名	底薪	獎金	加班費	健保費	勞保費	薪資金額
3	A001	陳新華	56000	3000	0	-800	-600	57600
4	A004	周湯家	49000	2000	0	-600	-500	49900
5	A010	李家佳	46000	2000	0	-600	-500	46900
6	A012	陳嘉許	43000	0	0	-600	-500	41900
7	A015	張進一	38000	0	0	-600	-500	36900

薪資

註　上述 H3 儲存格是一個公式 =SUM(C3:G3)，H4:H7 觀念與 H3 相同。

下列將從讀者容易犯錯的觀念說起。

程式實例 ch5_1.py：在第 4 ～ 7 列上方增加 1 列空白列，相當於在每一個員工編號上方增加 1 個空白列。

```
1  # ch5_1.py
2  import openpyxl
3
4  fn = "data5_1.xlsx"
5  wb = openpyxl.load_workbook(fn)
```

```
6  ws = wb.active
7
8  ws.insert_rows(4,1)
9  ws.insert_rows(6,1)
10 ws.insert_rows(8)          # 省略amount參數
11 ws.insert_rows(10)         # 省略amount參數
12 wb.save("out5_1.xlsx")
```

執行結果 開啟 out5_1.xlsx 可以得到下列結果。

	A	B	C	D	E	F	G	H
1				深智數位薪資表				
2	員工編號	姓名	底薪	獎金	加班費	健保費	勞保費	薪資金額
3	A001	陳新華	56000	3000	0	-800	-600	57600
4								
5	A004	周湯家	49000	2000	0	-600	-500	0
6								
7	A010	李家佳	46000	2000	0	-600	-500	49900
8								
9	A012	陳嘉許	43000	0	0	-600	-500	0
10								
11	A015	張進一	38000	0	0	-600	-500	46900

薪資

上述程式因為每插入 1 列空白列會造成增加 1 列，所以實際插入的起始列，並不是連續的 4 ~ 7 列。

註1 上述第 10 ~ 11 列省略了 amount 參數，表示只插入 1 列。

註2 從上述的 H3:H11，除了 H3 儲存格外，其餘儲存格的資料是錯誤的，因為開啟檔案時沒有考慮 H3:H7 儲存格是公式，程式實例 ch5_2.py 會做改良。

程式實例 ch5_2.py：修訂 ch5_1.py 的錯誤，改良方式是在使用 load_workbook( ) 函數時增加 data_only=True 參數。

```
1  # ch5_2.py
2  import openpyxl
3
4  fn = "data5_1.xlsx"
5  wb = openpyxl.load_workbook(fn,data_only=True)
6  ws = wb.active
7
8  ws.insert_rows(4,1)
9  ws.insert_rows(6,1)
```

```
10   ws.insert_rows(8)          # 省略amount參數
11   ws.insert_rows(10)         # 省略amount參數
12   wb.save("out5_2.xlsx")
```

執行結果　如果開啟 out5_2.xlsx 可以得到下列正確的結果。

	A	B	C	D	E	F	G	H
1				深智數位薪資表				
2	員工編號	姓名	底薪	獎金	加班費	健保費	勞保費	薪資金額
3	A001	陳新華	56000	3000	0	-800	-600	57600
4								
5	A004	周湯家	49000	2000	0	-600	-500	49900
6								
7	A010	李家佳	46000	2000	0	-600	-500	46900
8								
9	A012	陳嘉許	43000	0	0	-600	-500	41900
10								
11	A015	張進一	38000	0	0	-600	-500	36900

薪資

從上述執行結果可以看到當插入工作表列後，會造成工作表部分框線遺失，本書將在 6-3 節講解繪製框線的方法。

5-1-2　迴圈實例

如果員工有 100 個，使用 ch5_2.py 不是一個很有效率的方法，這一節將使用迴圈方式重新設計 ch5_2.py。

程式實例 ch5_3.py：使用迴圈的觀念重新設計 ch5_2.py。

```
1   # ch5_3.py
2   import openpyxl
3
4   fn = "data5_1.xlsx"
5   wb = openpyxl.load_workbook(fn,data_only=True)
6   ws = wb.active
7   row = 0;
8   for i in range(4,8):
9       ws.insert_rows(i+row,1)
10      row = row + 1
11  wb.save("out5_3.xlsx")
```

執行結果　開啟 out5_3.xlsx 可以得到和 out5_2.xlsx 相同的結果。

5-1-3　建立薪資條資料

　　活頁簿的 data5_1.xlsx 是財務部的薪資資料，每個月發薪資的時候，財務部需要給每個員工一個薪資條，如果只給下列資料，員工無法判斷各欄位的資料所代表的真實意義。

| A001 | 陳新華 | 56000 | 3000 | 0 | -800 | -600 | 57600 |

　　如果每個人的薪資資料上方增加明細，則可以讓人一目了然。

員工編號	姓名	底薪	獎金	加班費	健保費	勞保費	薪資金額
A001	陳新華	56000	3000	0	-800	-600	57600

程式實例 ch5_4.py：在薪資條上方加上薪資項目。

```
1   # ch5_4.py
2   import openpyxl
3
4   fn = "data5_1.xlsx"
5   wb = openpyxl.load_workbook(fn,data_only=True)
6   ws = wb.active
7   data = ["員工編號","姓名","底薪","獎金","加班費",
8           "健保費","勞保費","薪資金額"]
9   length = len(data)
10  row = 0;
11  for i in range(4,8):
12      ws.insert_rows(i+row,2)
13      for j in range(0, length):      # 寫入薪資項目
14          ws.cell(row=i+row+1,column=j+1,value=data[j])
15      row = row + 2
16  wb.save("out5_4.xlsx")
```

執行結果　開啟 out5_4.xlsx 可以得到下列結果。

	A	B	C	D	E	F	G	H
1					深智數位薪資表			
2	員工編號	姓名	底薪	獎金	加班費	健保費	勞保費	薪資金額
3	A001	陳新華	56000	3000	0	-800	-600	57600
4								
5	員工編號	姓名	底薪	獎金	加班費	健保費	勞保費	薪資金額
6	A004	周湯家	49000	2000	0	-600	-500	49900
7								
8	員工編號	姓名	底薪	獎金	加班費	健保費	勞保費	薪資金額
9	A010	李家佳	46000	2000	0	-600	-500	46900
10								
11	員工編號	姓名	底薪	獎金	加班費	健保費	勞保費	薪資金額
12	A012	陳嘉許	43000	0	0	-600	-500	41900
13								
14	員工編號	姓名	底薪	獎金	加班費	健保費	勞保費	薪資金額
15	A015	張進一	38000	0	0	-600	-500	36900

薪資

從上述可以得到每個人的薪資條上方已經有薪資項目了，其實上述程式的缺點是第 7 ~ 8 列，使用 data 重新定義了薪資項目，我們可以參考 3-9-1 節的觀念取得薪資項目的資料，重新設計 ch5_4.py 程式。

程式實例 ch5_4_1.py：省略重新定義薪資項目，重新設計 ch5_4.py。

```
1   # ch5_4_1.py
2   import openpyxl
3
4   fn = "data5_1.xlsx"
5   wb = openpyxl.load_workbook(fn,data_only=True)
6   ws = wb.active
7   area = ws['A2':'H2']                     # 薪資項目
8   row = 0;
9   for i in range(4,8):
10      ws.insert_rows(i+row,2)              # 插入 2 列空白列
11      for datarow in area:
12          data = list(datarow)            # 轉成串列
13          for j, d in enumerate(data):    # 取得串列內容
14              ws.cell(row=i+row+1,column=j+1,value=d.value)
15      row = row + 2
16  wb.save("out5_4_1.xlsx")
```

執行結果 與 ch5_4.py 相同。

上述程式雖然可以得到結果，但是使用了 ws['A2':'H2'] 獲得了薪資項目，為了要解析出項目內容需使用雙層 for 迴圈。其實以 data5_1.xlsx 活頁簿而言，我們需要的只是第 2 列的薪資項目，可以採用 3-8 節的觀念獲得第 2 列資料。

```
area = ws[2]
```

上述取得薪資項目方式可以簡化整個設計，細節可以參考下列實例。

程式實例 ch5_4_2.py：使用 ws[2] 方式取得薪資明細，重新設計 ch5_4_1.py。

```
1   # ch5_4_2.py
2   import openpyxl
3
4   fn = "data5_1.xlsx"
5   wb = openpyxl.load_workbook(fn,data_only=True)
6   ws = wb.active
7   data = ws[2]                            # 薪資項目
8   row = 0;
9   for i in range(4,8):
10      ws.insert_rows(i+row,2)             # 插入 2 列空白列
11      for j, d in enumerate(data):        # 取得元組內容
12          ws.cell(row=i+row+1,column=j+1,value=d.value)
13      row = row + 2
14  wb.save("out5_4_2.xlsx")
```

執行結果 與 ch5_4_1.py 相同。

5-1-4 使用 iter_rows( ) 驗證插入列

程式實例 ch5_4_3.py：重新設計 ch5_3.py，使用 iter_row( ) 函數在執行插入列前和執行插入列後輸出列資料，觀察插入列的結果。

```
1   # ch5_4_3.py
2   import openpyxl
3
4   fn = "data5_1.xlsx"
5   wb = openpyxl.load_workbook(fn,data_only=True)
6   ws = wb.active
7   print("執行前")
8   for r in ws.iter_rows(values_only=True):      # 執行前輸出
9       print(r)
10  row = 0;
11  for i in range(4,8):
12      ws.insert_rows(i+row,1)
13      row = row + 1
14  print("執行後")
15  for r in ws.iter_rows(values_only=True):      # 執行前輸出
16      print(r)
17  wb.save("out5_4_3.xlsx")
```

執行結果

```
================= RESTART: D:/Python_Excel/ch5/ch5_4_3.py =================
執行前
('深智數位薪資表', None, None, None, None, None, None, None)
('員工編號', '姓名', '底薪', '獎金', '加班費', '健保費', '勞保費', '薪資金額')
('A001', 陳新華', 56000, 3000, 0, -800, -600, 57600)
('A004', 周湯家', 49000, 2000, 0, -600, -500, 49900)
('A010', 李家佳', 46000, 2000, 0, -600, -500, 46900)
('A012', 陳嘉許', 43000, 0, 0, -600, -500, 41900)
('A015', 張進一', 38000, 0, 0, -600, -500, 36900)
執行後
('深智數位薪資表', None, None, None, None, None, None, None)
('員工編號', '姓名', '底薪', '獎金', '加班費', '健保費', '勞保費', '薪資金額')
('A001', 陳新華', 56000, 3000, 0, -800, -600, 57600)
(None, None, None, None, None, None, None, None)
('A004', 周湯家', 49000, 2000, 0, -600, -500, 49900)
(None, None, None, None, None, None, None, None)
('A010', 李家佳', 46000, 2000, 0, -600, -500, 46900)
(None, None, None, None, None, None, None, None)
('A012', 陳嘉許', 43000, 0, 0, -600, -500, 41900)
(None, None, None, None, None, None, None, None)
('A015', 張進一', 38000, 0, 0, -600, -500, 36900)
```

上述框起來的就是所插入的列，因為尚未設定儲存格內容所以得到 None。如果開啟 out5_4_3.xlsx，可以得到和 out5_3.xlsx 相同的結果。

5-2 刪除列

5-2-1　基礎觀念實例

刪除列的語法如下：

```
ws.delete_rows(index, amount)
```

上述參數說明如下：

❑ index：刪除的起始列。

❑ amount：刪除的列數，如果省略相當於刪除 1 列。

註　當執行刪除列後，刪除起始列後面的列號將會自動往前更動。

下列是幾個刪除列可能的用法。

```
ws.delete_rows( 列號 )                    # 刪除指定列號
ws.delete_rows( 起始列 , 列數 )            # 刪除多列
ws.delete_rows(1, ws.max_row)             # 刪除整個工作表的資料
```

程式實例 ch5_5.py：刪除第 4 列周湯家員工資料。

```
1  # ch5_5.py
2  import openpyxl
3
4  fn = "data5_1.xlsx"
5  wb = openpyxl.load_workbook(fn)
6  ws = wb.active
7
8  ws.delete_rows(4)
9  wb.save("out5_5.xlsx")
```

執行結果 開啟 out5_5.xlsx 可以得到下列結果。

	A	B	C	D	E	F	G	H
1				深智數位薪資表				
2	員工編號	姓名	底薪	獎金	加班費	健保費	勞保費	薪資金額
3	A001	陳新華	56000	3000	0	-800	-600	57600
4	A010	李家佳	46000	2000	0	-600	-500	41900
5	A012	陳嘉許	43000	0	0	-600	-500	36900
6	A015	張進一	38000	0	0	-600	-500	0

薪資

從上述可以得到原先第 4 列周湯家員工資料被刪除了。

5-2-2 刪除多列

程式實例 ch5_6.py：刪除員工的薪資資料。

```
1  # ch5_6.py
2  import openpyxl
3
4  fn = "data5_1.xlsx"
5  wb = openpyxl.load_workbook(fn,data_only=True)
6  ws = wb.active
7  length = ws.max_row + 1
8  for i in range(3,length):
9      ws.delete_rows(3)
10 wb.save("out5_6.xlsx")
```

執行結果 開啟 out5_6.xlsx 可以得到下列結果。

	A	B	C	D	E	F	G	H
1				深智數位薪資表				
2	員工編號	姓名	底薪	獎金	加班費	健保費	勞保費	薪資金額
3								

薪資

程式實例 ch5_7.py：刪除工作表的所有資料列。

```
1  # ch5_7.py
2  import openpyxl
3
4  fn = "data5_1.xlsx"
5  wb = openpyxl.load_workbook(fn,data_only=True)
6  ws = wb.active
7  ws.delete_rows(1,ws.max_row)
8  wb.save("out5_7.xlsx")
```

執行結果　開啟 out5_7.xlsx 可以得到下列結果。

5-3　插入欄

5-3-1　基礎觀念實例

插入欄 (行) 的語法如下：

　　ws.insert_cols(index, amount)

上述參數說明如下：

❑ index：插入的起始欄。

❑ amount：插入的欄數，如果省略 amount 相當於插入 1 欄。

註　當執行插入欄後，插入起始欄後面的欄號將會自動往後更動。

有一個 data5_8.xlsx 活頁簿檔案的會員工作表內容如下：

程式實例 ch5_8.py：使用 data5_8.xlsx 的會員工作表在第 3 欄插入 1 欄，同時在 C3 位置輸入性別。

```
1   # ch5_8.py
2   import openpyxl
3
4   fn = "data5_8.xlsx"
5   wb = openpyxl.load_workbook(fn,data_only=True)
6   ws = wb.active
7   ws.insert_cols(3,1)
8   ws['C3'] = '性別'
9   wb.save("out5_8.xlsx")
```

執行結果 開啟 out5_8.xlsx 可以得到下列結果。

5-3-2 插入多欄

程式實例 ch5_9.py：使用 data5_8.xlsx 的會員工作表插入多欄的實例。

```
1   # ch5_9.py
2   import openpyxl
3
4   fn = "data5_8.xlsx"
5   wb = openpyxl.load_workbook(fn,data_only=True)
```

```
6   ws = wb.active
7   ws.insert_cols(3,2)
8   ws['C3'] = 'ID'
9   ws['D3'] = '性別'
10  wb.save("out5_9.xlsx")
```

執行結果　開啟 out5_9.xlsx 可以得到下列結果。

	A	B	C	D	E
1					
2		天空SPA客戶資料			
3		姓名	ID	性別	年齡
4		洪冰儒			31
5		洪雨星			29
6		洪星宇			26
7		洪冰雨			22

會員 ⊕

5-4　刪除欄

5-4-1　基礎觀念實例

刪除欄的語法如下：

```
ws.delete_cols(index, amount)
```

上述參數說明如下：

❑ index：刪除的起始欄。

❑ amount：刪除的欄數，如果省略相當於刪除 1 欄。

註　當執行刪除欄後，刪除起始欄後面的欄號將會自動往前更動。

下列是幾個刪除欄可能的用法。

```
ws.delete_cols( 欄號 )              # 刪除指定欄號
ws.delete_cols( 起始欄 , 欄數 )     # 刪除多欄
ws.delete_cols(1, ws.max_col)      # 刪除整個工作表的資料
```

程式實例 ch5_10.xlsx：活頁簿 data5_10.xlsx 的會員工作表基本上是 out5_9.xlsx 的內容，請刪除 C 欄。

```
1  # ch5_10.py
2  import openpyxl
3
4  fn = "data5_10.xlsx"
5  wb = openpyxl.load_workbook(fn)
6  ws = wb.active
7  ws.delete_cols(3)
8  wb.save("out5_10.xlsx")
```

執行結果　開啟 out5_10.xlsx 可以得到下列結果。

	A	B	C	D
1				
2		天空SPA客戶資料		
3		姓名	性別	年齡
4		洪冰儒		31
5		洪雨星		29
6		洪星宇		26
7		洪冰雨		22

會員　⊕

5-4-2　刪除多欄

程式實例 ch5_11.py：以 data5_10.xlsx 的會員工作表為例，刪除 C 和 D 欄。

```
1  # ch5_11.py
2  import openpyxl
3
4  fn = "data5_10.xlsx"
5  wb = openpyxl.load_workbook(fn)
6  ws = wb.active
7  ws.delete_cols(3,2)
8  wb.save("out5_11.xlsx")
```

執行結果　開啟 out5_11.xlsx 可以得到下列結果。

	A	B	C	D
1				
2		天空SPA客戶資料		
3		姓名	年齡	
4		洪冰儒	31	
5		洪雨星	29	
6		洪星宇	26	
7		洪冰雨	22	

會員　⊕

5-5 移動儲存格區間

移動儲存格區間的語法如下：

> ws.move_range(cell_range, row, col, translate=False)

上述各參數意義如下：

- ❏ cell_range：要移動的儲存格區間。
- ❏ row：移動的列數，正值是往下移動，負值是往上移動。
- ❏ col：移動的欄數 (行)，正值是往右移動，負值是往左移動。
- ❏ translate：預設是 False，表示移動時不包含公式，也就是公式特性將消失只移動數值。如果設為 False，移動時含有公式特性。

有一個 data5_12.xlsx 活頁簿的薪資工作表內容如下：

H2		×	✓	fx	=SUM(C2:G2)			
	A	B	C	D	E	F	G	H
1	員工編號	姓名	底薪	獎金	加班費	健保費	勞保費	薪資金額
2	A001	陳新華	56000	3000	0	-800	-600	57600
3	A004	周湯家	49000	2000	0	-600	-500	49900
4	A010	李家佳	46000	2000	0	-600	-500	46900
5	A012	陳嘉許	43000	0	0	-600	-500	41900
6	A015	張進一	38000	0	0	-600	-500	36900
7								
8								

薪資 ⊕

註 上述 H2:H6 儲存格區間是公式。

程式實例 ch5_12.py：將 A1:H6 儲存格區間移至 B3:I8 儲存格區間，這個程式相當於 A1:H6 儲存格區間往下移動 2 列，往右移動 1 欄。

```
1  # ch5_12.py
2  import openpyxl
3
4  fn = "data5_12.xlsx"
5  wb = openpyxl.load_workbook(fn,data_only=True)
6  ws = wb.active
7  ws.move_range("A1:H6",rows=2,cols=1)
8  wb.save("out5_12.xlsx")
```

執行結果 開啟 out5_12.xlsx 可以得到下列結果。

I4			✕	✓	fx	57600			
	A	B	C	D	E	F	G	H	I
1									
2									
3		員工編號	姓名	底薪	獎金	加班費	健保費	勞保費	薪資金額
4		A001	陳新華	56000	3000	0	-800	-600	57600
5		A004	周湯家	49000	2000	0	-600	-500	49900
6		A010	李家佳	46000	2000	0	-600	-500	46900
7		A012	陳嘉許	43000	0	0	-600	-500	41900
8		A015	張進一	38000	0	0	-600	-500	36900

薪資

從上述執行結果可以看到 H2:H6 儲存格區間的內容已經轉為數值了。

程式實例 ch5_13.py：使用移動儲存格區間時儲存格的公式保留，重新設計 ch5_12. py。需要特別留意的是，因為要保留公式，所以在第 5 列下載開啟 data5_12.xlsx 活頁簿時需要取消 data_only=True 的參數。

```
1  # ch5_13.py
2  import openpyxl
3
4  fn = "data5_12.xlsx"
5  wb = openpyxl.load_workbook(fn)
6  ws = wb.active
7  ws.move_range("A1:H6",rows=2,cols=1,translate=True)
8  wb.save("out5_13.xlsx")
```

執行結果 開啟 out5_13.xlsx 可以得到下列結果。

I4			✕	✓	fx	=SUM(D4:H4)			
	A	B	C	D	E	F	G	H	I
1									
2									
3		員工編號	姓名	底薪	獎金	加班費	健保費	勞保費	薪資金額
4		A001	陳新華	56000	3000	0	-800	-600	57600
5		A004	周湯家	49000	2000	0	-600	-500	49900
6		A010	李家佳	46000	2000	0	-600	-500	46900
7		A012	陳嘉許	43000	0	0	-600	-500	41900
8		A015	張進一	38000	0	0	-600	-500	36900

薪資

5-6　更改欄寬與列高

Microsoft Excel 對於欄寬與列高的單位是不一樣的，Microsoft 公司也沒有解釋，只是告知可以更改單位，其預設數據如下：

欄寬：8.09(96 像素)

列高：17.00(34 像素)

註　像素會依顯示器解析度更動。

我們可以用下列方式設定寬度和高度。

```
ws.column_dimensions[ 欄 ].width = 欄寬
ws.row_dimensions[ 列 ].height = 列高
```

程式實例 ch5_14.py：活頁簿 data5_14.xlsx 的工作表 1，A1 內容是 abc，設定 A 欄寬度是 20，第 1 列高度是 40。

```
1  # ch5_14.py
2  import openpyxl
3
4  fn = "data5_14.xlsx"
5  wb = openpyxl.load_workbook(fn)
6  ws = wb.active
7  ws.column_dimensions['A'].width = 20
8  ws.row_dimensions[1].height = 40
9  wb.save("out5_14.xlsx")
```

執行結果　開啟 out5_14.xlsx 可以得到下列結果。

第 6 章
儲存格的樣式

6-1   認識儲存格的樣式

6-2   字型功能

6-3   儲存格的框線

6-4   儲存格的圖案

6-5   儲存格對齊方式

6-6   複製樣式

6-7   色彩

6-8   樣式名稱與應用

6-1　認識儲存格的樣式

儲存格的樣式有下列幾個模組功能。

❑ Font：字型樣式，可以設定字體大小、字型、顏色、或是刪除線 … 等。

❑ Border：框線樣式，可以設定框線樣式與色彩。

❑ PatternFill：填充圖案。

❑ Alignment：對齊方式。

❑ Protection：保護功能，將在 7-6 節解說。

上述每一個功能皆是一個 openpyxl.styles 模組內的次模組，本章將分成 5 個小節說明，在使用上述模組前需要先導入模組，如下所示：

from openpyxl.styles import Font, Border, Side, PatternFill, Alignment, Protection

上述是一次導入所有模組，其實讀者可以導入需要的個別模組即可。

6-2　字型功能

使用字型 Font 模組時，需導入 Font 模組如下：

from openpyxl.styles import Font

6-2-1　設定單一儲存格的字型樣式

字型 Font 模組常用的參數預設值如下：

```
Font(name='Calibri',
    size=11,
    bold=False,
    italic=False,
    vertAlign=None,
    underline='none',
    strike=False,
    color='000000')
```

上述各參數意義如下：

❏ name：字型名稱，預設是 Calibri，中文則是系統預設的新細明體。

❏ size：字型大小，預設是 11。

❏ bold：粗體，預設是 False。

❏ italic：斜體，預設是 False。

❏ vertAlign：垂直置中，預設是 None。

❏ underline：底線，預設是 none，單底線是 single，雙底線是 double。

❏ strike：刪除線，預設是 False。

❏ color：參數的是 16 位元，設定顏色時前面 2 個 0 是設定紅色 (Red)，中間 2 個 0 是設定綠色 (Green)，右邊 2 個 0 是設定藍色 (Blue)，下列是常見的 256 種顏色組合，本書附錄 B 有完整的色彩表。

000000	000033	000066	000099	0000CC	0000FF
003300	003333	003366	003399	0033CC	0033FF
006600	006633	006666	006699	0066CC	0066FF
009900	009933	009966	009999	0099CC	0099FF
00CC00	00CC33	00CC66	00CC99	00CCCC	00CCFF
00FF00	00FF33	00FF66	00FF99	00FFCC	00FFFF
330000	330033	330066	330099	3300CC	3300FF
333300	333333	333366	333399	3333CC	3333FF
336600	336633	336666	336699	3366CC	3366FF
339900	339933	339966	339999	3399CC	3399FF
33CC00	33CC33	33CC66	33CC99	33CCCC	33CCFF
33FF00	33FF33	33FF66	33FF99	33FFCC	33FFFF
660000	660033	660066	660099	6600CC	6600FF
663300	663333	663366	663399	6633CC	6633FF
666600	666633	666666	666699	6666CC	6666FF
669900	669933	669966	669999	6699CC	6699FF
66CC00	66CC33	66CC66	66CC99	66CCCC	66CCFF
66FF00	66FF33	66FF66	66FF99	66FFCC	66FFFF

990000	990033	990066	990099	9900CC	9900FF
993300	993333	993366	993399	9933CC	9933FF
996600	996633	996666	996699	9966CC	9966FF
999900	999933	999966	999999	9999CC	9999FF
99CC00	99CC33	99CC66	99CC99	99CCCC	99CCFF
99FF00	99FF33	99FF66	99FF99	99FFCC	99FFFF
CC0000	CC0033	CC0066	CC0099	CC00CC	CC00FF
CC3300	CC3333	CC3366	CC3399	CC33CC	CC33FF
CC6600	CC6633	CC6666	CC6699	CC66CC	CC66FF
CC9900	CC9933	CC9966	CC9999	CC99CC	CC99FF
CCCC00	CCCC33	CCCC66	CCCC99	CCCCCC	CCCCFF
CCFF00	CCFF33	CCFF66	CCFF99	CCFFCC	CCFFFF
FF0000	FF0033	FF0066	FF0099	FF00CC	FF00FF
FF3300	FF3333	FF3366	FF3399	FF33CC	FF33FF
FF6600	FF6633	FF6666	FF6699	FF66CC	FF66FF
FF9900	FF9933	FF9966	FF9999	FF99CC	FF99FF
FFCC00	FFCC33	FFCC66	FFCC99	FFCCCC	FFCCFF
FFFF00	FFFF33	FFFF66	FFFF99	FFFFCC	FFFFFF

至於使用字型 Font( ) 語法方式如下：

```
ws[ 儲存格 ].font = Font(xx)          # xx 是字型的系列屬性設定
```

也就是工作表的儲存格物件引用 font 屬性，再執行賦值設定。設定 Font 字型時，只能單一儲存格設定，因為單一儲存格才有 font 屬性，如果要設定儲存格區間需使用迴圈方式。

活頁簿 data6_1.xlsx 的會員工作表內容如下：

	A	B	C	D
1		天空SPA客戶資料		
2		姓名	年齡	
3		洪冰儒	31	
4		洪雨星	29	
5		洪星宇	26	
6		洪冰雨	22	

會員　⊕

程式實例 ch6_1.py：設定 data6_1.xlsx 會員工作表內的字型應用。

```
1   # ch6_1.py
2   import openpyxl
3   from openpyxl.styles import Font
4
5   fn = "data6_1.xlsx"
6   wb = openpyxl.load_workbook(fn)
7   ws = wb.active
8   ws['B1'].font = Font(color='0000FF')
9   ws['B2'].font = Font(underline='single')
10  ws['C2'].font = Font(underline='double')
11  ws['B3'].font = Font(color='0000FF',
12                       italic=True)
13  wb.save("out6_1.xlsx")
```

執行結果 開啟 out6_1.xlsx 可以得到下列結果。

6-2-2 用迴圈設定某儲存格區間的字型樣式

程式實例 ch6_2.py：重新設計 ch6_1.py，將 B3:B6 儲存格區間設為藍色、斜體。

```
1   # ch6_2.py
2   import openpyxl
3   from openpyxl.styles import Font
4
5   fn = "data6_1.xlsx"
6   wb = openpyxl.load_workbook(fn)
7   ws = wb.active
8   ws['B1'].font = Font(color='0000FF')
9   ws['B2'].font = Font(underline='single')
10  ws['C2'].font = Font(underline='double')
11  for i in range(3,7):
12      ws['B'+str(i)].font = Font(color='0000FF',
13                                 italic=True)
14  wb.save("out6_2.xlsx")
```

執行結果 開啟 out6_2.xlsx 可以得到下列結果。

6-2-3　不同字型的應用

Font( ) 函數的 name 參數可以使用 Windows 內所有可用的字體，字體是在下列資料夾：

C:\Windows\Fonts

或是在 Excel 的字型功能群組也可以看到。

應用 openpyxl 模組時預設中文是使用新細明體。

程式實例 ch6_2_1.py：B2 儲存格使用 Old English Text MT 字型，B4 儲存格使用標楷體的應用。

```
1  # ch6_2_1.py
2  import openpyxl
3  from openpyxl.styles import Font
4
5  wb = openpyxl.Workbook()
6  ws = wb.active
7  ws['B2'] = "Ming-Chi Institute of Technology"
8  ws['B2'].font = Font(name='Old English Text MT',color='0000FF')
9  ws['B4'] = "明志工專"
10 ws['B4'].font = Font(name='標楷體',color='0000FF')
11 wb.save("out6_2_1.xlsx")
```

執行結果　開啟 out6_2_1.xlsx 可以得到下列結果。

6-3　儲存格的框線

使用框線 Border 模組時，需導入 Border 和 Side 模組如下：

from openpyxl.styles import Border, Side

6-3-1　認識儲存格的框線樣式

儲存格框線 Border 模組常用的參數預設值如下：

```
Border(left=Side(border_style=None, color='000000'),
        right=Side(border_style=None, color='000000'),
        top=Side(border_style=None, color='000000'),
        bottom=Side(border_style=None, color='000000'),
        diagonal=Side(border_style=None, color='000000'),
        diagonalDown=False,
        diagonalUp=False,
        outline=Side(border_style=None, color='000000'),
        vertical=Side(border_style=None, color='000000'),
        horizonal=Side(border_style=None, color='000000'))
```

上述各參數意義如下：

❑ left：儲存格左邊的框線。color 是線條顏色，可以參考 6-2-1 節。border_style 是
線條樣式，可以參考設定儲存格格式對話方塊，外框頁次線條欄位的樣式。

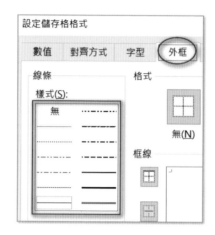

上述樣式名稱由上到下，然後由左到右，可以參考下列字串：

- 'none'
- 'hair'
- 'dotted'
- 'dashed'
- 'dashDotDot'
- 'dashDot'
- 'thin'
- 'mediumDashDotDot'
- 'mediumDashDot'
- 'slantDashDot'
- 'mediumDash'
- 'medium'
- 'thick'
- 'double'

❑ right：儲存格右邊的框線。color 是線條顏色，可以參考 6-2-1 節。border_style 是線條樣式，可以參考 left 參數說明。

❑ top：儲存格上邊的框線。color 是線條顏色，可以參考 6-2-1 節。border_style 是線條樣式，可以參考 left 參數說明。

❑ bottom：儲存格下邊的框線。color 是線條顏色，可以參考 6-2-1 節。border_ style 是線條樣式，可以參考 left 參數說明。

❑ diagonal：儲存格對角的框線。color 是線條顏色，可以參考 6-2-1 節。border_ style 是線條樣式，可以參考 left 參數說明。

❑ diagonalDown：左上到右下的對角線，預設是 False，表示不顯示。

❑ diagonalUp：左下到右上的對角線，預設是 False，表示不顯示。

❑ vertical：儲存格垂直的框線。color 是線條顏色，可以參考 6-2-1 節。border_ style 是線條樣式，可以參考 left 參數說明。

❑ horizontal：儲存格水平的框線。color 是線條顏色，可以參考 6-2-1 節。border_ style 是線條樣式，可以參考 left 參數說明。

至於使用框線 Border( ) 語法方式如下：

```
ws[ 儲存格 ].border = Border(xx)          # xx 是框線的系列屬性設定
```

也就是工作表的儲存格物件引用 border 屬性，再執行賦值設定。設定 Border 框線時，只能單一儲存格設定，因為單一儲存格才有 border 屬性，如果要設定儲存格區間需使用迴圈方式。

程式實例 ch6_3.py：列出所有框線的線條樣式繪製框線和左上到右下的對角線。

```
1   # ch6_3.py
2   import openpyxl
3   from openpyxl.styles import Font, Border, Side
4
5   wb = openpyxl.Workbook()
6   ws = wb.active
7   # 建立含13種框線樣式的串列
8   border_styles = ['hair','dotted','dashed','dashDotDot',
9                    'dashDot','thin','mediumDashDotDot',
10                   'mediumDashDot','slantDashDot','mediumDashed',
11                   'medium','thick','double']
12
13  # 建立輸出含13個框線的列號串列
14  rows = [2, 4, 6, 8, 10, 12, 14, 16, 18, 20, 22, 24, 26]
15
16  for row, border_style in zip(rows, border_styles):
17      for col in [2, 4, 6]:    # B, D, F 欄
18          if col == 2:          # 如果是 B 欄, 用藍色輸出框線樣式名稱
```

```
19                    ws.cell(row=row, column=col).value=border_style
20                    ws.cell(row=row, column=col).font = Font(color='0000FF')
21            elif col == 4:         # 如果是 D 欄，設定左上至右下的紅色對角線
22                side = Side(border_style=border_style, color='FF0000')
23                                   # 建立左上到右下對角線物件
24                diagDown = Border(diagonal=side,diagonalDown=True)
25                                   # 建立紅色對角線
26                ws.cell(row=row, column=col).border = diagDown
27            else:                  # 如果是 F 欄，建立框線
28                side = Side(border_style=border_style)
29                                   # 建立儲存格四周的框線
30                borders = Border(left=side,right=side,top=side,bottom=side)
31                ws.cell(row=row, column=col).border = borders
32  wb.save("out6_3.xlsx")
```

執行結果　開啟 out6_3.xlsx 可以得到下列結果。

6-3-2　用迴圈設定某儲存格區間的框線樣式

活頁簿 data6_4.xlsx 的會員工作表內容如下：

程式實例 ch6_4.py：為上述會員工作表的表格建立 thin 框線。

```
1  # ch6_4.py
2  import openpyxl
3  from openpyxl.styles import Border, Side
4
5  fn = "data6_4.xlsx"
6  wb = openpyxl.load_workbook(fn)
7  ws = wb.active
8
9  side = Side(border_style='thin')
10 borders = Border(left=side,right=side,top=side,bottom=side)
11 for rows in ws['B2':'C6']:
12     for cell in rows:
13         cell.border = borders
14 wb.save("out6_4.xlsx")
```

執行結果　開啟 out6_4.xlsx 可以得到下列結果。

　　當我們執行插入列或欄時，可以看到框線會消失，例如：當執行 ch5_4_2.py 後，所得到的薪資工作表將如下所示：

	A	B	C	D	E	F	G	H
1				深智數位薪資表				
2	員工編號	姓名	底薪	獎金	加班費	健保費	勞保費	薪資金額
3	A001	陳新華	56000	3000	0	-800	-600	57600
4								
5	員工編號	姓名	底薪	獎金	加班費	健保費	勞保費	薪資金額
6	A004	周湯家	49000	2000	0	-600	-500	49900
7								
8	員工編號	姓名	底薪	獎金	加班費	健保費	勞保費	薪資金額
9	A010	李家佳	46000	2000	0	-600	-500	46900
10								
11	員工編號	姓名	底薪	獎金	加班費	健保費	勞保費	薪資金額
12	A012	陳嘉許	43000	0	0	-600	-500	41900
13								
14	員工編號	姓名	底薪	獎金	加班費	健保費	勞保費	薪資金額
15	A015	張進一	38000	0	0	-600	-500	36900

薪資

所以建議在插入欄或是列之後，將框線補上。

程式實例 ch6_5.py：擴充設計 ch5_4_2.py，將框線補上。註：由於 ch5_4_2.py 所使用的是 data5_1.xlsx，本書是將 data5_1.xlsx，另外複製一份，但是將檔名改為 data6_5.xlsx。

```
1   # ch6_5.py
2   import openpyxl
3   from openpyxl.styles import Border, Side
4
5   fn = "data6_5.xlsx"
6   wb = openpyxl.load_workbook(fn,data_only=True)
7   ws = wb.active
8   data = ws[2]                      # 薪資項目
9   row = 0;
10  for i in range(4,8):
11      ws.insert_rows(i+row,2)       # 插入 2 列空白列
12      for j, d in enumerate(data):  # 取得元組內容
13          ws.cell(row=i+row+1,column=j+1,value=d.value)
14      row = row + 2
15
16  side = Side(border_style='thin')
17  borders = Border(left=side,right=side,top=side,bottom=side)
18  for rows in ws['A4':'H14']:
19      for cell in rows:
20          cell.border = borders
21  wb.save("out6_5.xlsx")
```

執行結果 開啟 out6_5.xlsx 可以得到下列結果。

	A	B	C	D	E	F	G	H
1				深智數位薪資表				
2	員工編號	姓名	底薪	獎金	加班費	健保費	勞保費	薪資金額
3	A001	陳新華	56000	3000	0	-800	-600	57600
4								
5	員工編號	姓名	底薪	獎金	加班費	健保費	勞保費	薪資金額
6	A004	周湯家	49000	2000	0	-600	-500	49900
7								
8	員工編號	姓名	底薪	獎金	加班費	健保費	勞保費	薪資金額
9	A010	李家佳	46000	2000	0	-600	-500	46900
10								
11	員工編號	姓名	底薪	獎金	加班費	健保費	勞保費	薪資金額
12	A012	陳嘉許	43000	0	0	-600	-500	41900
13								
14	員工編號	姓名	底薪	獎金	加班費	健保費	勞保費	薪資金額
15	A015	張進一	38000	0	0	-600	-500	36900

薪資

6-4 儲存格的圖案

使用 PatternFill 模組時，需導入 PatternFill 模組如下：

```
from openpyxl.styles import PatternFill
```

6-4-1 認識圖案樣式

圖案或是漸變顏色 PatternFill( ) 函數常用的參數預設值如下：

```
PatternFill(fill_type=None,
        fgColor='000000',
        bgColor='000000',
        start_color='000000',
        end_color='000000')
```

上述各參數意義如下：

❑ fill_type：這是填滿儲存格的圖案，可以參考下圖。

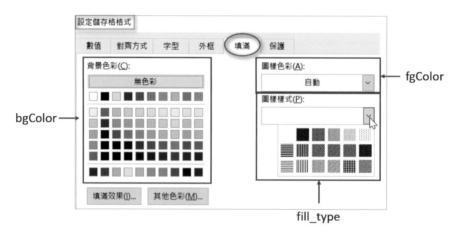

上述 fill_type 的選項有下列 18 種。

● 'none'：這是預設。

● 'solid'

● 'darkDown'

● 'darkGray'

● 'darkGrid'

● 'darkHorizontal'

● 'darkTrellis'

● 'darkUp'

● 'darkVertical'

● 'gray0625'

● 'gray125'

● 'lightDown'

● 'lightGray'

● 'lightGrid'

● 'lightHorizontal'

● 'lightTrellis'

- 'lightUp'

- 'lightVertical'

- 'mediumGray'

❑ fgColor：設定前景顏色。

❑ bgColor：設定背景顏色。

❑ start_color：設定顏色 1，預設是 '000000'，相當於是前景顏色。

❑ end_color：設定顏色 2，預設是 '000000'，相當於是背景顏色。

至於使用圖案樣式 PatternFill( ) 語法如下：

```
ws[ 儲存格 ].fill = PatternFill(xx)            # xx 是圖案的系列屬性設定
```

也就是工作表的儲存格物件引用 fill 屬性，再執行賦值設定。設定 PatternFill 圖案時，只能單一儲存格設定，因為單一儲存格才有 fill 屬性，如果要設定儲存格區間需使用迴圈方式。

程式實例 ch6_6.py：在 B2:B19 儲存格區間輸出所有圖案樣式，同時右邊的儲存格標記圖案樣式名稱。

```
1  # ch6_6.py
2  import openpyxl
3  from openpyxl.styles import PatternFill
4
5  wb = openpyxl.Workbook()
6  ws = wb.active
7
8  # 建立圖案樣式串列
9  patterns = ['solid','darkDown','darkGray',
10            'darkGrid','darkHorizontal','darkTrellis',
11            'darkUp','darkVertical','gray0625',
12            'gray125','lightDown','lightGray',
13            'lightGrid','lightHorizontal','lightTrellis',
14            'lightUp','lightVertical','mediumGray']
15
16 # 設定儲存格區間
17 cells = ws.iter_cols(min_row=2,max_row=20,min_col=2,max_col=3)
18 for col in cells:
19     for cell, pattern in zip(col,patterns):
20         if cell.col_idx == 2 :  # 如果是 B 欄則輸出圖案樣式
21             cell.fill = PatternFill(fill_type=pattern)
22         else:                   # 否則輸出圖案名稱
23             cell.value = pattern
24 wb.save("out6_6.xlsx")
```

執行結果　開啟 out6_6.xlsx 可以得到下列結果。

對讀者而言比較關鍵的是第 20 列的 cell 屬性 col_idx，如果我們列印 cell，可以得到下列結果：

```
<Cell 'Sheet'.B2>
<Cell 'Sheet'.B3>
...
<Cell 'Sheet'.B19>
```

屬性 col_idx 是回傳 B 欄位的值，B 欄位就是 2，所以回傳 2。如果讀者在第 19 列和 20 列間插入下列指令。

```
print(f"{cell.col_idx}")
```

則可以得到先列出 18 個 2，再列出 18 個 3，這樣就可以看到這個程式是先處理 B欄，自處理 C 欄。

6-4-2　為圖案加上前景和背景色彩

程式實例 ch6_7.py：使用不同的前景色彩和背景色彩，搭配 'lightGray' 圖案，設計圖案樣式。

```
1  # ch6_7.py
2  import openpyxl
3  from openpyxl.styles import PatternFill
4
5  wb = openpyxl.Workbook()
6  ws = wb.active
7
8  ws['B2'].fill = PatternFill(fill_type='lightGray',
9                              fgColor="0000FF")
10 ws['B4'].fill = PatternFill(fill_type='lightGray',
11                             bgColor="0000FF")
12 ws['B6'].fill = PatternFill(fill_type='lightGray',
13                             fgColor="FF00FF",
14                             bgColor="FFFF00")
15 ws['B8'].fill = PatternFill(patternType='lightGray',
16                             fgColor="FFFF00",
17                             bgColor="FF00FF")
18 # 也可以用start_color和end_color
19 ws['B10'].fill = PatternFill(patternType='lightGray',
20                              start_color="FFFF00",
21                              end_color="FF00FF")
22 wb.save("out6_7.xlsx")
```

執行結果 開啟 out6_7.xlsx 可以得到下列結果。

6-4-3 填充圖案的應用

有一個活頁簿 data6_7_1.xlsx 薪資工作表內容如下：

	A	B	C	D	E	F	G	H
1	員工編號	姓名	底薪	獎金	加班費	健保費	勞保費	薪資金額
2	A001	陳新華	56000	3000	0	-800	-600	57600
3	A004	周湯家	49000	2000	0	-600	-500	49900
4	A010	李家佳	46000	2000	0	-600	-500	46900
5	A012	陳嘉許	43000	0	0	-600	-500	41900
6	A015	張進一	38000	0	0	-600	-500	36900

薪資

程式實例 ch6_7_1.py：每隔一列加註黃色底。

```
1   # ch6_7_1.py
2   import openpyxl
3   from openpyxl.styles import PatternFill
4
5   fn = "data6_7_1.xlsx"
6   wb = openpyxl.load_workbook(fn)
7   ws = wb.active
8
9   for rows in ws.iter_rows(min_row=1,max_row=6,min_col=1,max_col=8):
10      for cell in rows:
11          if cell.row % 2:
12              cell.fill = PatternFill(start_color="FFFF00",
13                                      fill_type="solid")
14  wb.save("out6_7_1.xlsx")
```

執行結果

	A	B	C	D	E	F	G	H
1	員工編號	姓名	底薪	獎金	加班費	健保費	勞保費	薪資金額
2	A001	陳新華	56000	3000	0	-800	-600	57600
3	A004	周湯家	49000	2000	0	-600	-500	49900
4	A010	李家佳	46000	2000	0	-600	-500	46900
5	A012	陳嘉許	43000	0	0	-600	-500	41900
6	A015	張進一	38000	0	0	-600	-500	36900

薪資 ⊕

6-4-4 漸層填滿

儲存格的色彩也可以採用漸層填滿，這時可以使用 GradientFill( ) 函數，不過在使用前需要先導入 GradientFill 模組，如下：

from openpyxl.styles import GradientFill

此函數語法如下：

GradientFill(type, degree, left, right, top, bottom, stop)

上述會回傳漸層填充物件，各參數意義如下：

❑ type：最常見是 'linear'，表示依線性方式變化。如果設為 'path' 表示依據長短比例變化。

❑ degree：當 type='linear' 時，可設定漸層的角度，預設是 0。

❑ left：預設是 0，左側參考的色調變化率。

❑ right：預設是 0，右側參考的色調變化率。

❑ top：預設是 0，上邊參考的色調變化率。

❑ bottom：預設是 0，底邊參考的色調變化率。

❑ stop：這是元組 (tuple)，設定 2 或更多漸層使用的顏色。

下列是設定 type=linear 時，相對於 Excel 視窗的對話方塊如下：

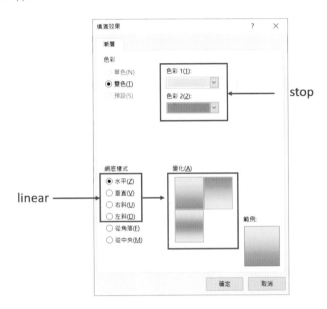

下列是設定 type=path、left=0.5、top=0.5 時，色彩 1 是黃色 (FFFF00)，色彩 2 是綠色 (00FF00)，選擇從角落相對於 Excel 視窗的對話方塊如下：

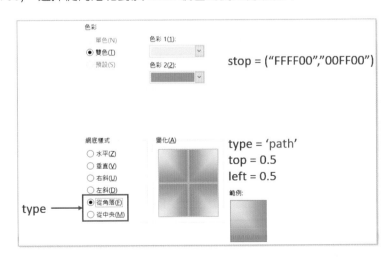

下列是設定 type=path、left=0.5、top=0.5 時，色彩 1 是黃色 (FFFF00)，色彩 2 是綠色 (00FF00)，選擇從角落相對於 Excel 視窗的對話方塊如下：

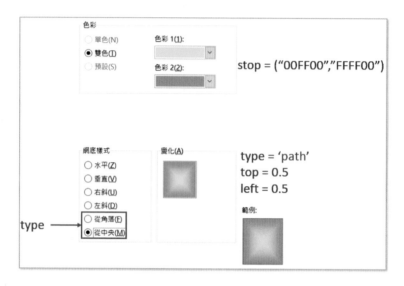

程式實例 ch6_7_2.py：建立 2 色或是 3 色的線性漸層色彩。

```
1   # ch6_7_2.py
2   from openpyxl import Workbook
3   from openpyxl.styles import GradientFill
4
5   wb = Workbook()
6   ws = wb.active
7   # 2 個顏色的線性填滿
8   ws['B2'].fill = GradientFill(type='linear',stop=("FFFF00","00FF00"))
9   # 3 個顏色的線性填滿
10  ws['D2'].fill = GradientFill(type='linear',
11                              stop=("FF0000","0000FF","00FF00"))
12  # 3 個顏色的線性填滿，45度旋轉
13  ws['F2'].fill = GradientFill(type='linear',
14                              stop=("FF0000","0000FF","00FF00"),degree=45)
15  # 3 個顏色的線性填滿，90度旋轉
16  ws['H2'].fill = GradientFill(type='linear',
17                              stop=("FF0000","0000FF","00FF00"),degree=90)
18  # 3 個顏色的線性填滿，135度旋轉
19  ws['J2'].fill = GradientFill(type='linear',
20                              stop=("FF0000","0000FF","00FF00"),degree=135)
21  wb.save('out6_7_2.xlsx')
```

執行結果

	A	B	C	D	E	F	G	H	I	J
1										
2										
3										

其實儲存格做漸層變化，更常應用在合併的儲存格，因為可以看到色彩更明顯的變化效果，下一章筆者介紹了合併儲存格的觀念後，在 7-7 節還會有實例解說。

6-5 儲存格對齊方式

使用 Alignment 模組時，需導入 Alignment 模組如下：

```
from openpyxl.styles import Alignment
```

6-5-1 認識對齊方式

圖案或是漸變顏色 Alignment 模組常用的參數預設值如下：

```
Alignment(horizontal='general',
          vertical='bottom',
          text_rotation=0,
          wrap_text=False,
          shrink_to_fit=False,
          indent=0)
```

上述各參數意義與說明如下：

❑ horizontal：這是文字水平方向，有下列選項。

- 'general'
- 'left'

- 'center'
- 'right'
- 'fill'
- 'justify'
- 'centerContinuous'
- 'distributed'

❑ vertical：這是文字的垂直方向，有下列選項。

- 'top'
- 'center'
- 'bottom'
- 'justify'
- 'distributed'

❑ text_rotation：文字旋轉角度，預設是 0 度。

❑ wrap_text：是否自動換行，預設是 False。

❑ shrink_to_fit：是否自動縮小適合欄寬，預設是 False。

❑ indent：縮排，預設是 0。

至於使用圖案樣式 Alignment( ) 語法方式如下：

```
ws[ 儲存格 ].alignment = Alignment(xx)            # xx 是圖案的系列屬性設定
```

也就是工作表的儲存格物件引用 alignment 屬性，再執行賦值設定。設定 Alignment 對齊方式時，只能單一儲存格設定，因為單一儲存格才有 alignment 屬性，如果要設定儲存格區間需使用迴圈方式。

活頁簿 data6_8.xlsx 的對齊工作表內容如下：

	A	B	C	D	E	F	G
1							
2		right	center	left		centerContinuous	
3							
4		rotation30	rotation45	rotation60			
5							

對齊方式 | 工作表2 | 工作表3 | ⊕

程式實例 ch6_8.py：設定 data6_8.xlsx 活頁簿對齊工作表，儲存格水平對齊與旋轉角度。

```
1  # ch6_8.py
2  import openpyxl
3  from openpyxl.styles import Alignment
4
5  fn = "data6_8.xlsx"
6  wb = openpyxl.load_workbook(fn)
7  ws = wb.active
8  ws['B2'].alignment = Alignment(horizontal='right')
9  ws['C2'].alignment = Alignment(horizontal='center')
10 ws['D2'].alignment = Alignment(horizontal='left')
11 ws['F2'].alignment = Alignment(horizontal='centerContinuous')
12 ws['B4'].alignment = Alignment(text_rotation=30)
13 ws['C4'].alignment = Alignment(text_rotation=45)
14 ws['D4'].alignment = Alignment(text_rotation=60)
15 wb.save("out6_8.xlsx")
```

執行結果 開啟 out6_8.xlsx 可以得到下列結果。

6-5-2 使用迴圈處理儲存格區間的對齊方式

程式實例 ch6_9.py：擴充 ch6_4.py 繪製儲存格的框線後，設定 B4:C6 儲存格區間的內容置中對齊。

```
1  # ch6_9.py
2  import openpyxl
3  from openpyxl.styles import Border, Side, Alignment
4
5  fn = "data6_4.xlsx"
6  wb = openpyxl.load_workbook(fn)
7  ws = wb.active
8
9  side = Side(border_style='thin')
10 borders = Border(left=side,right=side,top=side,bottom=side)
11 for rows in ws['B2':'C6']:
12     for cell in rows:
```

```
13          cell.border = borders
14          cell.alignment = Alignment(horizontal='center')
15  wb.save("out6_9.xlsx")
```

執行結果　開啟 out6_9.xlsx 可以得到下列結果。

	A	B	C	D
1				
2		姓名	年齡	
3		洪冰儒	31	
4		洪雨星	29	
5		洪星宇	26	
6		洪冰雨	22	

會員

6-5-3　上下與左右置中的應用

在 5-6 節筆者有說明更改欄寬和列高的觀念，這一節將擴充該節的實例，設定 A1 字串在更改欄寬和列高後可以上下與左右置中。

程式實例 ch6_9_1.py：活頁簿 data6_9_1.xlsx 的工作表 1，A1 內容是 abc，設定 A 欄寬度是 20，第 1 列高度是 40。然後使用本節對齊方式功能，設定上下與左右置中。

```
1  # ch6_9_1.py
2  import openpyxl
3  from openpyxl.styles import Alignment
4
5  fn = "data6_9_1.xlsx"
6  wb = openpyxl.load_workbook(fn)
7  ws = wb.active
8  ws.column_dimensions['A'].width = 20
9  ws.row_dimensions[1].height = 40
10 ws['A1'].alignment = Alignment(horizontal='center',
11                                vertical='center')
12 wb.save("out6_9_1.xlsx")
```

執行結果

工作表1 ｜ 工作表2 ｜ 工作表3

6-6　複製樣式

樣式是可以複製的，語法如下：

> dst = copy(src)

經過上述指令後，dst 就擁有 src 的樣式了。

程式實例 ch6_10.py：樣式複製的實例。

```
1   # ch6_10.py
2   import openpyxl
3   from openpyxl.styles import Font
4   from copy import copy
5
6   src = Font(name='Arial', size=16)
7   dst = copy(src)
8   print(f"src = {src.name}, {src.size}")
9   print(f"dst = {dst.name}, {dst.size}")
```

執行結果

```
=================== RESTART: D:/Python_Excel/ch6/ch6_10.py ===================
src = Arial, 16.0
dst = Arial, 16.0
```

6-7　色彩

色彩可以應用在字型、前景、背景或是邊框，其實在 openpyxl 模組內，內含有透明度 alpha 值，但是這並沒有應用在儲存格內，可以參考下列實例。

```
>>> from openpyxl.styles import Font
>>> font = Font(color="FF00FF")
>>> font.color.rgb
'00FF00FF'
```

也就是最左邊兩個數值 00，這是 alpha 值。

為了方便讀者可以更有效率地使用色彩，openpyxl 模組也提供索引方式設定色彩，使用前需要導入 openpyxl.styles.colors 模組，如下：

> from openpyxl.styles.colors import Color

然後就可以使用 Color(indexed= 顏色索引) 函數設定顏色，下列是索引顏色的列表，取材自 openpyxl 模組的官方手冊。

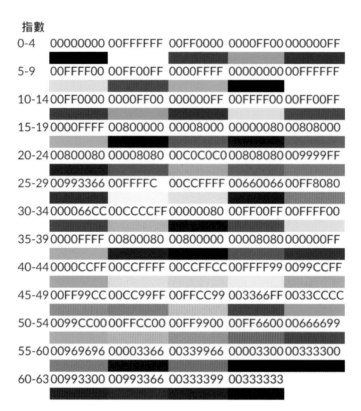

指數
0-4 00000000 00FFFFFF 00FF0000 0000FF00 000000FF

5-9 00FFFF00 00FF00FF 0000FFFF 00000000 00FFFFFF

10-14 00FF0000 0000FF00 000000FF 00FFFF00 00FF00FF

15-19 0000FFFF 00800000 00008000 00000080 00808000

20-24 00800080 00008080 00C0C0C0 00808080 009999FF

25-29 00993366 00FFFFCC 00CCFFFF 00660066 00FF8080

30-34 000066CC 00CCCCFF 00000080 00FF00FF 00FFFF00

35-39 0000FFFF 00800080 00800000 00008080 000000FF

40-44 0000CCFF 00CCFFFF 00CCFFCC 00FFFF99 0099CCFF

45-49 00FF99CC 00CC99FF 00FFCC99 003366FF 0033CCCC

50-54 0099CC00 00FFCC00 00FF9900 00FF6600 00666699

55-60 00969696 00003366 00339966 00003300 00333300

60-63 00993300 00993366 00333399 00333333

程式實例 ch6_11.py：使用上述 Color( ) 函數設定文字顏色，重新設計 ch6_1.py。

```python
1   # ch6_11.py
2   import openpyxl
3   from openpyxl.styles import Font
4   from openpyxl.styles.colors import Color
5
6   fn = "data6_1.xlsx"
7   wb = openpyxl.load_workbook(fn)
8   ws = wb.active
9   ws['B1'].font = Font(color=Color(indexed=6))
10  ws['B2'].font = Font(underline='single')
11  ws['C2'].font = Font(underline='double')
12  ws['B3'].font = Font(color=Color(indexed=40),
13                       italic=True)
14  wb.save("out6_11.xlsx")
```

執行結果　開啟 out6_11.xlsx 可以得到下列結果。

	A	B	C	D
1		天空SPA客戶資料		
2		姓名	年齡	
3		洪冰儒	31	
4		洪雨星	29	
5		洪星宇	26	
6		洪冰雨	22	

會員

6-8 樣式名稱與應用

建立樣式後，可以為此樣式建立一個名稱，然後儲存，未來可以將此樣式名稱應用到其他儲存格。

6-8-1 建立樣式名稱

建立樣式名稱需要導入 NamedStyle 模組，方法如下：

```
from openpyxl.styles import NamedStyle
```

然後就可以使用 NamedStyle( ) 函數，其語法如下：

```
stylename = NamedStyle(name="styleSample")
```

上述就是建立一個樣式名稱了，stylename 和 styleSample 是可以自由命名。

6-8-2 註冊樣式名稱

註冊樣式名稱可以使用 add_named_style( )，可以參考下列實例。

```
wb.add_named_style(stylename)
```

6-8-3 應用樣式

樣式命名後可以用下列方式應用到工作表。

```
ws['B2'].style = stylename
```

如果樣式已經建立，可以使用下列方式應用到工作表。

```
ws['B4'].style = 'styleSample'
```

假設 data6_12.xlsx 會員工作表內容如下：

程式實例 ch6_12.py：建立樣式名稱 namestyle，然後用 2 種方法將此名稱應用到 B2 和 B4 儲存格。

```
1   # ch6_12.py
2   import openpyxl
3   from openpyxl.styles import Font, NamedStyle, Border, Side
4
5   fn = "data6_12.xlsx"
6   wb = openpyxl.load_workbook(fn)
7   ws = wb.active
8
9   namestyle = NamedStyle(name="nameSample")
10  namestyle.font = Font(bold=True,color="0000FF")
11  bd = Side(style='thick', color="FF0000")
12  namestyle.border = Border(left=bd, top=bd, right=bd, bottom=bd)
13  wb.add_named_style(namestyle)     # 註冊
14  ws['B2'].style = namestyle        # 用法 1，直接使用
15  ws['B4'].style = 'nameSample'     # 用法 2
16  wb.save("out6_12.xlsx")
```

執行結果

第 7 章
儲存格的進階應用

7-1　　合併儲存格

7-2　　取消合併儲存格

7-3　　凍結儲存格

7-4　　儲存格的附註

7-5　　折疊 (或隱藏) 儲存格

7-6　　取消保護特定儲存格區間

7-7　　漸層色彩的實例

7-1 合併儲存格

7-1-1 基礎語法與實作

合併儲存格可以使用 merge_cells( ) 函數，此函數的語法如下：

> ws.merge_cells(儲存格區間)

或是

> ws.merge_cells(start_row=r, end_row=rr, start_column=c, end_column=cc)

程式實例 ch7_1.py：合併儲存格的實例。

```
1  # ch7_1.py
2  import openpyxl
3  from openpyxl.styles import Font, Alignment
4
5  wb = openpyxl.Workbook()
6  ws = wb.active
7
8  ws.merge_cells('A1:B2')
9  ws['A1'].font = Font(name='Old English Text MT',
10                       color='0000FF',
11                       size=20)
12 ws['A1'].alignment = Alignment(horizontal='center',
13                                vertical='center')
14 ws['A1'] = 'DeepMind'
15 wb.save("out7_1.xlsx")
```

執行結果 開啟 out7_1.xlsx 可以得到下列結果。

上述儲存格合併成功後，左上角的儲存格編號是代表此儲存格的內容，以此例儲存格區間是 A1:B2，左上角是 A1，所以 A1 就是代表此儲存格。

程式實例 ch7_2.py：使用另一種方式合併儲存格。

```
1  # ch7_2.py
2  import openpyxl
3  from openpyxl.styles import Font, Alignment
```

```
4
5   wb = openpyxl.Workbook()
6   ws = wb.active
7
8   ws.merge_cells(start_row=1, end_row=2,
9                  start_column=1, end_column=2)
10  ws['A1'].font = Font(name='Old English Text MT',
11                       color='0000FF',
12                       size=20)
13  ws['A1'].alignment = Alignment(horizontal='center',
14                                 vertical='center')
15  ws['A1'] = 'DeepMind'
16  wb.save("out7_2.xlsx")
```

執行結果 與 out7_1.xlsx 結果相同。

7-1-2 實例應用

有一個活頁簿 data7_3.xlsx 的 Sheet 工作表內容如下：

	A	B	C	D	E
1	天空SPA客戶資料				
2	姓名	地區	性別	身高	身份
3	洪冰儒	士林	男	170	會員
4	洪雨星	中正	男	165	會員
5	洪星宇	信義	男	171	非會員
6	洪冰雨	信義	女	162	會員
7	郭孟華	士林	女	165	會員
8	陳新華	信義	男	178	會員
9	謝冰	士林	女	166	會員

Sheet ⊕

程式實例 ch7_3.py：將合併儲存格觀念應用在實際的工作表，請將上述儲存格的 A1:E1 合併，用藍色顯示此儲存格，然後為此表格建立框線，同時所有內容置中對齊。

```
1   # ch7_3.py
2   import openpyxl
3   from openpyxl.styles import Font, Alignment, Side, Border
4
5   fn = "data7_3.xlsx"
6   wb = openpyxl.load_workbook(fn)
7   ws = wb.active
8
9   ws.merge_cells('A1:E1')
10  ws['A1'].font = Font(color='0000FF')
11
12  side = Side(border_style='thin')
13  borders = Border(left=side,right=side,top=side,bottom=side)
14  for rows in ws['A1':'E9']:
```

```
15      for cell in rows:
16          cell.border = borders
17          cell.alignment = Alignment(horizontal='center')
18  wb.save("out7_3.xlsx")
```

執行結果 開啟 out7_3.xlsx 可以得到下列結果。

	A	B	C	D	E
1	天空SPA客戶資料				
2	姓名	地區	性別	身高	身份
3	洪冰儒	士林	男	170	會員
4	洪雨星	中正	男	165	會員
5	洪星宇	信義	男	171	非會員
6	洪冰雨	信義	女	162	會員
7	郭孟華	士林	女	165	會員
8	陳新華	信義	男	178	會員
9	謝冰	士林	女	166	會員

Sheet

7-2 取消合併儲存格

取消合併儲存格可以使用 unmerge_cells( ) 函數，此函數的語法如下：

ws.unmerge_cells(儲存格區間)

或是

ws.unmerge_cells(start_row=r, end_row=rr, start_column=c, end_column=cc)

程式實例 ch7_4.py：合併與取消儲存格的實例，這個程式的第 11 列是合併儲存格，然後存入 out7_4_1.xlsx。第 18 列則是取消合併儲存格，然後將結果存入 out7_4_2. xlsx，讀者可以比較彼此的差異。

```
1  # ch7_4.py
2  import openpyxl
3  from openpyxl.styles import Font, Alignment
4
5  wb = openpyxl.Workbook()
6  ws = wb.active
7
8  ws['B2'] = "深智"
9  wb.save("out7_4.xlsx")
10
```

```
11  ws.merge_cells('B2:C3')
12  ws['B2'].font = Font(name='Old English Text MT',
13                       color='0000FF',)
14  ws['B2'].alignment = Alignment(horizontal='center',
15                                 vertical='center')
16  wb.save("out7_4_1.xlsx")
17
18  ws.unmerge_cells('B2:C3')
19  wb.save("out7_4_2.xlsx")
```

執行結果 開啟 out7_4.xlsx、out7_4_1.xlsx 和 out7_4_2.xlsx 可以得到下列結果。

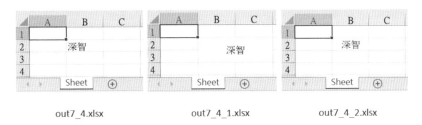

out7_4.xlsx　　　　　　out7_4_1.xlsx　　　　　　out7_4_2.xlsx

7-3 凍結儲存格

在 ch7 資料夾內有 data7_5.xlsx 活頁簿，此活頁簿有 2013 業績工作表，如下所示：

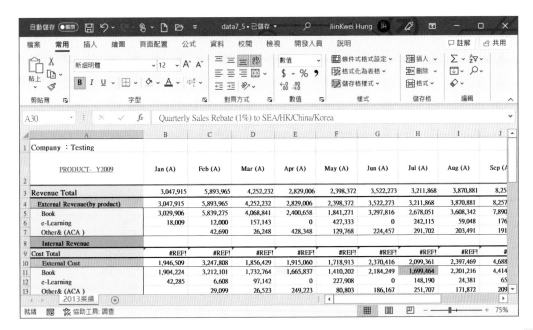

上述視窗如果向下或是向右捲動，會造成上方或是左邊的標題沒有顯示，因此無法瞭解各儲存格所代表的意義。這一節將講解凍結儲存格的欄與列，這樣就可以在捲動工作表內容時，可以讓凍結的標題欄位固定在工作表顯示。

凍結儲存格是使用 freeze_panes 屬性，觀念如下：

ws.freeze_panes = 凍結的上方與左邊的儲存格區間

7-3-1　凍結列的實例

下列可以凍結第 1 和 2 列。

ws.freeze_panes = 'A3'

程式實例 ch7_5.py：凍結前 2 列資料。

```
1  # ch7_5.py
2  import openpyxl
3
4  fn = "data7_5.xlsx"
5  wb = openpyxl.load_workbook(fn)
6  ws = wb.active
7  ws.freeze_panes = 'A3'
8  wb.save("out7_5.xlsx")
```

執行結果　開啟 out7_5.xlsx，不論如何向下捲動視窗，上方 2 列皆是固定顯示。

	A	B	C	D	E	F
1	Company：Testing					
2	PRODUCT- Y2009	Jan (A)	Feb (A)	Mar (A)	Apr (A)	May (A)
31	Gross Margin	#REF!	#REF!	#REF!	#REF!	#REF!
32	External Margin%	#REF!	#REF!	#REF!	#REF!	#REF!
33	Rental&Management Fee	110,938	121,262	114,096	120,808	114,536
34	Expenses Total	110,938	121,262	114,096	120,808	114,536
35	G&A Expenses	61,596	54,174	31,562	60,417	59,781
37	BU direct profit	#REF!	#REF!	#REF!	#REF!	#REF!
38	G&A Expenses-From H	389,162	299,091	194,337	288,746	321,395
39	Inventory-instant	12,011,940	10,383,063	9,961,872	10,373,333	10,916,604
40	A/R+N/R (Excluding Internal AR)	13,033,200	11,503,378	11,683,729	11,592,710	11,465,368
41	Inventory turnover days	181	126	137	146	157

2013業績

7-3-2 凍結列的實例

下列可以凍結 A 欄。

```
ws.freeze_panes = 'B1'
```

程式實例 ch7_6.py：凍結 A 欄資料。

```
1  # ch7_6.py
2  import openpyxl
3
4  fn = "data7_5.xlsx"
5  wb = openpyxl.load_workbook(fn)
6  ws = wb.active
7  ws.freeze_panes = 'B1'
8  wb.save("out7_6.xlsx")
```

執行結果 開啟 out7_6.xlsx，不論如何左右捲動視窗，左方 A 欄皆是固定顯示。

	A	F	G	H	I
1	Company ：Testing				
2	PRODUCT- Y2009	May (A)	Jun (A)	Jul (A)	Aug (A)
3	Revenue Total	2,398,372	3,522,273	3,211,868	3,870,881
4	External Revenue(by product)	2,398,372	3,522,273	3,211,868	3,870,881
5	Book	1,841,271	3,297,816	2,678,051	3,608,342
6	e-Learning	427,333	0	242,115	59,048
7	Other& (ACA)	129,768	224,457	291,702	203,491
8	Internal Revenue				
9	Cost Total	#REF!	#REF!	#REF!	#REF!
10	External Cost	1,718,913	2,370,416	2,099,361	2,397,469
11	Book	1,410,202	2,184,249	1,699,464	2,201,216
12	e-Learning	227,908	0	148,190	24,381
13	Other& (ACA)	80,803	186,167	251,707	171,872

2025業績

7-3-3 凍結欄和列

如果要同時凍結上方列和左邊欄，也是使用 freeze_panes 屬性設定一個儲存格，經設定後該儲存格上方的列以及左邊的欄皆會被凍結，下列是凍結上方 2 列以及左邊 A 欄的實例。

```
ws.freeze_panes = 'B3'
```

程式實例 ch7_7.py：凍結上方 2 列以及左邊 A 欄的實例。

```
1   # ch7_7.py
2   import openpyxl
3
4   fn = "data7_5.xlsx"
5   wb = openpyxl.load_workbook(fn)
6   ws = wb.active
7   ws.freeze_panes = 'B3'
8   wb.save("out7_7.xlsx")
```

執行結果　開啟 out7_7.xlsx，不論如何上下或是左右捲動視窗，左方 A 欄和前 2 列皆是固定顯示。

	A	O	P	Q	R
1	Company ：Testing				
2	PRODUCT- Y2009	Feb (F)	Mar (F)	Apr (F)	May (F)
9	Cost Total	#REF!	#REF!	#REF!	#REF!
10	External Cost	4,167,989	3,754,822	3,983,120	3,467,120
11	Book	3,720,000	3,100,000	2,790,000	2,170,000
12	e-Learning	156,000	364,000	260,000	364,000
13	Other& (ACA)	291,989	290,822	933,120	933,120
14	External Margin	#REF!	#REF!	#REF!	#REF!
15	Book	2,280,000	1,900,000	1,710,000	1,330,000
16	e-Learning	144,000	336,000	240,000	336,000
17	Other& (ACA)	96,811	97,978	311,040	311,040
29	Internal Margin	#REF!	#REF!	#REF!	#REF!
	Quarterly Sales Rebate (1%) to				

2025業績　⊕

7-4 儲存格的附註

7-4-1 建立附註

使用 openpyxl 模組也可以為儲存格增加附註 (comment)，使用前需要導入 Comment 模組，方法如下：

```
from openpyxl import Comment
```

然後儲存格物件有 comment 屬性可以設定附註，設定方式需要使用 Comment( ) 函數，此函數的用法如下：

```
comment = Comment(" 附註文字 ", " 作者 ")
```

上述 Comment( ) 函數的第一個參數是附註文字 (text)，第二個參數是作者 (author)，未來也可以使用 comment.text 和 comment.author 屬性取得附註文字和作者。

程式實例 ch7_8.py：建立附註的應用。

```python
1   # ch7_8.py
2   import openpyxl
3   from openpyxl.comments import Comment
4
5   wb = openpyxl.Workbook()
6   ws = wb.active
7   ws['B2'] = "楊貴妃"
8   comment = Comment("唐朝美女","洪錦魁")
9   ws['B2'].comment = comment
10  print(f"註解 : {comment.text}")
11  print(f"作者 : {comment.author}")
12  wb.save("out7_8.xlsx")
```

執行結果 ：開啟 out7_8.xlsx 可以得到下列結果。

```
=================== RESTART: D:\Python_Excel\ch7\ch7_8.py ===================
註解 : 唐朝美女
作者 : 洪錦魁
```

若是將滑鼠游標移至儲存格右上角的附註點，可以看到附註文字 (text)，同時視窗左下方的狀態欄可以看到作者 (author)。

在使用 Excel 時可以在附註框內看到作者的名字，我們可以使用下列設計改良，增加作者的名字。

程式實例 ch7_9.py：擴充 ch7_8.py 的設計，在附註框增加作者的名字。

```
1   # ch7_9.py
2   import openpyxl
3   from openpyxl.comments import Comment
4
5   wb = openpyxl.Workbook()
6   ws = wb.active
7   ws['B2'] = "楊貴妃"
8   comment = Comment("洪錦魁:\n唐朝美女","洪錦魁")
9   ws['B2'].comment = comment
10  print(f"註解：{comment.text}")
11  print(f"作者：{comment.author}")
12  wb.save("out7_9.xlsx")
```

執行結果
```
=================== RESTART: D:/Python_Excel/ch7/ch7_9.py ===================
註解：洪錦魁:
唐朝美女
作者：洪錦魁
```

洪錦魁在儲存格 B2 加入附註

7-4-2　建立附註框的大小

前一小節所看到的附註框大小是預設，我們可以使用下列方式更改框的寬度和高度。

> comment.width = 附註的寬度
> comment.height = 附註的高度

程式實例 ch7_10.py：重新設計 ch7_8.py，設定附註框的寬度是 250，高度是 50。

```
1   # ch7_10.py
2   import openpyxl
3   from openpyxl.comments import Comment
4
```

```
5   wb = openpyxl.Workbook()
6   ws = wb.active
7   ws['B2'] = "楊貴妃"
8   comment = Comment("唐朝美女","洪錦魁")
9   ws['B2'].comment = comment
10  print(f"註解 : {comment.text}")
11  print(f"作者 : {comment.author}")
12  comment.width = 250
13  comment.height = 50
14  wb.save("out7_10.xlsx")
```

執行結果　Python Shell 視窗的執行結果可以參考 ch7_8.py，下列是 out7_10.xlsx 的執行結果。

洪錦魁在儲存格 B2 加入附註

7-5 折疊 (或隱藏) 儲存格

使用工作表時可能會想將一些欄位或是列數折疊 (或是稱隱藏)，此時可以使用下列工作表的函數。

　　column_dimensions.group(起始欄 , 結束欄 , hidden=True)　　# 隱藏欄
　　row_dimensions.group(起始列 , 結束列 , hidden=True)　　　# 隱藏列

上述 hidden 設為 True 表示隱藏。

程式實例 ch7_11.py：隱藏 D 到 F 欄。

```
1   # ch7_11.py
2   import openpyxl
3   from openpyxl.comments import Comment
4
5   wb = openpyxl.Workbook()
6   ws = wb.active
7   ws.column_dimensions.group('D','F',hidden=True)
8   wb.save("out7_11.xlsx")
```

執行結果　開啟 out7_11.xlsx 可以看到 D:F 欄被隱藏。

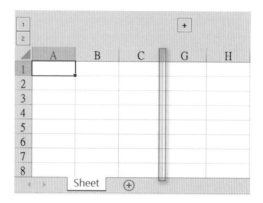

程式實例 ch7_12.py：同時折疊 D:F 欄和 5 ～ 10 列。

```
1  # ch7_12.py
2  import openpyxl
3  from openpyxl.comments import Comment
4
5  wb = openpyxl.Workbook()
6  ws = wb.active
7  ws.column_dimensions.group('D','F', hidden=True)
8  ws.row_dimensions.group(5,10, hidden=True)
9  wb.save("out7_12.xlsx")
```

執行結果　開啟 out7_11.xlsx 可以看到 D:F 欄和 5 ～ 10 列被隱藏。

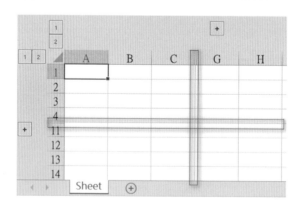

7-6 取消保護特定儲存格區間

在 2-8 節筆者介紹了保護工作表的方法了，在實際應用中，我們可能想將工作表固定的資料保護，以防止被修改，部分資料則開放編輯。例如：可以參考下列表單。

上述 B2:C8 是照片欄位我們可能要開放編輯，E4:G8 人資料欄位也須要開放編輯，D9:G9 是填表日期也須要開放編輯，這一節將講解如何在保護工作表下，開放資料編輯。

7-6-1　保護工作表

在讓部分工作表可以編輯前，首先要先保護工作表，讀者可以參考 2-8 節，這裡簡單的敘述，需要執行下列指令。

```
ws = wb.active
ws.protection.enable( )
```

7-6-2　設計讓部分工作表可以編輯

在工作表保護狀態若要讓部分儲存格可以編輯，需要使用儲存格樣式的 Protection 模組，此時需要導入 Protection 模組，如下：

```
from openpyxl.styles import Protection
```

保護 Protection 模組常用的參數預設值如下：

Protection(locked=True, hidden=False)

上述各參數意義如下：

❏ locked：保護狀態，預設是 True。

❏ hidden：是否隱藏，預設是 False。

至於使用保護 Protection( ) 語法方式如下：

ws[儲存格].protection = Protection(xx)　　　　　　　　# xx 是系列保護的屬性設定

也就是工作表的儲存格物件引用 protection 屬性，再執行賦值設定。設定 Protection 保護時，只能單一儲存格設定，因為單一儲存格才有 Protection 屬性，如果要設定儲存格區間需使用迴圈方式。此外，也可以使用 7-1 節所述的合併儲存格的觀念，程式還可以簡化。

程式實例 ch7_13.py：這一個程式首先是保護工作表的全部，然後改為可編輯 A1:B2 和 C1:E6 儲存格區間。

```
1   # ch7_13.py
2   import openpyxl
3   from openpyxl.styles import Protection
4
5   wb = openpyxl.Workbook()
6   ws = wb.active
7   ws.protection.enable()
8   for row in ws['A1:B2']:
9       for cell in row:
10          cell.protection = Protection(locked=False, hidden=False)
11  ws.merge_cells('C1:E2')
12  ws['C1'].protection = Protection(locked=False, hidden=False)
13  wb.save("out7_13.xlsx")
```

執行結果　開啟 out7_13.xlsx 可以看到下列簡果。

上述可以編輯 A1:B2 和 C1:E6 儲存格區間，其餘皆被保護，上述讀者可以嘗試編輯以瞭解工作表，哪些可以編輯，哪些不可以編輯。

7-6-3 辦公室的實際應用

讀者可以參考 7-6 節人事資料表的工作表，這一節實例會將已經有文字部分設為不可編輯，其他表單內儲存格適度合併，讓員工可以填上個人資料。

程式實例 ch7_14.py：人事資料表的保護，以及開放可編輯區域。

```
1   # ch7_14.py
2   import openpyxl
3   from openpyxl.styles import Protection
4
5   fn = "data7_14.xlsx"
6   wb = openpyxl.load_workbook(fn)
7   ws = wb.active
8   ws.protection.enable()
9   ws.merge_cells('B4:C8')
10  ws['B4'].protection = Protection(locked=False, hidden=False)
11  for i in range(4,9):
12      index = 'E' + str(i) + ':' + 'G' + str(i)
13      ws.merge_cells(index)
14      index = 'E' + str(i)
15      ws[index].protection = Protection(locked=False, hidden=False)
16  ws.merge_cells('D9:G9')
17  ws['D9'].protection = Protection(locked=False, hidden=False)
18  wb.save("out7_14.xlsx")
```

執行結果 讀者開啟 out7_12.xlsx，筆者適度在 E4 儲存格填上洪錦魁，可以看到下列結果。

其他人事資料表格以外的區域和表格內已經有文字的欄位則仍是被保護狀態，無法做編輯動作。

7-7 漸層色彩的實例

6-4-4 節筆者有介紹漸層色彩的實例，這一節有解釋了合併儲存格的觀念，所以這一節將用較大區塊的儲存格說明漸層色彩的應用。

程式實例 ch7_16.py：漸層色彩，將 type 設為 path，top 設為 0.0~1.0 的應用。

```
1   # ch7_16.py
2   from openpyxl import Workbook
3   from openpyxl.styles import GradientFill
4
5   wb = Workbook()
6   ws = wb.active
7
8   # top=0.0
9   ws.merge_cells('B2:C5')
10  ws['B2'].fill = GradientFill(type='path',top="0.0",
11                               stop=("00FF00","FFFF00"))
12  # top=0.2
13  ws.merge_cells('E2:F5')
14  ws['E2'].fill = GradientFill(type='path',top="0.2",
15                               stop=("00FF00","FFFF00"))
16  # top=0.5
17  ws.merge_cells('H2:I5')
18  ws['H2'].fill = GradientFill(type='path',top="0.5",
19                               stop=("00FF00","FFFF00"))
20  # top=0.8
21  ws.merge_cells('B7:C10')
22  ws['B7'].fill = GradientFill(type='path',top="0.8",
23                               stop=("00FF00","FFFF00"))
24  # top=1.0
25  ws.merge_cells('E7:F10')
26  ws['E7'].fill = GradientFill(type='path',top="1.0",
27                               stop=("00FF00","FFFF00"))
28  wb.save('out7_16.xlsx')
```

執行結果

程式實例 ch7_17.py：漸層色彩，將 type 設為 path，top 和 left 皆設為 0.5 的應用。

```
1   # ch7_17.py
2   from openpyxl import Workbook
3   from openpyxl.styles import GradientFill
4
5   wb = Workbook()
6   ws = wb.active
7
8   # top = 0.5, left = 0.5
9   ws.merge_cells('B2:C5')
10  ws['B2'].fill = GradientFill(type='path',top="0.5",left="0.5",
11                               stop=("0000FF","FFFFFF"))
12  # top = 0.5, left = 0.5
13  ws.merge_cells('E2:F5')
14  ws['E2'].fill = GradientFill(type='path',top="0.5",left="0.5",
15                               stop=("FFFFFF","0000FF"))
16  wb.save('out7_17.xlsx')
```

執行結果

第 8 章
自訂數值格式化儲存格的應用

8-1　　　格式化的基本觀念

8-2　　　認識數字格式符號

8-3　　　內建數字的符號格式

8-4　　　測試字串是否內建格式

8-5　　　獲得格式字串的索引編號

8-6　　　系列應用

8-7　　　日期應用

8-1　格式化的基本觀念

使用 Excel 時在設定儲存格格式對話方塊，選擇數值頁次，類別欄選擇自訂，可以看到下列內容。

上述選擇自訂類別，可以在類型欄位看到內建的數字格式字串。

8-2　認識數字格式符號

在類型欄位可以看到 0、#、$ … 等符號，這些符號可以分成下列幾類。

1：　數字格式

符號	說明	格式	輸入	結果
#	預留數字格數，如果真實數字的小數點右邊數字超出，超出部分會四捨五入	#.##	139.764	139.76
0（零）	預留數字格式，如果真實數字少於設定，會補 0	#.00	35.4	35.40
?	規則與 0 相同，但是如果真實數字小於設定，會用空格取代	#.??	35.4	35.4
.	小數點，可設定小數點左右兩邊的數量	0.0	12.3	12.3

2： 日期格式

符號	說明	格式	輸入	結果
y	西元年	yyyy(y)	2025	2025(25)
m	月份	mm(m)	5	05(5)
d	日期	dd(d)	9	09(9)
ddd	星期	ddd(dddd)	0	Sun(Sunday)

3： 時間格式

符號	說明	格式	輸入	結果
h	時	h(hh)	9	9(09)
m	分	m(mm)	6	6(06)
s	秒	s(ss)	3	3(03)

4： 字串格式

符號	說明	格式	輸入	結果
@	預留數入文字，字串取代	@	ABC	ABC
[color]	內容顏色	[blue]0.0	1.8	1.8
[Formula]	條件格式化	[>10]"Yes";"No"	30	Yes

8-3 內建數字的符號格式

在 openpyxl.styles.numbers 模組內有 builtin_format_code(n) 函數，這個函數的 n 值，其實是數值格式字串的索引，部分內容如下：

0：'General'

1：'0'

2：'0.00'

3：'#,##0'

...

49：'@'

要使用 builtin_format_code(n) 函數，必需先導入此函數，方法如下：

from openpyxl.styles.numbers import builtin_format_code

程式實例 ch8_1.py：列出內建的數字格式字串與索引。

```
1  # ch8_1.py
2  import openpyxl
3  from openpyxl.styles.numbers import builtin_format_code
4
5  for i in range(50):
6      print(f"i = {i} : {builtin_format_code(i)}")
```

執行結果

```
=================== RESTART: D:/Python_Excel/ch8/ch8_1.py ===================
i = 0 : General
i = 1 : 0
i = 2 : 0.00
i = 3 : #,##0
i = 4 : #,##0.00
i = 5 : "$"#,##0_);("$"#,##0)
i = 6 : "$"#,##0_);[Red]("$"#,##0)
i = 7 : "$"#,##0.00_);("$"#,##0.00)
i = 8 : "$"#,##0.00_);[Red]("$"#,##0.00)
i = 9 : 0%
i = 10 : 0.00%
i = 11 : 0.00E+00
i = 12 : # ?/?
i = 13 : # ??/??
i = 14 : mm-dd-yy
i = 15 : d-mmm-yy
i = 16 : d-mmm
i = 17 : mmm-yy
i = 18 : h:mm AM/PM
i = 19 : h:mm:ss AM/PM
i = 20 : h:mm
i = 21 : h:mm:ss
i = 22 : m/d/yy h:mm
i = 23 : None
i = 24 : None
```

```
i = 25 : None
i = 26 : None
i = 27 : None
i = 28 : None
i = 29 : None
i = 30 : None
i = 31 : None
i = 32 : None
i = 33 : None
i = 34 : None
i = 35 : None
i = 36 : None
i = 37 : #,##0_);(#,##0)
i = 38 : #,##0_);[Red](#,##0)
i = 39 : #,##0.00_);(#,##0.00)
i = 40 : #,##0.00_);[Red](#,##0.00)
i = 41 : _(* #,##0_);_(* \(#,##0\);_(* "-"_);_(@_)
i = 42 : _("$"* #,##0_);_("$"* \(#,##0\);_("$"* "-"_);_(@_)
i = 43 : _(* #,##0.00_);_(* \(#,##0.00\);_(* "-"??_);_(@_)
i = 44 : _("$"* #,##0.00_)_("$"* \(#,##0.00\)_("$"* "-"??_)_(@_)
i = 45 : mm:ss
i = 46 : [h]:mm:ss
i = 47 : mmss.0
i = 48 : ##0.0E+0
i = 49 : @
>>>
```

8-4 測試字串是否內建格式

8-3 節筆者已經列出所有格式化字串的內建格式了，這一節將測試字串是否內建格式，本節將分成 3 小節介紹 3 個函數。

8-4-1 測試是否內建數值字串格式

函數 is_builtin( ) 可以測試字串是否內建數值字串格式，使用這個函數前需要導入此模組，如下：

```
from openpyxl.styles.numbers import is_builtin
```

程式實例 ch8_2.py：測試下列 3 個字串是不是內建字串格式。

```
'#,##0.00'
'0.000'
'kkk'
```

```
1  # ch8_2.py
2  import openpyxl
3  from openpyxl.styles.numbers import is_builtin
4
5  print(is_builtin('#,##0.00'))
6  print(is_builtin('0.000'))
7  print(is_builtin('kkk'))
```

執行結果

```
=================== RESTART: D:/Python_Excel/ch8/ch8_2.py ===================
True
False
False
```

8-4-2 測試是否內建日期字串格式

函數 is_date_format( ) 可以測試字串是否內建日期字串格式，使用這個函數前需要導入此模組，如下：

```
from openpyxl.styles.numbers import is_date_format
```

程式實例 ch8_3.py：測試下列 4 個字串是不是內建日期字串格式。

```
'#,##0.00'
'mm-dd-yy'
```

```
                   'yy-mm-dd'
                   'd-mm-yy'

1   # ch8_3.py
2   import openpyxl
3   from openpyxl.styles.numbers import is_date_format
4
5   print(is_date_format('#,##0.00'))
6   print(is_date_format('mm-dd-yy'))
7   print(is_date_format('yy-mm-dd'))
8   print(is_date_format('d-mm-yy'))
```

執行結果

```
=================== RESTART: D:/Python_Excel/ch8/ch8_3.py ===================
False
True
True
True
```

8-4-3　測試是否內建日期 / 時間字串格式

函數 is_datetime( ) 可以測試字串是否內建日期 / 時間字串格式，使用這個函數前需要導入此模組，如下：

> from openpyxl.styles.numbers import is_datetime

註　日期或是時間格式皆算符合。

程式實例 ch8_4.py：測試下列 4 個字串是不是內建日期 / 時間字串格式。

> 'mm.ss'
>
> 'mm-dd-yy'
>
> '#0.00'
>
> 'd-mm-yy'

```
1   # ch8_4.py
2   import openpyxl
3   from openpyxl.styles.numbers import is_date_format
4
5   print(is_date_format('mm:ss'))
6   print(is_date_format('mm-dd-yy'))
7   print(is_date_format('#0.00'))
8   print(is_date_format('d-mm-yy'))
```

執行結果

```
=================== RESTART: D:/Python_Excel/ch8/ch8_4.py ===================
True
True
False
True
```

8-5　獲得格式字串的索引編號

　　函數 builtin_format_id(xx)，如果 xx 是系統內建格式字串，則可以獲得格式字串的索引編號，如果不是系統內建格式字串則回傳 None，使用這個函數前需要導入此模組，如下：

> from openpyxl.styles.numbers import builtin_format_id

註　即使是符合數字格式字串，如果不是內建格式，也會回傳 None。

程式實例 ch8_5.py：測試格式字串在內建字串的索引編號。

```
1   # ch8_5.py
2   import openpyxl
3   from openpyxl.styles.numbers import builtin_format_id
4
5   print(builtin_format_id('mm:ss'))
6   print(builtin_format_id('mm-dd-yy'))
7   print(builtin_format_id('0.00%'))
8   print(builtin_format_id('0.00'))
9   print(builtin_format_id('00.00'))
10  print(builtin_format_id('d-mm-yy'))
```

執行結果

```
==================== RESTART: D:/Python_Excel/ch8/ch8_5.py ====================
45
14
10
2
None
None
```

8-6　系列應用

8-6-1　數字格式的應用

　　這一節將以系列數字，搭配格式化的字串，讀者可以了解格式化的意義，活頁簿 data8_6.xlsx 數值工作表內容如下：

	A	B	C	D
1				
2		123.764		
3		0.4		
4		123.764		
5		0.4		
6		8.2		
7		-8.2		
8		-8.2		

數值 ｜ 工作表2 ｜ 工作表3 ⊕

可以使用儲存格物件的 number_format 屬性設定儲存格的數值格式，相關應用可以參考下列實例。

程式實例 ch8_6.py：數字格式化的應用，使用不同格式字串，格式化上述數值工作表的數字。

```python
1  # ch8_6.py
2  import openpyxl
3
4  fn = "data8_6.xlsx"
5  wb = openpyxl.load_workbook(fn)
6  ws = wb.active
7  ws['B2'].number_format = '#.##'
8  ws['B3'].number_format = '#.##'
9  ws['B4'].number_format = '#0.##'
10 ws['B5'].number_format = '#0.##'
11 ws['B6'].number_format = '000.00'
12 ws['B7'].number_format = '#.00'
13 ws['B8'].number_format = '[Red]#.00'
14 wb.save("out8_6.xlsx")
```

執行結果　開啟 out8_6.xlsx 可以得到下列結果。

	A	B	C	D
1				
2		123.76		
3		.4		
4		123.76		
5		0.4		
6		008.20		
7		-8.20		
8		-8.20		

數值 ｜ 工作表2 ｜ 工作表3 ⊕

8-6-2 日期格式的應用

活頁簿 data8_7.xlsx 數值工作表內容如下：

程式實例 ch8_7.py：日期 / 時間格式化的應用，使用不同格式字串，格式化上述日期與時間工作表的日期和時間。

```
1  # ch8_7.py
2  import openpyxl
3
4  fn = "data8_7.xlsx"
5  wb = openpyxl.load_workbook(fn)
6  ws = wb.active
7  ws['B2'].number_format = 'm/d/yy'
8  ws['B3'].number_format = 'mm-dd-yyyy'
9  ws['B4'].number_format = 'yyyy-mm-dd'
10 ws['B5'].number_format = 'd-mmm-yy'
11 ws['B6'].number_format = 'h:mm AM/PM'
12 ws['B7'].number_format = 'h:mm'
13 wb.save("out8_7.xlsx")
```

執行結果 開啟 out8_7.xlsx 可以得到下列結果。

8-6-3　取得儲存格的屬性

儲存格物件的 number_format 可以設定儲存格的屬性，也可以使用此屬性取得儲存格的屬性。

程式實例 ch8_8.py：取得 out8_6.xlsx 活頁簿數值工作表 B2:B8 的屬性。

```
1   # ch8_8.py
2   import openpyxl
3
4   fn = "out8_6.xlsx"
5   wb = openpyxl.load_workbook(fn)
6   ws = wb.active
7   for i in range(2,9):
8       index = 'B' + str(i)
9       print(f"{index} : {ws[index].number_format}")
```

執行結果

```
=============== RESTART: D:\Python_Excel\ch8\ch8_8.py ===============
B2 : #.##
B3 : #.##
B4 : #0.##
B5 : #0.##
B6 : 000.00
B7 : #.00
B8 : [Red]#.00
```

讀者可以對照上述執行結果就是程式實例 ch8_6.py 所設定的屬性。

程式實例 ch8_9.py：取得 out8_7.xlsx 活頁簿數值工作表 B2:B7 的屬性。

```
1   # ch8_9.py
2   import openpyxl
3
4   fn = "out8_7.xlsx"
5   wb = openpyxl.load_workbook(fn)
6   ws = wb.active
7   for i in range(2,8):
8       index = 'B' + str(i)
9       print(f"{index} : {ws[index].number_format}")
```

執行結果

```
=============== RESTART: D:/Python_Excel/ch8/ch8_9.py ===============
B2 : m/d/yy
B3 : mm-dd-yyyy
B4 : yyyy-mm-dd
B5 : d-mmm-yy
B6 : h:mm AM/PM
B7 : h:mm
```

讀者可以對照上述執行結果就是程式實例 ch8_7.py 所設定的屬性。

8-7 日期應用

使用 Excel 常需要在工作表內放置今天日期，日期格式可以參考前面日期字串，Python 的 datetime 模組有 today( ) 函數可以輸出現在日語時間，使用前需要導入 datetime 模組，如下：

```
import datetime
```

程式實例 ch8_10.py：在 B2:B4 儲存格填上現在日期與時間，然後 B3 和 B4 使用不同的日期格式。

```
1   # ch8_10.py
2   import openpyxl
3   import datetime
4
5   wb = openpyxl.Workbook()
6   ws = wb.active
7   ws.column_dimensions['B'].width = 40
8   ws['B2'] = datetime.datetime.today()
9   ws['B3'] = datetime.datetime.today()
10  ws['B3'].number_format = 'yyyy-mm-dd hh:mm:ss'
11  ws['B4'] = datetime.datetime.today()
12  ws['B4'].number_format = 'yyyy年mm月dd日 hh時mm分ss秒'
13  wb.save("out8_10.xlsx")
```

執行結果

第 9 章
公式與函數

9-1　了解 openpyxl 可以解析的函數

9-2　在工作表內使用函數

9-3　在工作表使用公式

9-4　年資 / 銷售排名 / 業績 / 成績統計的系列函數應用

9-5　使用 for 迴圈計算儲存格區間的值

9-6　公式的複製

Openpyxl 官方手冊所稱的公式 (formulas) 其實就是 Excel 所使用的函數，此外，我們也可以為儲存格設計公式執行特定的操作，這一章將做說明。

9-1 了解 openpyxl 可以解析的函數

9-1-1　列出 openpyxl 支援的函數

在 openpyxl.utisl 模組內的 FORMULAE 集合可以看到 openpyxl 可以解析的函數，在 openpyxl.utils 模組中是用凍結集合 (frozenset) 儲存函數名稱，下列是導入此集合的語法。

```
from openpyxl.utils import FORMULAE
```

註　Python 所提供的容器結構中，集合 (set) 內的元素是可變的。此外，也提了凍結集合 (frozenset) 的觀念，主要是內部的元素是不可變的。

程式實例 ch9_1.py：列出 openpyxl.utils 模組可以解析的函數數量與內容，同時列出 openpyxl.utils 模組是如何儲存這些函數。

```
1  # ch9_1.py
2  import openpyxl
3  from openpyxl.utils import FORMULAE
4
5  print(type(FORMULAE))
6  print(len(FORMULAE))
7  print(FORMULAE)
```

執行結果

```
=============== RESTART: D:/Python_Excel/ch9/ch9_1.py ===============
<class 'frozenset'>
352
frozenset({'COUNTIF', 'OR', 'YIELDMAT', 'ROMAN', 'DEC2HEX', 'DVAR', 'CUMIPMT', '
MINA', 'SLOPE', 'DCOUNT', 'COUNTBLANK', 'MDURATION', 'MINUTE', 'COUPDAYSNC', 'SU
MSQ', 'HEX2OCT', 'GROWTH', 'NOMINAL', 'INFO', 'TIMEVALUE', 'SLN', 'N', 'YEAR', '
NEGBINOMDIST', 'ATAN', 'STANDARDIZE', 'NOT', 'SUMIFS', 'PERCENTILE', 'VALUE', 'R
ATE', 'FIXED', 'SQRT', 'SUMPRODUCT', 'BESSELK', 'DB', 'PMT', 'RADIANS', 'WEIBULL
', 'HEX2BIN', 'ODDLYIELD', 'TRUNC', 'COUNT', 'IMPOWER', 'ISO.CEILING', 'DVARP',
```

從上述可以看到 openpyxl 模組是用凍結集合儲存可辨識的函數名稱，目前總數有 352 個，如果讀者仔細看上述函數名稱，可以得到平常使用的 Excel 函數庫幾乎已經全部支援了，這也表示我們有更多工具可以執行工作表內的操作。

9-1-2　判斷是否支援特定函數

在使用 Python 操作 Excel 工作表時，可以使用 Python 的 in 指令，判斷函數是否屬於 FORMULAE 凍結集合。

程式實例 ch9_2.py：判斷是否是 openpyxl 所支援函數。

```
1  # ch9_2.py
2  import openpyxl
3  from openpyxl.utils import FORMULAE
4
5  print(f"TODAY : {'TODAY' in FORMULAE}")
6  print(f"today : {'today' in FORMULAE}")
7  print(f"SUM   : {'SUM' in FORMULAE}")
8  print(f"sum   : {'sum' in FORMULAE}")
9  print(f"TEST  : {'TEST' in FORMULAE}")
```

執行結果

```
================== RESTART: D:/Python_Excel/ch9/ch9_2.py ==================
TODAY : True
today : False
SUM   : True
sum   : False
TEST  : False
```

從上述執行結果可以得到凍結集合對於函數名稱的英文大小寫是敏感的，例如：有支援 TODAY 但是沒有支援 today。

9-2 在工作表內使用函數

要在程式中使用函數非常簡單，只要在指定儲存格輸入 "= 函數 ( )" 公式即可。活頁簿 data9_3.xlsx 業績工作表的內容如下：

	A	B	C	D	E	F	G
1							
2		深智數位業績表					
3		地區	第一季	第二季	第三季	第四季	小計
4		北區	60000	70000	65000	72000	
5		中區	32000	35000	38000	45000	
6		南區	35000	41000	38000	32000	
7		總計					
8							

業績 ⊕

程式實例 ch9_3.py：統計第一季的業績總計。

```
1  # ch9_3.py
2  import openpyxl
3
4  fn = "data9_3.xlsx"
5  wb = openpyxl.load_workbook(fn)
6  ws = wb.active
7  ws['C7'] = "=SUM(C4:C6)"
8  wb.save("out9_3.xlsx")
```

執行結果　開啟 out9_3.xlsx 可以得到下列結果。

	A	B	C	D	E	F	G
1							
2			深智數位業績表				
3		地區	第一季	第二季	第三季	第四季	小計
4		北區	60000	70000	65000	72000	
5		中區	32000	35000	38000	45000	
6		南區	35000	41000	38000	32000	
7		總計	127000				
8							

業績表　⊕

註　上述第 7 列也可以改寫如下：

　　　ws.cell(row=7, column=2, value="SUM(C4:C6)")

程式實例 ch9_3_1.py：使用上述公式重新設計 ch9_3.py。

```
1  # ch9_3_1.py
2  import openpyxl
3
4  fn = "data9_3.xlsx"
5  wb = openpyxl.load_workbook(fn)
6  ws = wb.active
7  ws.cell(row=7,column=3,value="=SUM(C4:C6)")
8  wb.save("out9_3_1.xlsx")
```

執行結果　與 ch9_3.py 相同。

9-3　在工作表使用公式

openpyxl 模組也允許我們在工作表內使用公式，執行特定的操作。

程式實例 ch9_4.py：使用公式重新設計 ch9_3.py。

```
1  # ch9_4.py
2  import openpyxl
3
4  fn = "data9_3.xlsx"
5  wb = openpyxl.load_workbook(fn)
6  ws = wb.active
7  ws['C7'] = "=C4+C5+C6"
8  wb.save("out9_4.xlsx")
```

執行結果　與 ch9_3.py 相同。

9-4　年資 / 銷售排名 / 業績 / 成績統計的系列 函數應用

其實除了簡單的 SUM( ) 函數外，如同 9-1 節所述 openpyxl 模組支援許多 Excel 函數，這一小節將用幾個實例作解說。

9-4-1　計算年資

使用 DATEDIF( ) 函數可以計算兩個時間的差距，此差距可以返回年、月、日、不滿一年的月數、不滿一年的日數、不滿一個月的日數，函數的使用格式如下：

DATEDIF(起始日 , 終止日 , 單位)

上述參數單位使用方式如下：

❏ Y：傳回完整的年數

❏ M：傳回完整的月數

❏ D：傳回完整的日數

❏ YM：傳回不滿一年的月數

❏ YD：傳回不滿一年的日數

❏ MD：傳回不滿一個月的日數

有一個人事資料檔案 data9_5.xlsx 活頁簿年資工作表內容如下：

程式實例 ch9_5.py：使用 TODAY( ) 函數在 C3 儲存格輸入今天日期，然後為李四計算年資。

```
1  # ch9_5.py
2  import openpyxl
3
4  fn = "data9_5.xlsx"
5  wb = openpyxl.load_workbook(fn)
6  ws = wb.active
7  ws['C3'] = "=TODAY()"
8  ws['C3'].number_format = 'yyyy/m/d'
9  ws['E6'] = '=DATEDIF(D6,$C$3,"Y")'
10 ws['F6'] = '=DATEDIF(D6,$C$3,"YM")'
11 ws['G6'] = '=DATEDIF(D6,$C$3,"MD")'
12 wb.save("out9_5.xlsx")
```

執行結果 開啟 out9_5.xlsx 可以得到下列結果。

9-4-2 計算銷售排名

Excel 提供排序函數 RANK( )，我們可以由這個函數很快速列出商品的銷售排名資料。這個函數的語法如下：

RANK(數值 , 範圍 , 排序方法)

上述第一個參數數值是找出此值在範圍的排名，第二個參數範圍則是所要找尋的儲存格區間，第三個參數是排序方法若是省略或是 0 代表由大排到小，如果不是 0 則由小排到大。有一個百貨公司銷售活頁簿 data9_6.xlsx 的銷售工作表內容如下：

	A	B	C	D	E	F
1						
2		百貨公司產品銷售報表				
3		產品編號	名稱	銷售數量	排名	
4		A001	香水	56		
5		A003	口紅	72		
6		B004	皮鞋	27		
7		C001	襯衫	32		
8		C003	西裝褲	41		
9		D002	領帶	50		
10						

銷售 ⊕

程式實例 ch9_6.py：計算香水的銷售排名。

```
1  # ch9_6.py
2  import openpyxl
3
4  fn = "data9_6.xlsx"
5  wb = openpyxl.load_workbook(fn)
6  ws = wb.active
7  ws['E4'] = "=RANK(D4,$D$4:$D$9)"
8  wb.save("out9_6.xlsx")
```

執行結果　開啟 out9_6.xlsx 可以得到下列結果。

	A	B	C	D	E	F
1						
2		百貨公司產品銷售報表				
3		產品編號	名稱	銷售數量	排名	
4		A001	香水	56	2	
5		A003	口紅	72		
6		B004	皮鞋	27		
7		C001	襯衫	32		
8		C003	西裝褲	41		
9		D002	領帶	50		

銷售 ⊕

9-4-3　業績統計的應用

有一個深智公司活頁簿 data9_7.xlsx 的業績工作表內容如下：

	A	B	C	D
1				
2		深智業績表		
3		姓名	業績	
4		洪冰儒	98000	
5		洪雨星	87600	
6		洪星宇	125600	
7		總業績		
8		最高業績		
9		最低業績		
10				

業績 ｜ 工作表2 ｜ 工作表3 ⊕

程式實例 ch9_7.py：為上述業績工作表建立總業績、最高業績和最低業績資訊。

```
1  # ch9_7.py
2  import openpyxl
3
4  fn = "data9_7.xlsx"
5  wb = openpyxl.load_workbook(fn)
6  ws = wb.active
7  ws['C7'] = "=SUM(C4:C6)"
8  ws['C8'] = "=MAX(C4:C6)"
9  ws['C9'] = "=MIN(C4:C6)"
10 wb.save("out9_7.xlsx")
```

執行結果　開啟 out9_7.xlsx 可以得到下列結果。

上述程式使用了 3 個函數：

　　SUM( )：加總

　　MAX( )：極大值

　　MIN( )：極小值

9-4-4　考試成績統計

這一節的程式相較前一小節增加了計算平均值的 AVERAGE( ) 函數。

程式實例 ch9_7_1.py：建立 3 個人的成績，然後輸出總分、平均、最高分和最低分。

```
1  # ch9_7_1.py
2  import openpyxl
3
4  wb = openpyxl.Workbook()              # 建立空白的活頁簿
5  ws = wb.active                        # 獲得目前工作表
6  ws['A1'] = 'Peter'                    # 設定名字Peter
7  ws['B1'] = 98
8  ws['A2'] = 'Janet'                    # 設定名字Janet
9  ws['B2'] = 79
10 ws['A3'] = 'Nelson'                   # 設定名字Nelson
11 ws['B3'] = 81
12 ws['A4'] = '總分'
13 ws['B4'] = '=SUM(B1:B3)'             # 計算總分
14 ws['A5'] = '平均'
15 ws['B5'] = '=AVERAGE(B1:B3)'         # 計算平均
16 ws['A6'] = '最高分'
17 ws['B6'] = '=MAX(B1:B3)'            # 計算最高分
18 ws['A7'] = '最低分'
19 ws['B7'] = '=MIN(B1:B3)'            # 計算最低分
20 wb.save('out9_7_1.xlsx')            # 將活頁簿儲存
```

執行結果 開啟 out9_7_1.xlsx 可以得到下列結果。

	A	B	C
1	Peter	98	
2	Janet	79	
3	Nelson	81	
4	總分	258	
5	平均	86	
6	最高分	98	
7	最低分	79	

Sheet ⊕

9-5 使用 for 迴圈計算儲存格區間的值

在使用 Excel 時常常需要將一個儲存格的公式複製到相鄰的系列儲存格，這時可以使用 for 迴圈方式處理，本節將以實例說明。

程式實例 ch9_8.py：擴充設計 ch9_3.py，用 for 迴圈計算深智公司每一季業績的總計。

```
1  # ch9_8.py
2  import openpyxl
3  from openpyxl.utils import get_column_letter
4
5  fn = "data9_3.xlsx"
6  wb = openpyxl.load_workbook(fn)
7  ws = wb.active
8  for i in range(3,7):
9      ch = get_column_letter(i)              # 將數字轉成欄位
10     index = ch + str(7)
11     start_index = ch + str(4)
12     end_index = ch + str(6)
13     ws[index] = "=SUM({}:{})".format(start_index,end_index)
14 wb.save("out9_8.xlsx")
```

執行結果 開啟 out9_8.xlsx 可以得到下列結果。

	A	B	C	D	E	F	G
1							
2				深智數位業績表			
3		地區	第一季	第二季	第三季	第四季	小計
4		北區	60000	70000	65000	72000	
5		中區	32000	35000	38000	45000	
6		南區	35000	41000	38000	32000	
7		總計	127000	146000	141000	149000	

業績表 ⊕

上述程式需要注意的是，儘管我們計算了 start_index 和 end_index 的儲存格位置的資料，但是無法將變數應用到公式內，也就是無法使用下列方式直接套用公式。

"SUM(start_index:end_index)"

取而代之的是需使用 format( ) 字串格式化功能，搭配 { }，將儲存格位置的字串代入 SUM( ) 公式，讀者可以參考第 13 列。

程式實例 ch9_9.py：擴充設計 ch9_6.py，使用 for 迴圈讀取 data9_6.xlsx，計算所有產品的排名。

```
1   # ch9_9.py
2   import openpyxl
3   from openpyxl.formula.translate import Translator
4
5   fn = "data9_6.xlsx"
6   wb = openpyxl.load_workbook(fn)
7   ws = wb.active
8
9   for i in range(4,10):
10      index = 'D' + str(i)
11      e_index = 'E' + str(i)
12      ws[e_index] = "=RANK({},$D$4:$D$9)".format(index)
13  wb.save("out9_9.xlsx")
```

執行結果　開啟 out9_9.xlsx 可以得到下列結果。

上述程式最重要的是第 12 列的公式，如下：

"=RANK({ },$D$4:$D9)".format(index)

在公式中 $D$4:$D9 代表這是絕對位址。

9-6 公式的複製

前一小節筆者介紹了使用迴圈方式，將公式應用在相鄰的儲存格。openpyxl 模組也提供了複製公式函數 Translator( )，有時也稱翻譯公式，這個函數功能有 2 個，如下：

1： 公式複製

2： 公式內的參考儲存格轉譯

這時會有 2 個狀況，如果公式所參考的儲存格區間是相對位址，此位址會隨著新公式位址轉譯。如果所參考的儲存格區間是絕對位址，則複製公式時直接複製此位址。使用 Translator( ) 前必需先導入 Translator 模組，如下：

```
from openpyxl.formula.translate import Translator
```

若是以 ch9_3.py 的執行結果 out9_3.py 為例，可以看到下列畫面。

從上圖可以知道，C7 儲存格的公式內容如下：

ws['C7'] = "=SUM(C4:C6)"

從上述可以看到 C7 儲存格的值是上面 3 個儲存格 (C4:C6) 的總和。

若是想將 C7 儲存格的公式複製到 D7 儲存格，相當於要獲得 D7 儲存格也是上方 3 個儲存格的總和，如下所示：

ws['D7'] = "=SUM(D4:D6)"

Translator( ) 函數有 2 個參數，語法如下：

Translator(公式 , origin=" 原位址 ").translate_formula(" 新位址 ")

❏ 公式：是要被複製的完整公式。

❏ origin：含被複製公式的位址。

此外，還需要使用 translate_formula( ) 函數當作屬性，此函數的參數是目的位址，這個位址會影響到公式和位址的複製。

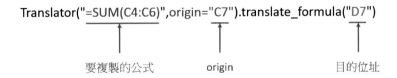

程式實例 ch9_10.py：擴充設計 ch9_3.py，將 C7 儲存格的公式複製到 D7:F7。

```
1   # ch9_10.py
2   import openpyxl
3   from openpyxl.formula.translate import Translator
4
5   fn = "data9_3.xlsx"
6   wb = openpyxl.load_workbook(fn)
7   ws = wb.active
8   ws['C7'] = "=SUM(C4:C6)"
9   ws['D7'] = Translator("=SUM(C4:C6)",
10                         origin="C7").translate_formula("D7")
11  ws['E7'] = Translator("=SUM(C4:C6)",
12                         origin="C7").translate_formula("E7")
13  ws['F7'] = Translator("=SUM(C4:C6)",
14                         origin="C7").translate_formula("F7")
15  wb.save("out9_10.xlsx")
```

執行結果　開啟 out9_10.xlsx 可以得到下列結果。

	A	B	C	D	E	F	G
1							
2		深智數位業績表					
3		地區	第一季	第二季	第三季	第四季	小計
4		北區	60000	70000	65000	72000	
5		中區	32000	35000	38000	45000	
6		南區	35000	41000	38000	32000	
7		總計	127000	146000	141000	149000	

業績表

上述實例所複製的公式是內含相對位址，如果公式內含是絕對位址，整個複製公式觀念也是一樣，可以參考下列實例。

程式實例 ch9_11.py：使用公式複製的觀念重新設計 ch9_9.py，列出百貨公司產品的銷售排名。

```
1   # ch9_11.py
2   import openpyxl
3   from openpyxl.formula.translate import Translator
4
5   fn = "data9_6.xlsx"
6   wb = openpyxl.load_workbook(fn)
7   ws = wb.active
8   ws['E4'] = "=RANK(D4,$D$4:$D$9)"
9   for i in range(5,10):
10      index = 'E' + str(i)
11      ws[index] = Translator("=RANK(D4,$D$4:$D$9)",
12                      origin="E4").translate_formula(index)
13  wb.save("out9_11.xlsx")
```

執行結果　開啟 out9_11.xlsx 可以得到下列結果。

	A	B	C	D	E	F
1						
2		百貨公司產品銷售報表				
3		產品編號	名稱	銷售數量	排名	
4		A001	香水	56	2	
5		A003	口紅	72	1	
6		B004	皮鞋	27	6	
7		C001	襯衫	32	5	
8		C003	西裝褲	41	4	
9		D002	領帶	50	3	

銷售

第 10 章
設定格式化條件

10-1　加入格式條件的函數

10-2　色階設定

10-3　資料橫條

10-4　圖示集

使用 Excel 時，若是執行常用 / 樣式 / 條件式格式設定，可以看到系列條件式設定儲存格的指令，如下：

本章重點
資料橫條DataBar
色階ColorBar
圖示集IconSet

這一章筆者將說明如何使用 Python 與 openpyxl 模組操作上述格式化條件設定。

10-1　加入格式條件的函數

要將符合條件的儲存格執行格式化工作，需要使用下列函數。

    ws.conditional_formatting.add(cell_range, rule)

上述函數參數意義如下：

❑ cell_range：要進行格式化的儲存格區間。

❑ rule：格式化的規則，這個部分就是本章的重點。

Excel 本身就有系列的格式化規則，openpyxl 模組可以充分應用這些函數。此外，也有函數是可以讓我們設定格式化規則，這樣就可以創建多彩、吸睛的 Excel 報表。

10-2　色階設定

在 Excel 視窗執行常用 / 樣式 / 條件式格式設定 / 色階 / 其他規則，如下所示：

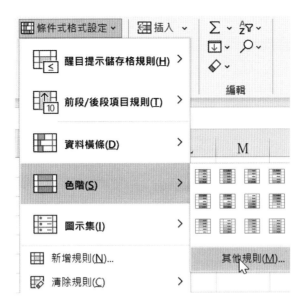

如果格式樣式欄選雙色色階，可以看到下列對話方塊。

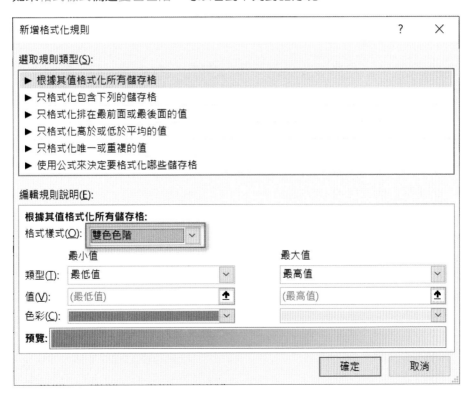

如果格式樣式欄選三色色階，可以看到下列對話方塊。

10-2-1　ColorScaleRule( ) 函數

Python 程式語言配合 openpyxl 模組可以使用 ColorScaleRule( ) 函數執行色階設定，這個函數的語法如下：

> ColorScaleRule(start_type, start_value, start_color,
> mid_type, mid_value, mid_color,
> end_type, end_value, end_color)

上述參數與 Excel 對話方塊的相關意義可以參考下圖。

參數意義如下：

❑ start_type： 可 以 是 'min'(最 小 值)、'num'(數 字)、'formula'(公 式)、'percentile'(百分位數)、'percent'(百分比)，表示起始資料值樣式。

❑ start_value：設定起始值，如果 start_type 設定 'min' 則可以省略此設定，或是設為 None。

❑ start_color：可設定起始顏色，可以使用 '000000' 顏色 (RGB)。

❑ mid_type：可以是 'num'、'formula'、'percentile'、'percent'，表示中間資料樣式。

❑ mid_value：設定中間值。

❑ mid_color：可設定中間顏色，可以使用 '000000' 顏色 (RGB)。

❑ end_type：可以是 'max'、'num'、'formula'、'percentile'、'percent'，表示結束資料值樣式。

❑ end_value：設定結束值，如果 start_type 設定 'max' 則可以省略此設定，或是設為 None。

❑ end_color：可設定結束顏色。

上述 9 個參數可以設定三色色階，如果想要設定雙色色階可以省略 mid_type、mid_value 和 mid_color 參數即可，不過一個表單如果使用三色色階可以讓色彩再漸變過程更柔和。

在使用 ColorScaleRule( ) 函數前需要導入 ColorScaleRule 模組，如下：

```
from openpyxl.formatting.rule import ColorScaleRule
```

程式實例 ch10_1.py：設定雙色色階和三色色階的應用，活頁簿 data10_1.xlsx 成績單工作表內容如下：

	A	B	C	D	E	F	G
1	姓名	國文	英文	數學	自然	社會	總分
2	王韻方	50	83	30	72	10	245
3	曹瓊方	85	79	40	58	25	287
4	陳怡安	66	30	70	76	88	330
5	洪冰儒	100	86	98	100	84	468
6	張育豪	63	91	20	63	74	311
7	陳少傑	67	75	50	30	84	306
8	陳致嘉	92	90	70	92	100	444
9	鄭雅文	30	40	70	84	84	308
10	李碩	80	79	90	94	30	373

成績單

這個程式會將 B2:F10 儲存格區間用 3 色色階格式化，最低值用紅色 ('FF0000')，中間值用黃色 ('FFFF00')，最高值用綠色 ('00FF00')。

　　G2:G10 儲存格區間用雙色色階格式化，最低值用橘色 ('FFA500')，最高值用綠色 ('00FF00')。

```
1   # ch10_1.py
2   import openpyxl
3   from openpyxl.formatting.rule import ColorScaleRule
4
5   fn = "data10_1.xlsx"
6   wb = openpyxl.load_workbook(fn)
7   ws = wb.active
8
9   #使用 2 種色階
10  ws.conditional_formatting.add('G2:G10',
11      ColorScaleRule(start_type='min', start_color='FFA500',
12                     end_type='max',end_color='00FF00'))
13
14  #使用 3 種色階
15  ws.conditional_formatting.add('B2:F10',
16      ColorScaleRule(start_type='min',start_value=None,start_color='FF0000',
17                     mid_type='percentile',mid_value=50,mid_color='FFFF00',
18                     end_type='max',end_value=None,end_color='00FF00'))
19
20  wb.save('out10_1.xlsx')
```

執行結果　開啟 out10_1.xlsx 可以得到下列結果。

	A	B	C	D	E	F	G
1	姓名	國文	英文	數學	自然	社會	總分
2	王韻方	50	83	30	72	10	245
3	曹瓊方	85	79	40	58	25	287
4	陳怡安	66	30	70	76	88	330
5	洪冰儒	100	86	98	100	84	468
6	張育豪	63	91	20	63	74	311
7	陳少傑	67	75	50	30	84	306
8	陳致嘉	92	90	70	92	100	444
9	鄭雅文	30	40	70	84	84	308
10	李碩	80	79	90	94	30	373

成績單 ＋

10-2-2　ColorScale( ) 函數

　　Python 程式語言配合 openpyxl 模組也可以使用 ColorScale( ) 函數和 Rule( ) 函數執行色階設定，色階原理和前一小節相同，是使用最小值 (min)、中間點 (mid) 和最大值 (max) 組成，但是需分成 2 個步驟：

步驟 1：建立 ColorScale 物件

要建立 ColorScale 物件需要使用 ColorScale( ) 函數，這個函數的語法如下：

colorscale_obj = ColorScale(cfvo, color)

上述參數相關意義如下：

☐ cfvo：建立 FormatObject 物件串列，串列元素是最小值 (min)、中間點 (mid) 和最大值 (max)，這些元素皆是 FormatObject 物件，可以參考下圖。

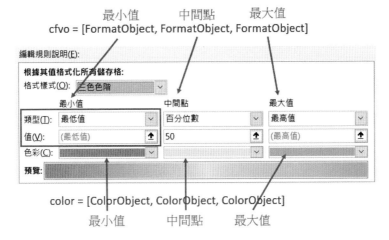

要產生 FormatObject 物件須使用 FormatObject( ) 函數，可以參考下列實例：

start = FormatObject(type='min')
mid = FormatObject(type='num', val=50)   # val 值可以需要設定
end = FormatObject(type='max')

然後用 cfvos 變數組成串列：

cvfos = [start, mid, end]   # cfvos 名稱可以自行決定

☐ color：建立 ColorObject 物件串列，串列元素是最小值 (min)、中間點 (mid) 和最大值 (max)，這些元素皆是的 ColorObject 物件，相關觀念可以參考上圖。要產生 ColorObject 物件需使用 Color( ) 函數，可以參考下列實例：

colors = [Color('FFFF00'), Color('F0F8FF'), Color('00FF00')]

上述 colors 名稱可以自行決定，有了上述參數，可以用 ColorScale( ) 函數建立 ColorScale 物件，如下：

```
colorscale_obj = ColorScale(cfvo=cfvos, color=colors)
```

要使用上述 ColorScale( ) 函數需要導入 ColorScale 模組，可以參考下列指令。

```
from openpyxl.formatting.rule import ColorScale
```

步驟 2：建立 Rule 物件

要建立 Rule 物件需要使用 Rule( ) 函數，這個函數的語法如下：

```
rule_obj = Rule(type, colorScale)
```

上述函數參數意義如下：

❑ type：格式化條件，可以設為 'colorScale'。

❑ colorScale：可以參考步驟 1，設定 ColorScale 物件。

若是延續步驟 1，可以使用下列建立 Rule 物件。

```
rule = Rule(type='colorScale', colorScale=colorscale_obj')
```

要使用上述 Rule( ) 函數需要導入 Rule 模組，可以參考下列指令。

```
from openpyxl.formatting.rule import Rule
```

程式實例 ch10_2.py：使用 ColorScale( ) 和 Rule( ) 函數建立三色色階，活頁簿 data10_2.xlsx 業績表工作表內容如下：

	A	B	C	D	E	F
1						
2		深智數位業務員銷售業績表				
3		姓名	一月	二月	三月	總計
4		李安	4560	5152	6014	15726
5		李連杰	8864	6799	7842	23505
6		成祖名	5797	4312	5500	15609
7		張曼玉	4234	8045	7098	19377
8		田中千繪	7799	5435	6680	19914
9		周華健	9040	8048	5098	22186
10		張學友	7152	6622	7452	21226

業績表

```
1   # ch10_2.py
2   import openpyxl
3   from openpyxl.styles import Color
4   from openpyxl.formatting.rule import ColorScale, FormatObject
5   from openpyxl.formatting.rule import Rule
6
7   fn = "data10_2.xlsx"
8   wb = openpyxl.load_workbook(fn)
9   ws = wb.active
10
11  # 建立FormatObject串列
12  start = FormatObject(type='min')
13  mid = FormatObject(type='num',val=6000)
14  end = FormatObject(type='max')
15  cfvos = [start, mid, end]
16  # 建立ColorObject串列
17  colors = [Color('FFFF00'),Color('F0F8FF'),Color('00FF00')]
18  # 建立ColorScale物件
19  colorscale_obj = ColorScale(cfvo=cfvos,color=colors)
20  # 建立Rule物件
21  rule = Rule(type='colorScale',colorScale=colorscale_obj)
22  # 執行設定
23  ws.conditional_formatting.add('C4:E10',rule)
24  # 儲存結果
25  wb.save('out10_2.xlsx')
```

執行結果 開啟 out10_2.xlsx 可以得到下列結果。

	A	B	C	D	E	F
1						
2		深智數位業務員銷售業績表				
3		姓名	一月	二月	三月	總計
4		李安	4560	5152	6014	15726
5		李連杰	8864	6799	7842	23505
6		成祖名	5797	4312	5500	15609
7		張曼玉	4234	8045	7098	19377
8		田中千繪	7799	5435	6680	19914
9		周華健	9040	8048	5098	22186
10		張學友	7152	6622	7452	21226

業績表 ⊕

註 10-2-1 節使用 ColorScaleRule( ) 函數，10-2-2 節使用 ColorScale( ) 函數搭配 Rule( )
函數完成色階設定，未來讀者可以依個人喜好自行決定所使用的方法。

10-3 資料橫條

在 Excel 視窗執行常用 / 樣式 / 條件式格式設定 / 資料橫條 / 其他規則，如下所示：

可以看到新增格式化規則對話方塊，此對話方塊的下半部如下。

10-3-1 DataBarRule( ) 函數

Python 程式語言配合 openpyxl 模組可以使用 DataBarRule( ) 函數執行資料橫條的設定，這個函數的語法如下：

```
DataBarRule(start_type, start_value, end_type, end_value,
            color, showvalue, minLength, maxLength)
```

上述參數與 Excel 對話方塊的相關意義可以參考下圖。

參數意義如下：

❑ start_type：可以是 'min'、'num'、'formula'、'percentile'、'percent'，表示起始資料值樣式，預設是 None 表示自動。

❑ start_value：設定起始值，如果 start_type 設定 'min' 則可以省略此設定，或是設為 None。

❑ end_type：可以是 'max'、'num'、'formula'、'percentile'、'percent'，表示結束資料值樣式。

❑ end_value：設定結束值，如果 start_type 設定 'max' 則可以省略此設定，或是設為 None。

❑ color：設定資料橫條的顏色，可以是 '000000'(RGB) 色彩，預設是 None。

❑ showValue：顯示值，預設是 None。

❑ minLength：資料橫條開始位置，0 為左邊，值越大則越向右邊移動，預設是
None。

❑ maxLength：資料橫條結束位置，100 為右邊，值越小則越向左邊移動，預設是
None。

在使用 DataBarRule( ) 函數前需要導入 DataBarRule 模組，如下：

```
from openpyxl.formatting.rule import DataBarRule
```

程式實例 ch10_3.py：設定資料橫條的應用，活頁簿 data10_3.xlsx 的 Data 工作表內容
如下：

	A	B	C	D	E	F
1	63	33	47		10	
2	92	78	66		20	
3	38	100	80		30	
4	37	92	90		40	
5	55	46	53		50	
6	61	18	42		60	
7	18	26	74		70	
8	88	11	9		80	
9	41	80	12		90	
10	52	9	33		100	

Data

```
1   # ch10_3.py
2   import openpyxl
3   from openpyxl.formatting.rule import DataBarRule
4
5   fn = "data10_3.xlsx"
6   wb = openpyxl.load_workbook(fn)
7   ws = wb.active
8   # 建立 A1:C10 資料橫條
9   rule1 = DataBarRule(start_type='min',start_value=None,
10                  end_type='max', end_value=None,
11                  color="0000FF",
12                  minLength=None, maxLength=None)
13  ws.conditional_formatting.add("A1:C10", rule1)
14
15  # 建立 E1:E10 資料橫條
16  rule2 = DataBarRule(start_type='min',start_value=None,
17                  end_type='max', end_value=None,
18                  color="00FF00",
19                  minLength=None, maxLength=None)
20  ws.conditional_formatting.add("E1:E10", rule2)
21  wb.save('out10_3.xlsx')              # 將活頁簿儲存
```

執行結果　開啟 out10_3.xlsx 可以得到下列結果。

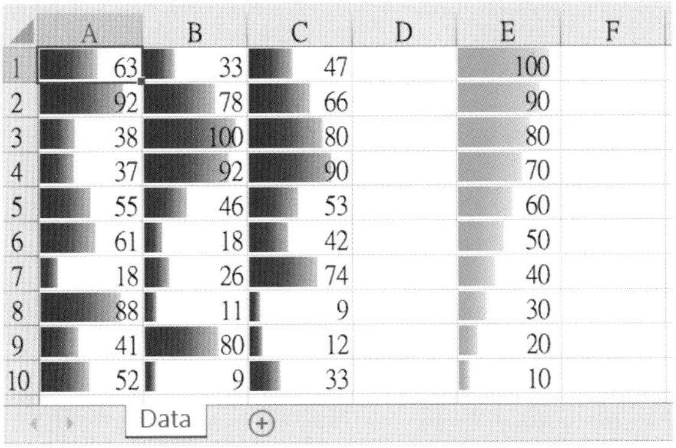

10-3-2　DataBar( ) 函數

Python 程式語言配合 openpyxl 模組也可以使用 DataBar( ) 函數和 Rule( ) 函數執行資料橫條設定，資料橫條原理和前一小節相同，但是需分成 2 個步驟：

步驟 1：建立 DataBar 物件

要建立 DataBar 物件需要使用 DataBar( ) 函數，這個函數的語法如下：

DataBar_obj = DataBar(cfvo, color, minLength, MaxLength)

上述參數相關意義如下：

❑ cfvo：建立 FormatObject 物件串列，串列元素是起始值 (min) 和結束值 (max)，這些元素皆是 FormatObject 物件，可以參考下圖。

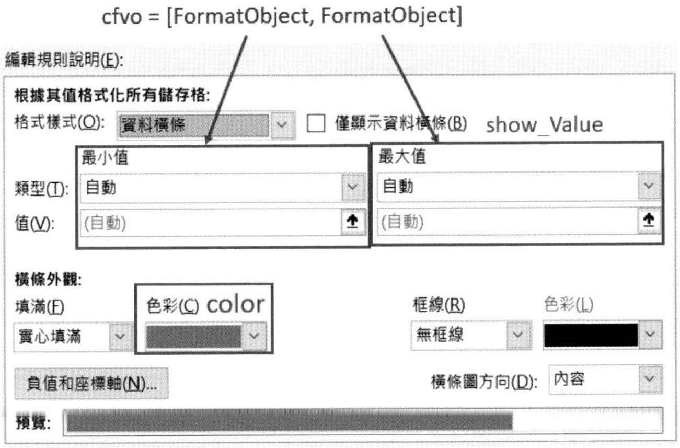

要產生 FormatObject 物件需使用 FormatObject( ) 函數，可以參考下列實例：

```
start = FormatObject(type='min')
end = FormatObject(type='max')
```

然後用 cfvos 變數組成串列：

```
cvfos = [start, end]                    # cfvos 名稱可以自行決定
```

❑ color：設定資料橫條的顏色，可以是 '000000'(RGB) 色彩，預設是 None。

❑ showValue：顯示值，預設是 None。

❑ minLength：資料橫條開始位置，0 為左邊，值越大則越向右邊移動，預設是 None。

❑ minLength：資料橫條結束位置，100 為左邊，值越小則越向左邊移動，預設是 None。

有了上述參數，可以用 DataBar( ) 函數建立 DataBar 物件，如下：

```
databar_obj = DataBar(cfvo=cfvos, color='0000FF', minLength=None,
            maxLength=None)
```

要使用上述 DataBar( ) 函數需要導入 DataBar 模組，可以參考下列指令。

```
from openpyxl.formatting.rule import DataBar
```

步驟 2：建立 Rule 物件

要建立 Rule 物件需要使用 Rule( ) 函數，這個函數的語法如下：

```
rule_obj = Rule(type, dataBar)
```

上述函數參數意義如下：

❑ type：格式化條件，可以設為 'dataBar'。

❑ dataBar：可以參考步驟 1，設定 DataBar 物件。

若是延續步驟 1，可以使用下列建立 Rule 物件。

rule = Rule(type='dataBar', dataBar=databar_obj')

要使用上述 Rule( ) 函數需要導入 Rule 模組，可以參考下列指令。

from openpyxl.formatting.rule import Rule

程式實例 ch10_4.py：使用 DataBar( ) 和 Rule( ) 函數重新設計 ch10_3.py。

```
1  # ch10_4.py
2  import openpyxl
3  from openpyxl.formatting.rule import DataBar, FormatObject
4  from openpyxl.formatting.rule import Rule
5
6  fn = "data10_3.xlsx"
7  wb = openpyxl.load_workbook(fn)
8  ws = wb.active
9
10 # 建立 FormatObject 串列
11 start = FormatObject(type='min')
12 end = FormatObject(type='max')
13 cfvos = [start, end]
14 # 建立 DataBar 物件, 建立 Rule1 物件和執行設定 1
15 databar_obj = DataBar(cfvo=cfvos,color='0000FF')
16 rule1 = Rule(type='dataBar',dataBar=databar_obj)
17 ws.conditional_formatting.add('A1:C10',rule1)
18
19 # 建立 DataBar 物件, 建立 Rule2 物件和執行設定 2
20 databar_obj = DataBar(cfvo=cfvos,color='00FF00')
21 rule2 = Rule(type='dataBar',dataBar=databar_obj)
22 ws.conditional_formatting.add('E1:E10',rule2)
23
24 # 儲存結果
25 wb.save('out10_4.xlsx')
```

執行結果　開啟 out10_4.xlsx 可以得到與 out10_3 相同的結果。

10-4 圖示集

在 Excel 視窗執行常用 / 樣式 / 條件式格式設定 / 圖示集 / 其他規則，如下所示：

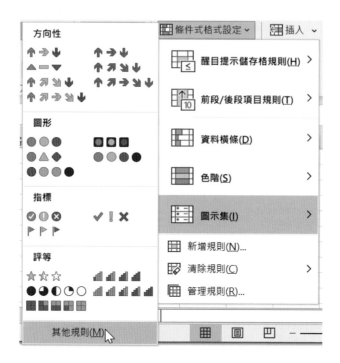

可以看到新增格式化規則對話方塊，此對話方塊的下半部如下。

10-4-1　IconSetRule( ) 函數

Python 程式語言配合 openpyxl 模組可以使用 IconSetRule( ) 函數執行圖示集的設定，這個函數的語法如下：

IconSetRule(icon_type, type, values, showValue, reverse)

上述參數與 Excel 對話方塊的相關意義可以參考下圖。

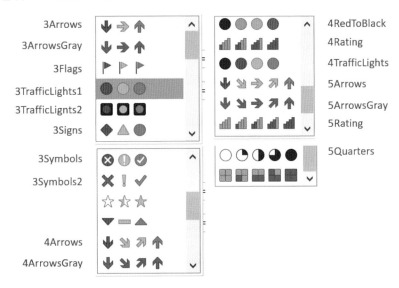

參數意義如下：

❏ icon_type：可以參考下圖。

3Arrows	↓ → ↑	4RedToBlack
3ArrowsGray	↓ → ↑	4Rating
3Flags	▶ ▷ ▶	4TrafficLights
3TrafficLights1	⬤ ⬤ ⬤	5Arrows
3TrafficLignts2	◼ ◼ ◼	5ArrowsGray
3Signs	◆ ▲ ⬤	5Rating
3Symbols	⊗ ! ✓	5Quarters
3Symbols2	✗ ! ✔	
	☆ ☆ ★	
	▼ ▬ ▲	
4Arrows	↓ ↘ ↗ ↑	
4ArrowsGray	↓ ↘ ↗ ↑	

上述有幾個圖示是空的，原因是 openpyxl 官方手冊未定義。

❏ type：可以是 'max'、'num'、'formula'、'percentile'、'percent'，表示結束資料值樣式。

❑ values：設定圖示漸變分類的閾值，需依據圖示數量設定閾值。

❑ showValue：顯示值，預設是 None。

❑ reverse：反轉圖示順序，預設是 None。

在使用 IconSetRule( ) 函數前需要導入 IconSetRule 模組，如下：

```
from openpyxl.formatting.rule import IconSetRule
```

程式實例 ch10_5.py：使用活頁簿 data10_3.xlsx 設定圖示集的應用。

```
1   # ch10_5.py
2   import openpyxl
3   from openpyxl.formatting.rule import IconSetRule
4
5   fn = "data10_3.xlsx"
6   wb = openpyxl.load_workbook(fn)
7   ws = wb.active
8   # 建立 A1:A10 資料橫條
9   rule1 = IconSetRule(icon_style='3Flags',
10                      type='percent',
11                      values=[0,33,67],reverse=None)
12  ws.conditional_formatting.add("A1:A10",rule1)
13
14  # 建立 B1:B10 資料橫條
15  rule2 = IconSetRule(icon_style='3TrafficLights1',
16                      type='percent',
17                      values=[0,33,67],reverse=None)
18  ws.conditional_formatting.add("B1:B10",rule2)
19
20  # 建立 B1:B10 資料橫條
21  rule3 = IconSetRule(icon_style='4Arrows',
22                      type='percent',
23                      values=[0,25,50,75],reverse=None)
24  ws.conditional_formatting.add("C1:C10",rule3)
25
26  # 建立 E1:E10 資料橫條
27  rule4 = IconSetRule(icon_style='5Rating',
28                      type='percent',
29                      values=[0,20,40,60,80],reverse=None)
30  ws.conditional_formatting.add("E1:E10", rule4)
31
32  wb.save('out10_5.xlsx')                # 將活頁簿儲存
```

執行結果　開啟 out10_5.xlsx 可以得到下列結果。

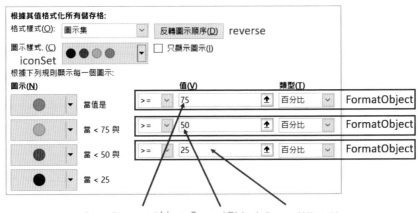

10-4-2 IconSet( ) 函數

Python 程式語言配合 openpyxl 模組也可以使用 IconSet( ) 函數和 Rule( ) 函數執行圖示集設定，圖示集原理和前一小節相同，但是需分成 2 個步驟：

步驟 1：建立 IconSet 物件

要建立 IconSet 物件需要使用 IconSet( ) 函數，這個函數的語法如下：

iconSet_obj = DataBar(iconSet, cfvo, showValue, reverse)

上述參數相關意義如下：

❑ iconSet：可以參考 10-4-1 節的 icon_type。

❏ cfvo：建立 FormatObject 物件串列，串列元素是起始值 (min) 和結束值 (max)，這些元素皆是 FormatObject 物件，串列元素數量是集合的圖示數量，可以參考上圖。

要產生 FormatObject 物件需使用 FormatObject( ) 函數，這個函數有 2 個參數，語法如下：

FormatObject(type, val)

上述 type 常用的是 percent，val 則是圖示漸變分類的閾值，若以 4 個圖示的圖示集為例，可以參考下列實例：

start = FormatObject(type='percent', val=0)
second = FormatObject(type='percent', val=33)
end = FormatObject(type='perent', val=67)

然後用 cfvos 變數組成串列：

cvfos = [start, second, end]　　　　　　　# cfvos 名稱可以自行決定

❏ showValue：顯示值，預設是 None。

❏ reverse：反轉圖示順序，預設是 None。

有了上述參數，可以用 IconSet( ) 函數建立 IconSet 物件，如下：

iconset_obj = IconSet(iconSet='4RedToBlack, cfvo=cfvos, showValue=None,
reverse=None)

要使用上述 IconSet( ) 函數需要導入 IconSet 模組，可以參考下列指令。

from openpyxl.formatting.rule import IconSet

步驟 2：建立 Rule 物件

要建立 Rule 物件需要使用 Rule( ) 函數，這個函數的語法如下：

rule_obj = Rule(type, iconSet)

上述函數參數意義如下：

❏ type：格式化條件，可以設為 'iconSet'。

❏ iconSet：可以參考步驟 1，設定 IconSet 物件。

若是延續步驟 1，可以使用下列建立 Rule 物件。

rule = Rule(type='iconSet', iconSet=iconset_obj')

要使用上述 Rule( ) 函數需要導入 Rule 模組，可以參考下列指令。

from openpyxl.formatting.rule import Rule

程式實例 ch10_6.py：使用活頁簿 data10_3.xlsx 的 Data 工作表，同時用 IconSet( ) 和 Rule( ) 函數，設計 4 個圖示集，每個圖示集皆含 4 個圖示。

```python
1  # ch10_6.py
2  import openpyxl
3  from openpyxl.formatting.rule import IconSet, FormatObject
4  from openpyxl.formatting.rule import Rule
5
6  fn = "data10_3.xlsx"
7  wb = openpyxl.load_workbook(fn)
8  ws = wb.active
9
10 # 建立 FormatObject 串列
11 start = FormatObject(type='percent',val=0)
12 second = FormatObject(type='percent',val=25)
13 third = FormatObject(type='percent',val=50)
14 end = FormatObject(type='percent',val=75)
15 cfvos = [start,second,third,end]
16 # 建立 IconSet 物件，建立 Rule1 物件和執行設定 1
17 iconset = IconSet(iconSet='4Arrows', cfvo=cfvos,
18                   showValue=None, reverse=None)
19 rule = Rule(type='iconSet', iconSet=iconset)
20 ws.conditional_formatting.add("A1:A10", rule)
21
22 # 建立 IconSet 物件，建立 Rule2 物件和執行設定 2
23 iconset_obj = IconSet(iconSet='4Rating',cfvo=cfvos,
24                   showValue=None,reverse=None)
25 rule2 = Rule(type='iconSet',iconSet=iconset_obj)
26 ws.conditional_formatting.add('B1:B10',rule2)
27
28 # 建立 IconSet 物件，建立 Rule3 物件和執行設定 3
29 iconset_obj = IconSet(iconSet='4TrafficLights',cfvo=cfvos,
30                   showValue=None,reverse=None)
31 rule3 = Rule(type='iconSet',iconSet=iconset_obj)
32 ws.conditional_formatting.add('C1:C10',rule3)
33
34 # 建立 IconSet 物件，建立 Rule4 物件和執行設定 4
35 iconset_obj = IconSet(iconSet='4ArrowsGray',cfvo=cfvos,
36                   showValue=None,reverse=None)
37 rule4 = Rule(type='iconSet',iconSet=iconset_obj)
38 ws.conditional_formatting.add('E1:E10',rule4)
39 # 儲存結果
40 wb.save('out10_6.xlsx')
```

執行結果

	A	B	C	D	E
1	63	33	47		100
2	92	78	66		90
3	38	100	80		80
4	37	92	90		70
5	55	46	53		60
6	61	18	42		50
7	18	26	74		40
8	88	11	9		30
9	41	80	12		20
10	52	9	33		10

Data

第 11 章
凸顯符合條件的資料

11-1   凸顯符合條件的數值資料

11-2   凸顯特定字串開頭的字串

11-3   字串條件功能

11-4   凸顯重複的值

11-5   發生的日期

11-6   前段 / 後段項目規則

11-7   高於 / 低於平均

使用 Excel 時，若是執行常用 / 樣式 / 條件式格式設定，可以看到系列條件式凸顯資料的指令，如下：

其中資料橫條、色階與圖示集已經在前一章解說，這一章筆者將說明如何使用 Python 與 openpyxl 模組操作下列功能。

上述功能，基本觀念是在選取的資料中凸顯符合條件的資料。

11-1 凸顯符合條件的數值資料

在 Excel 視窗請執行常用 / 樣式 / 條件式格式設定 / 新增規則指令，出現新增格式化規則對話方塊，在選取規則類型欄位請選擇只格式化下列儲存格，可以看到編輯規則說明框，如下所示：

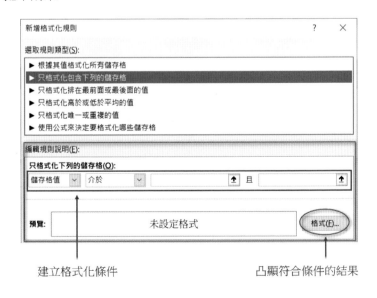

建立格式化條件　　　　　　　　　　　凸顯符合條件的結果

這一節主要解說使用 Rule( ) 函數建立格式化條件，然後使用 differentialStyle( ) 函數建立凸顯的結果。

11-1-1　格式功能鈕

在編輯規則說明欄位可以看到格式鈕，按這個鈕可以看到設定儲存格格式對話方塊，如下所示：

在這個對話方塊，可以設定許多訊息，例如：字型 (Font)、數字格式 (Number Formatting)、填滿 (Fill)、對齊方式 (Alignment)、儲存格框線 (Border) 等訊息。其實 openpyxl 模組凸顯儲存格的結果，就是類似上述設定儲存格格式對話方塊的功能。

Python 搭配 openpyxl 模組可以使用 DifferentialStyle( ) 函數執行凸顯結果的儲存格設定，此函數的回傳值是 DifferentialStyle 物件，假設物件名稱是 dxf，則此函數的語法如下：(需先導入模組 DifferentialStyle)

```
from openpyxl.styles.differential imort DifferentialStyle        # 導入模組
dxf = DifferentialStyle(font, numFmt, fill, alignment, border, protection)
```

上述個參數用法其實就是第 6 章儲存格樣式的內容、部分第 7 章、部分第 8 章的內容，說明如下：

❑ font：設定 Font 物件，可以參考 6-2 節。

❑ numFmt：設定 NumberFormatting 物件，可以參考 8-3 節。

❑ fill：設定 Fill 物件，可以參考 6-4 節。

❑ alignment：設定 Alignment 物件，可以參考 6-5 節。

❑ border：設定 Border 物件，可以參考 6-3 節。

❑ protection：設定 Protection 物件，可以參考 7-6-1 節。

11-1-2　設定凸顯儲存格的條件

設定凸顯儲存格的條件，以及凸顯結果所使用的是 Rule( ) 函數，前一章有多次使用 Rule( ) 函數了，在設定凸顯儲存格的條件所使用 Rule( ) 函數的語法如下：

rule = Rule(type, operator, formula, dxf)

上述回傳是 Rule 物件，筆者假設是 rule，至於各參數的意義，下列是相較於編輯規則說明框的參考說明。

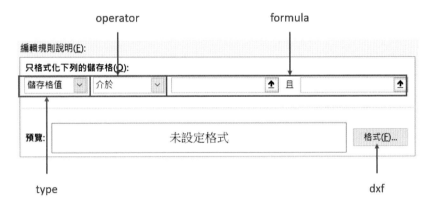

上述各參數說明如下：

❑ type：這是指資料格式，常見的格式字串如下：

● 'cellIs'：儲存格值，第 3 和 4 字母是小寫 L，第 5 個字母是大寫 i。

● 'timePeriod'：時間區間。

● 'beginsWith'：特定字串開頭。

● 'endsWidth'：特定字串結尾。

- 'containsText'：包含特定字串。
- 'notContainsText'：不包含特定字串。
- 'containsBlanks'：包含空格。
- 'notcontainsBlanks'：不包含空格。

❑ operator：格式化條件字串，可以參考下列說明：

- 'lessThan'：小於。
- 'lessThanOrEqual'：小於或等於。
- 'greaterThan'：大於。
- 'greaterThanOrEqual'：大於或等於。
- 'between'：介於。
- 'notBetween'：不介於。
- 'equal'：等於。
- 'notEqual'：不等於。

❑ formula：條件表達式是由 operator 和 formula 所組成，operator 是等號類型，formula 是設定數值的區間。

❑ dxf：這是 11-1-1 節 DifferentialStyle 物件，也就是設定符合條件表達式儲存格的樣式。

有了 Rule 物件 rule 後，就可以將此物件應用在 conditional_formatting.add( ) 函數，細節可以參考下一節的實例。

11-1-3　格式化條件凸顯成績的應用

程式實例 ch11_1.py：活頁簿 data11_1.xlsx 成績表工作表內容如下：

	A	B	C	D
1	國文	英文	數學	
2	63	33	47	
3	92	78	66	
4	38	100	80	
5	37	92	90	
6	55	46	53	
7	61	18	42	
8	18	26	74	
9	88	11	9	
10	41	80	12	
11	52	9	33	

成績表

設定成績高於 80 分是用粗體藍色字，低於 60 分是用紅色背景粗體白色的字。

```python
1   # ch11_1.py
2   import openpyxl
3   from openpyxl.formatting.rule import Rule
4   from openpyxl.styles.differential import DifferentialStyle
5   from openpyxl.styles import PatternFill, Font
6
7   fn = "data11_1.xlsx"
8   wb = openpyxl.load_workbook(fn)
9   ws = wb.active
10
11  # 定義低於60分的儲存格格式
12  font = Font(bold=True,color='FFFFFF')              # 字型
13  bgRed = PatternFill(start_color='FF0000',
14                      end_color='FF0000',
15                      fill_type='solid')
16  dxf = DifferentialStyle(font=font,fill=bgRed)
17  # 應用低於60分的資料
18  rule = Rule(type='cellIs',operator='lessThan',
19              formula=[60],dxf=dxf)
20  ws.conditional_formatting.add('A2:C11',rule)
21
22  # 定義大於或等於80分的儲存格格式
23  font = Font(bold=True,color='0000FF')              # 字型
24  dxf = DifferentialStyle(font=font)
25  # 應用大於或等於80分的資料
26  rule = Rule(type='cellIs',operator='greaterThanOrEqual',
27              formula=[80],dxf=dxf)
28  ws.conditional_formatting.add('A2:C11',rule)
29  # 儲存結果
30  wb.save('out11_1.xlsx')
```

執行結果　開啟 out11_1.xlsx 可以得到下列結果。

	A	B	C	D
1	國文	英文	數學	
2	63	33	47	
3	92	78	66	
4	38	100	80	
5	37	92	90	
6	55	46	53	
7	61	18	42	
8	18	26	74	
9	88	11	9	
10	41	80	12	
11	52	9	33	

成績表 ⊕

程式實例 ch11_2.py：設定介於 50(含) 至 59(含) 分之間得成績是黃色底。

```
1   # ch11_2.py
2   import openpyxl
3   from openpyxl.formatting.rule import Rule
4   from openpyxl.styles.differential import DifferentialStyle
5   from openpyxl.styles import PatternFill, Font
6
7   fn = "data11_1.xlsx"
8   wb = openpyxl.load_workbook(fn)
9   ws = wb.active
10
11  # 定義介於50和60分之間的儲存格格式
12  font = Font(bold=True)
13  bgRed = PatternFill(start_color='FFFF00',
14                      end_color='FFFF00',
15                      fill_type='solid')
16  dxf = DifferentialStyle(font=font,fill=bgRed)
17  # 應用介於50和60分之間的資料
18  rule = Rule(type='cellIs',operator='between',
19              formula=[50,59],dxf=dxf)
20  ws.conditional_formatting.add('A2:C11',rule)
21
22  # 儲存結果
23  wb.save('out11_2.xlsx')
```

執行結果　開啟 out11_2.xlsx 可以得到下列結果。

	A	B	C	D
1	國文	英文	數學	
2	63	33	47	
3	92	78	66	
4	38	100	80	
5	37	92	90	
6	**55**	46	**53**	
7	61	18	42	
8	18	26	74	
9	88	11	9	
10	41	80	12	
11	**52**	9	33	

成績表

11-1-4　Rule( ) 函數的 formula 公式

　　前面實例 formula 內含的是值或是區間的值，也可以用相對或是絕對儲存格位址，也就是參考儲存格的內容。

程式實例 ch11_3.py：活頁簿 data11_3.xlsx 內有成績表工作表，其中 E3 儲存格是平均值，筆者設定 51。

	A	B	C	D	E	F
1	國文	英文	數學			
2	63	33	47		平均成績	
3	92	78	66		51	
4	38	100	80			
5	37	92	90			
6	55	46	53			
7	61	18	42			
8	18	26	74			
9	88	11	9			
10	41	80	12			
11	52	9	33			

成績表 ⊕

將大於或等於臨界值設定欄色底、粗體白字。小於 60 分設為紅色底、粗體白字。

```python
# ch11_3.py
import openpyxl
from openpyxl.formatting.rule import Rule
from openpyxl.styles.differential import DifferentialStyle
from openpyxl.styles import PatternFill, Font

fn = "data11_3.xlsx"
wb = openpyxl.load_workbook(fn)
ws = wb.active

# 定義低於平均成績的儲存格格式
font = Font(bold=True,color='FFFFFF')                # 字型
bgRed = PatternFill(start_color='FF0000',
                    end_color='FF0000',
                    fill_type='solid')
dxf = DifferentialStyle(font=font,fill=bgRed)
# 應用低於平均成績的資料
rule = Rule(type='cellIs',operator='lessThan',
            formula=['$E$3'],dxf=dxf)
ws.conditional_formatting.add('A2:C11',rule)

# 定義大於或等於平均成績的儲存格格式
font = Font(bold=True,color='FFFFFF')                # 字型
bgBlue = PatternFill(start_color='0000FF',
                     end_color='0000FF',
                     fill_type='solid')
dxf = DifferentialStyle(font=font,fill=bgBlue)
# 應用大於或等於平均成績的資料
rule = Rule(type='cellIs',operator='greaterThanOrEqual',
            formula=['$E$3'],dxf=dxf)
ws.conditional_formatting.add('A2:C11',rule)

# 儲存結果
wb.save('out11_3.xlsx')
```

執行結果 開啟 out11_3.xlsx 可以得到下列結果。

	A	B	C	D	E	F
1	國文	英文	數學			
2	63	33	47		平均成績	
3	92	78	66		51	
4	38	100	80			
5	37	92	90			
6	55	46	53			
7	61	18	42			
8	18	26	74			
9	88	11	9			
10	41	80	12			
11	52	9	33			

成績表　⊕

11-2 凸顯特定字串開頭的字串

這一節將講解凸顯特定字串開頭的儲存格，要找出特定字串開頭的儲存格，在使用 Rule( ) 函數時，需要設定下列參數：

> type：'beginWith'
> operator = 'beginWith'
> formula = ['LEFT(A1,1)=' 洪 '　　　　　# 假設要找 洪 開頭的儲存格

上述觀念對照 Excel 功能表，可以參考下圖。

Rule(type='containsText', operator='containsText',formula=[xx], dxf=formatting_object)

程式實例 ch11_4.py：活頁簿 data11_4.xlsx 業績表內容如下：

	A	B	C	D	E	F
1						
2		深智數位業務員銷售業績表				
3		姓名	一月	二月	三月	總計
4		洪錦魁	4560	5152	6014	15726
5		李連杰	8864	6799	7842	23505
6		成祖名	5797	4312	5500	15609
7		張曼玉	4234	8045	7098	19377
8		洪冰雨	7799	5435	6680	19914
9		周華健	9040	8048	5098	22186
10		洪星宇	7152	6622	7452	21226

業績表 ⊕

這個程式會將姓洪開頭的業務員找出，同時以紅色底、粗體白色字顯示。

```python
1  # ch11_4.py
2  import openpyxl
3  from openpyxl.formatting.rule import Rule
4  from openpyxl.styles.differential import DifferentialStyle
5  from openpyxl.styles import PatternFill, Font
6
7  fn = "data11_4.xlsx"
8  wb = openpyxl.load_workbook(fn)
9  ws = wb.active
10
11 # 定義儲存格格式
12 font = Font(bold=True,color='FFFFFF')                # 字型
13 bgRed = PatternFill(start_color='FF0000',
14                     end_color='FF0000',
15                     fill_type='solid')
16 dxf = DifferentialStyle(font=font,fill=bgRed)
17 # 應用姓 洪 業務員的資料
18 rule = Rule(type='beginsWith', operator='beginsWith',
19         formula=['LEFT(A1,1)="洪"'],
20         dxf=dxf)
21 ws.conditional_formatting.add('A1:F10',rule)
22 # 儲存結果
23 wb.save('out11_4.xlsx')
```

執行結果 開啟 out11_4.xlsx 可以得到下列結果。

上述第 19 列 formula( ) 函數內容是 'LEFT(A1,1) = " 洪 "'，LEFT( ) 是 Excel 的函數可以回傳字串左邊字元，整個公式的內含是要找洪開頭字串的儲存格，其實 openpyxl 模組規定第一個參數是 A1，是有一點困惑，因為這不是指 A1 儲存格的內容。筆者推估 A1 是指相對位址，可能是未來應用在掃描所有儲存格時的的位址。所以第 19 列完整意義是 Rule 物件需要用 " 洪 " 開頭的字串，才算符合資格。

11-3 字串條件功能

前一節筆者介紹了凸顯開頭字串的儲存格，Rule( ) 函數的 type 參數，可以設定其他字串相關設定。

type	formula	說明
'beginsWith'	'LEFT(A1,1)=" 字串 "'	特定字串開頭
'endsWith'	'RIGHT(A1,1)=" 字串 "'	特定字串結尾
'containsText'	'NOT(ISERROR(SEARCH(" 字串 ",A1)))'	包含特定字串
'notcontainsText'	'(ISERROR(SEARCH(" 字串 ",A1)))'	不包含特定字串
'containsBlanks'	'(ISERROR(SEARCH("",A1)))'	包含空格
'notcontainsBlanks'	'(ISERROR(SEARCH("",A1)))'	不包含空格

註 上述 LEFT( )、RIGHT( )、SEARCH( )、ISERROR( )、SEARCH( ) 皆是 Excel 函數。

這一節將講解找出包含特定字串的儲存格，然後凸顯儲存格。

程式實例 ch11_5.py：活頁簿 data11_5.xlsx 客戶工作表內容如下：

	A	B	C	D	E
1	客戶編號	性別	學歷	年收入	年齡
2	A1	男	大學	120	35
3	A4	男	碩士	88	28
4	A7	女	大學	59	29
5	A10	女	大學	105	37
6	A13	男	高中	65	43
7	A16	女	碩士	70	27
8	A19	女	大學	88	39
9	A22	男	博士	150	52
10	A25	男	大學	120	41

客戶　工作表2　工作表3　　⊕

這個程式會搜尋包含大學的儲存格，同時以紅色底、粗體白色字顯示。

```python
1   # ch11_5.py
2   import openpyxl
3   from openpyxl.formatting.rule import Rule
4   from openpyxl.styles.differential import DifferentialStyle
5   from openpyxl.styles import PatternFill, Font
6
7   fn = "data11_5.xlsx"
8   wb = openpyxl.load_workbook(fn)
9   ws = wb.active
10
11  # 定義低於平均成績的儲存格格式
12  font = Font(bold=True,color='FFFFFF')              # 字型
13  bgRed = PatternFill(start_color='FF0000',
14                      end_color='FF0000',
15                      fill_type='solid')
16  dxf = DifferentialStyle(font=font,fill=bgRed)
17  # 應用低於平均成績的資料
18  rule = Rule(type='containsText', operator='containsText',
19              formula=['NOT(ISERROR(SEARCH("大學",A1)))'],
20              dxf=dxf)
21  ws.conditional_formatting.add('A1:E151',rule)
22  # 儲存結果
23  wb.save('out11_5.xlsx')
```

執行結果　開啟 out11_5.xlsx 可以得到下列結果。

	A	B	C	D	E
1	客戶編號	性別	學歷	年收入	年齡
2	A1	男	大學	120	35
3	A4	男	碩士	88	28
4	A7	女	大學	59	29
5	A10	女	大學	105	37
6	A13	男	高中	65	43
7	A16	女	碩士	70	27
8	A19	女	大學	88	39
9	A22	男	博士	150	52
10	A25	男	大學	120	41

客戶　工作表2　工作表3　⊕

11-4　凸顯重複的值

在資料處理過程，有些資料必須是唯一的，例如：個人護照號碼、身分證號碼、員工編號等，這時就可以使用本節功能，這一節的功能相對於 Excel 新增格式化規則對話方塊的說明如下：

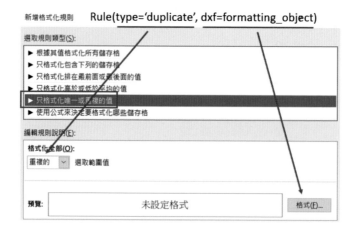

上述對話方塊的格式化全部欄位，預設是重複的 (duplicateValues)，另一個選項是唯一的 (uniqueValues)，所以本節實例雖然是使用凸顯重複的值，也可以用相同觀念修改，應用到凸顯唯一的儲存格。

程式實例 ch11_6.py：活頁簿 data11_6.xlsx 客戶工作表內容如下：

	A	B	C	D	E
1	客戶編號	性別	學歷	年收入	年齡
2	A1	男	大學	120	35
3	A4	男	碩士	88	28
4	A7	女	大學	59	29
5	A10	女	大學	105	37
6	A13	男	高中	65	43
7	A7	女	碩士	70	27
8	A19	女	大學	88	39
9	A4	男	博士	150	52
10	A25	男	大學	120	41

客戶 | 工作表2 | 工作表3 | ⊕

這個程式會搜尋 A1:A151 儲存格區間，將客戶編號重複的儲存格凸顯，同時以紅色底、粗體白色字顯示。

```python
# ch11_6.py
import openpyxl
from openpyxl.formatting.rule import Rule
from openpyxl.styles.differential import DifferentialStyle
from openpyxl.styles import PatternFill, Font

fn = "data11_6.xlsx"
wb = openpyxl.load_workbook(fn)
ws = wb.active

# 定義儲存格格式
font = Font(bold=True,color='FFFFFF')                # 字型
bgRed = PatternFill(start_color='FF0000',
                    end_color='FF0000',
                    fill_type='solid')
dxf = DifferentialStyle(font=font,fill=bgRed)
# 應用重複客戶編號的資料
rule = Rule(type='duplicateValues',dxf=dxf)
ws.conditional_formatting.add('A1:A151',rule)
# 儲存結果
wb.save('out11_6.xlsx')
```

執行結果 開啟 out11_6.xlsx 可以得到下列結果。

	A	B	C	D	E
1	客戶編號	性別	學歷	年收入	年齡
2	A1	男	大學	120	35
3	A4	男	碩士	88	28
4	A7	女	大學	59	29
5	A10	女	大學	105	37
6	A13	男	高中	65	43
7	A7	女	碩士	70	27
8	A19	女	大學	88	39
9	A4	男	博士	150	52
10	A25	男	大學	120	41

客戶　工作表2　工作表3　⊕

11-5 發生的日期

在資料處理過程，有些資料必須依據日期做處理，例如：財務部門記錄支票到期日期等，這時就可以使用本節功能，這一節的功能相對於 Excel 新增格式化規則對話方塊的說明如下，當選擇發生日期後，會看到下列編輯規則說明框。

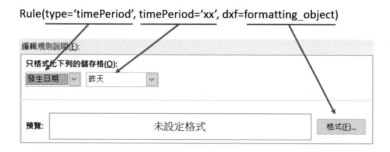

對於我們而言，上述 Rule( ) 函數的關鍵是 timePeriod 參數的用法，可以是下列選項。

- 'yesterday'：昨天。
- 'today'：今天。
- 'tomorrow'：明天。
- 'last7Days'：過去 7 天。

- 'thisWeek'：本週。

- 'lastWeek'：上週。

- 'nextWeek'：下週。

- 'lastMonth'：上個月。

- 'thisMonth'：這個月。

- 'nextMonth'：下個月。

程式實例 ch11_7.py：活頁簿 data11_7.xlsx 支票日期工作表內容如下：

這個程式會搜尋 B2:B7 儲存格區間，將客戶編號重複的儲存格凸顯，同時以紅色底、粗體白色字顯示。

```
1   # ch11_7.py
2   import openpyxl
3   from openpyxl.formatting.rule import Rule
4   from openpyxl.styles.differential import DifferentialStyle
5   from openpyxl.styles import PatternFill, Font
6
7   fn = "data11_7.xlsx"
8   wb = openpyxl.load_workbook(fn)
9   ws = wb.active
10
11  # 定義儲存格格式
12  font = Font(bold=True,color='FFFFFF')              # 字型
13  bgRed = PatternFill(start_color='FF0000',
14                      end_color='FF0000',
15                      fill_type='solid')
16  dxf = DifferentialStyle(font=font,fill=bgRed)
17  # 下個月到期的支票
18  rule = Rule(type='timePeriod',timePeriod='nextMonth',dxf=dxf)
19  ws.conditional_formatting.add('B2:B7',rule)
20  # 儲存結果
21  wb.save('out11_7.xlsx')
```

執行結果 開啟 out11_7.xlsx 可以得到下列結果。

	A	B	C	D
1	支票號碼	到期日	金額	
2	A101310	2022/6/30	78000	
3	B331333	2022/7/5	112200	
4	B617802	2022/7/10	320000	
5	A101921	2022/7/30	68000	
6	B331773	2022/7/31	93000	
7	B617123	2022/8/5	73200	

支票日期

註 筆者寫這個程式時是 2022 年 6 月 18 日，所以顯示上述結果，讀者在練習這個程式時，需要調整 B2:B7 欄位的日期。

11-6 前段 / 後段項目規則

11-6-1 前段項目

在新增格式化規則對話方塊，如果點選只格式化排在最前面或最後面的值，可以看到下列編輯規則說明框。在應用 Rule( ) 函數時，Rule( ) 函數個參數相對於編輯規則說明框的內容如下：

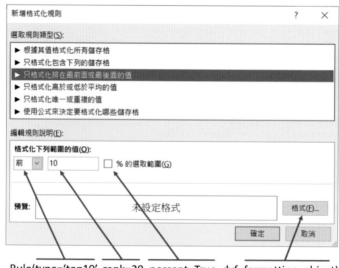

Rule(type='top10', rank=20, percent=True, dxf=formatting_object)

上述幾個參數意義如下：

❏ type：預設是 top10，代表是前 10%，如果要更改可以使用 rank 參數設定。

❏ rank：如果要更改 top10 的設定，可以使用 rank，例如若要改為前 30%，可以設定此為 30，同時設定 percent=True。

❏ percent：預設是不設定，也就是 False。若是設定 percent=True，代表是百分比。

程式實例 ch11_8.py：使用活頁簿 data11_1.xlsx 成績表工作表，這個程式會搜尋 A2:A11 儲存格區間，將前 10% 的儲存格凸顯，同時以藍色底、粗體白色字顯示。

```
1   # ch11_8.py
2   import openpyxl
3   from openpyxl.formatting.rule import Rule
4   from openpyxl.styles.differential import DifferentialStyle
5   from openpyxl.styles import PatternFill, Font
6
7   fn = "data11_1.xlsx"
8   wb = openpyxl.load_workbook(fn)
9   ws = wb.active
10
11  # 定義儲存格格式
12  font = Font(bold=True,color='FFFFFF')              # 字型
13  bgBlue = PatternFill(start_color='0000FF',
14                       end_color='0000FF',
15                       fill_type='solid')
16  dxf = DifferentialStyle(font=font,fill=bgBlue)
17  # 應用top10的資料
18  rule = Rule(type='top10',rank=10,percent=True,dxf=dxf)
19  ws.conditional_formatting.add('A2:A11',rule)
20  # 儲存結果
21  wb.save('out11_8.xlsx')
```

執行結果 開啟 out11_8.xlsx 可以得到下列結果。

	A	B	C	D
1	國文	英文	數學	
2	63	33	47	
3	92	78	66	
4	38	100	80	
5	37	92	90	
6	55	46	53	
7	61	18	42	
8	18	26	74	
9	88	11	9	
10	41	80	12	
11	52	9	33	

成績表

上述程式的重點是第 18 列，如果想要顯示前 30% 的成績，可以修改參數 rank=30。

程式實例 ch11_9.py：擴充設計 ch11_8.py，凸顯英文成績的前 30% 成績。

```
1   # ch11_9.py
2   import openpyxl
3   from openpyxl.formatting.rule import Rule
4   from openpyxl.styles.differential import DifferentialStyle
5   from openpyxl.styles import PatternFill, Font
6
7   fn = "data11_1.xlsx"
8   wb = openpyxl.load_workbook(fn)
9   ws = wb.active
10
11  # 定義儲存格式
12  font = Font(bold=True,color='FFFFFF')                # 字型
13  bgBlue = PatternFill(start_color='0000FF',
14                       end_color='0000FF',
15                       fill_type='solid')
16  dxf = DifferentialStyle(font=font,fill=bgBlue)
17  # 應用top10的資料
18  rule1 = Rule(type='top10',rank=10,percent=True,dxf=dxf)
19  ws.conditional_formatting.add('A2:A11',rule1)
20  # 應用top30的資料
21  rule2 = Rule(type='top10',rank=30,percent=True,dxf=dxf)
22  ws.conditional_formatting.add('B2:B11',rule2)
23  # 儲存結果
24  wb.save('out11_9.xlsx')
```

執行結果 開啟 out11_9.xlsx 可以得到下列結果。

	A	B	C	D
1	國文	英文	數學	
2	63	33	47	
3	92	78	66	
4	38	100	80	
5	37	92	90	
6	55	46	53	
7	61	18	42	
8	18	26	74	
9	88	11	9	
10	41	80	12	
11	52	9	33	

成績表

上述程式如果想要修改為取前 3 名的成績，Rule( ) 方法如下：

```
Rule(type='top10', rank=3, dxf=dxf)
```

上述函數相當於 percent 使用預設 False，筆者不再列出程式，讀者可以自己練習，ch11 資料夾內的 ch11_9_1.py 就是整個觀念的程式實例。

11-6-2　後段項目規則

如果是要凸顯後段項目資料，需在 Rule( ) 函數內增加設定 bottom=True 參數。

程式實例 ch11_10.py：擴充設計 ch11_9.py，用紅色底、粗體字凸顯英文成績的後30% 成績。

```python
1  # ch11_10.py
2  import openpyxl
3  from openpyxl.formatting.rule import Rule
4  from openpyxl.styles.differential import DifferentialStyle
5  from openpyxl.styles import PatternFill, Font
6
7  fn = "data11_1.xlsx"
8  wb = openpyxl.load_workbook(fn)
9  ws = wb.active
10
11  # 定義儲存格格式 - 背景是藍色
12  font = Font(bold=True,color='FFFFFF')                # 字型
13  bgBlue = PatternFill(start_color='0000FF',
14                       end_color='0000FF',
15                       fill_type='solid')
16  dxf = DifferentialStyle(font=font,fill=bgBlue)
17  # 應用top10的資料
18  rule1 = Rule(type='top10',rank=10,percent=True,dxf=dxf)
19  ws.conditional_formatting.add('A2:A11',rule1)
20  # 應用top30的資料
21  rule2 = Rule(type='top10',rank=30,percent=True,dxf=dxf)
22  ws.conditional_formatting.add('B2:B11',rule2)
23  # 定義儲存格格式 - 背景是紅色
24  font = Font(bold=True,color='FFFFFF')                # 字型
25  bgRed = PatternFill(start_color='FF0000',
26                      end_color='FF0000',
27                      fill_type='solid')
28  dxf = DifferentialStyle(font=font,fill=bgRed)
29  # 應用bottom30的資料
30  rule3 = Rule(type='top10',rank=30,
31               bottom=True,percent=True,dxf=dxf)
32  ws.conditional_formatting.add('C2:C11',rule3)
33  # 儲存結果
34  wb.save('out11_10.xlsx')
```

執行結果　開啟 out11_10.xlsx 可以得到下列結果。

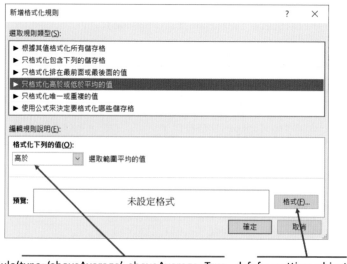

	A	B	C	D
1	國文	英文	數學	
2	63	33	47	
3	92	78	66	
4	38	100	80	
5	37	92	90	
6	55	46	53	
7	61	18	42	
8	18	26	74	
9	88	11	9	
10	41	80	12	
11	52	9	33	

成績表 ⊕

11-7 高於 / 低於平均

在新增格式化規則對話方塊，如果點選只格式化高於或低於平均的值，可以看到下列編輯規則說明框。在應用 Rule( ) 函數時，Rule( ) 函數各參數相對於編輯規則說明框的內容如下：

Rule(type='aboveAverage', aboveAverage=True, dxf=formatting_object)

上述幾個參數意義如下：

☐ type：要處理高於或低於平均必須是 aboveAverage，如果是高於平均只要這個參數即可。

☐ aboveAverage：如果要處理低於平均，則設定此參數是 False。

程式實例 ch11_11.py：用藍色底、粗體字凸顯高於平均的國文成績。

```
1   # ch11_11.py
2   import openpyxl
3   from openpyxl.formatting.rule import Rule
4   from openpyxl.styles.differential import DifferentialStyle
5   from openpyxl.styles import PatternFill, Font
6
7   fn = "data11_1.xlsx"
8   wb = openpyxl.load_workbook(fn)
9   ws = wb.active
10
11  # 定義儲存格格式
12  font = Font(bold=True,color='FFFFFF')              # 字型
13  bgBlue = PatternFill(start_color='0000FF',
14                       end_color='0000FF',
15                       fill_type='solid')
16  dxf = DifferentialStyle(font=font,fill=bgBlue)
17  # 應用 aboveAverage 的資料
18  rule = Rule(type='aboveAverage',dxf=dxf)
19  ws.conditional_formatting.add('A2:A11',rule)
20  # 儲存結果
21  wb.save('out11_11.xlsx')
```

執行結果　開啟 out11_11.xlsx 可以得到下列結果。

	A	B	C	D
1	國文	英文	數學	
2	63	33	47	
3	92	78	66	
4	38	100	80	
5	37	92	90	
6	55	46	53	
7	61	18	42	
8	18	26	74	
9	88	11	9	
10	41	80	12	
11	52	9	33	

成績表

程式實例 ch11_12.py：擴充設計 ch11_11.py，用紅色底、粗體字凸顯低於平均的英文成績。

```
2   import openpyxl
3   from openpyxl.formatting.rule import Rule
4   from openpyxl.styles.differential import DifferentialStyle
5   from openpyxl.styles import PatternFill, Font
6
7   fn = "data11_1.xlsx"
8   wb = openpyxl.load_workbook(fn)
9   ws = wb.active
10
11  # 定義儲存格格式
12  font = Font(bold=True,color='FFFFFF')              # 字型
13  bgBlue = PatternFill(start_color='0000FF',
14                       end_color='0000FF',
15                       fill_type='solid')
16  dxf = DifferentialStyle(font=font,fill=bgBlue)
17  # 應用 aboveAverage 的資料
18  rule1 = Rule(type='aboveAverage',dxf=dxf)
19  ws.conditional_formatting.add('A2:A11',rule1)
20  # 定義儲存格格式
21  bgRed = PatternFill(start_color='FF0000',
22                      end_color='FF0000',
23                      fill_type='solid')
24  dxf = DifferentialStyle(font=font,fill=bgRed)
25  # 應用 低於平均 的資料
26  rule2 = Rule(type='aboveAverage',aboveAverage=False,dxf=dxf)
27  ws.conditional_formatting.add('B2:B11',rule2)
28  # 儲存結果
29  wb.save('out11_12.xlsx')
```

執行結果　開啟 out11_12.xlsx 可以得到下列結果。

	A	B	C	D
1	國文	英文	數學	
2	63	33	47	
3	92	78	66	
4	38	100	80	
5	37	92	90	
6	55	46	53	
7	61	18	42	
8	18	26	74	
9	88	11	9	
10	41	80	12	
11	52	9	33	

成績表

　　這個程式最重要的是第 26 列的 aboveAverage=False 參數，主要是可以設定低於平均的規則。

第 12 章

驗證儲存格資料

12-1 資料驗證模組

12-2 資料驗證區間建立輸入提醒

12-3 驗證日期的資料輸入

12-4 錯誤輸入的提醒

12-5 設定輸入清單

12-6 將需要驗證的儲存格用黃色底顯示

　　有時候為了方便他人在使用 Excel 時，可很清楚知道各欄位應該輸入資料的類型及內容，我們可以在建立資料時，設定儲存格的內容限制。例如：公司為限制業務單位乘坐計程車車資報帳，不可浮報，可以限制車資報帳金額需在 500 元以下，目前計程車起跳價是 75 元，所以我們可以設定此欄位內容是在 75 元和 500 元間。

12-1　資料驗證模組

12-1-1　導入資料驗證模組

　　資料驗證的模組是 DataValidation，使用前需要導入此模組。

> from openpyxl.worksheet.datavalidation import Datavalidation

　　導入上述模組後，就可以使用 Datavalidation( ) 函數建立資料驗證物件，語法如下：

> dv = DataValidation(type, operator, formula1, formula2, allow_blank)

　　上述 DataValidation( ) 函數的回傳值就是資料驗證物件 dv，上述其他參數意義如下：

❑ type：可以是下列選項之一。

- decimal：小數。
- whole：整數。
- time：時間。
- date：日期。
- list：串列列表。
- textLength：字串長度。
- custom：自定義資料。

❑ operator：格式化條件字串，可以參考下列說明：

- 'lessThan'：小於。
- 'lessThanOrEqual'：小於或等於。
- 'greaterThan'：大於。
- 'greaterThanOrEqual'：大於或等於。

- 'between'：介於。

- 'notBetween'：不介於。

- 'equal'：等於。

- 'notEqual'：不等於。

❑ formula1：公式 1。

❑ formula2：公式 2，有時候不需此公式。例如：當參數 operator=between 時，需要設定此公式值。

❑ allow_blank：允許空格，預設是 True。

有了資料驗證物件 dv 後，下一步是使用 add( ) 函數，設定有含資料驗證特性的儲存格區間。例如：下列是設定 D3:D4 儲存格區間含此資料驗證特性。

```
dv.add('D3:D4')
```

最後是使用 add_data_validation( ) 函數將資料驗證物件加入工作表，可以參考下列指令。

```
ws.add_data_validation(dv)
```

12-1-2　數值輸入的驗證

本章一開始有說明計程車資的輸入，需限制在 75 元至 500 元之間。

程式實例 ch12_1.py：活頁簿 data12_1.xlsx 的車資工作表內容如下：

	A	B	C	D	E
1					
2		業務單位	交際費	計程車車資	
3		洪錦魁	9800		
4		洪冰雨	3600		

車資 ｜ 工作表2 ｜ 工作表3 ｜ ⊕

D3:D4 儲存格區間，限制輸入 75 元至 500 元之間的計程車資。

```
1  # ch12_1.py
2  import openpyxl
3  from openpyxl.worksheet.datavalidation import DataValidation
4
```

```
5   fn = "data12_1.xlsx"
6   wb = openpyxl.load_workbook(fn)
7   ws = wb.active
8   # 建立資料驗證 DataValidation物件
9   dv = DataValidation(type="whole",
10                      operator="between",
11                      formula1=75,
12                      formula2=500)
13  dv.add('D3:D4')                # 設定資料驗證儲存格區間
14  ws.add_data_validation(dv)     # 將資料驗證加入工作表
15  # 儲存結果
16  wb.save('out12_1.xlsx')
```

執行結果　下列是開啟 out12_1.xlsx 後，輸入驗證失敗資料所看到的畫面。

12-2　資料驗證區間建立輸入提醒

　　既然儲存格要建立資料驗證，建議可以為要驗證的儲存格區間建立輸入提醒，可以使用資料驗證物件的下列屬性：

　　promptTitle 屬性可以為驗證區塊建立輸入提醒的標題。

　　prompt 屬性可以為驗證區塊建立輸入提醒的內容。

程式實例 ch12_2.py：擴充設計 ch12_1.py，建立輸入提醒的標題。

```
1   # ch12_2.py
2   import openpyxl
3   from openpyxl.worksheet.datavalidation import DataValidation
4
5   fn = "data12_1.xlsx"
6   wb = openpyxl.load_workbook(fn)
7   ws = wb.active
8   # 建立資料驗證 DataValidation物件
9   dv = DataValidation(type="whole",
10                      operator="between",
```

```
11                        formula1=75,
12                        formula2=500)
13   dv.promptTitle = '請輸入計程車資'
14   dv.prompt = '請輸入75 - 500之間'
15   dv.add('D3:D4')              # 設定資料驗證儲存格區間
16   ws.add_data_validation(dv)    # 將資料驗證加入工作表
17   # 儲存結果
18   wb.save('out12_2.xlsx')
```

執行結果　開啟 out12_2.xlsx 可以得到下列結果。

12-3 驗證日期的資料輸入

如果想要驗證所輸入的日期，可以在 Datavalidation( ) 函數內將 Type 設為 date。

程式實例 ch12_3.xlsm：活頁簿 data12_3.xlsx 的到職日期工作表內容如下：

輸入員工到職日期，這類問題可以設為不可以輸入未來日期當作驗證。

```
1   # ch12_3.py
2   import openpyxl
3   from openpyxl.worksheet.datavalidation import DataValidation
4   import datetime
5
6   fn = "data12_3.xlsx"
```

```
7   wb = openpyxl.load_workbook(fn)
8   ws = wb.active
9   # 建立資料驗證 DataValidation物件
10  dv = DataValidation(type="date",
11                      operator="lessThan",
12                      formula1="TODAY()")
13  dv.promptTitle = '輸入日期'
14  dv.prompt = '請輸入到職日期'
15  dv.add('C4')                    # 設定資料驗證儲存格區間
16  ws.add_data_validation(dv)      # 將資料驗證加入工作表
17  # 儲存結果
18  wb.save('out12_3.xlsx')
```

執行結果　開啟 out12_3.xlsx，如果輸入未來日期可以得到下列結果。

12-4　錯誤輸入的提醒

現在讀者所看到輸入錯誤的提醒皆是系統預設的提醒，資料驗證物件有下列 2 個屬性可以設定輸入錯誤的提醒。

errorTitle 屬性：可以設定錯誤提醒的標題。

error 屬性：可以設定錯誤提醒的內容。

程式實例 ch12_4.py：擴充設計 ch12_3.py，當輸入錯誤時標題提醒 " 請輸入日期 "，內文提醒 " 不可以輸入未來日期 "。

```
1   # ch12_4.py
2   import openpyxl
3   from openpyxl.worksheet.datavalidation import DataValidation
4   import datetime
5
6   fn = "data12_3.xlsx"
```

```
 7  wb = openpyxl.load_workbook(fn)
 8  ws = wb.active
 9  # 建立資料驗證 DataValidation物件
10  dv = DataValidation(type="date",
11                      operator="lessThan",
12                      formula1="TODAY()")
13  dv.promptTitle = '輸入日期'
14  dv.prompt = '請輸入到職日期'
15  dv.errorTitle = "輸入日期錯誤"
16  dv.error = "不可以輸入未來日期"
17  dv.add('C4')                   # 設定資料驗證儲存格區間
18  ws.add_data_validation(dv)     # 將資料驗證加入工作表
19  # 儲存結果
20  wb.save('out12_4.xlsx')
```

執行結果 開啟 out12_4.xlsx，如果輸入未來日期可以得到下列結果。

12-5 設定輸入清單

在 DataValidation( ) 函數內，如果將 type 設為 list，然後在 formula1 內設定系列資料，每個資料間以逗號隔開，則可以建立輸入清單。

程式實例 ch24_5.xlsm：活頁簿 data12_5.xlsx 的員工資料工作表內容如下：

建立部門和性別的輸入清單。

```
1   # ch12_5.py
2   import openpyxl
3   from openpyxl.worksheet.datavalidation import DataValidation
4
5   fn = "data12_5.xlsx"
6   wb = openpyxl.load_workbook(fn)
7   ws = wb.active
8   # 建立 部門 資料驗證 DataValidation物件
9   dv = DataValidation(type="list",
10                      formula1='"財務,研發,業務"',
11                      allow_blank=True)
12  dv.add('C4:C5')                  # 設定資料驗證儲存格區間
13  ws.add_data_validation(dv)       # 將資料驗證加入工作表
14  # 建立 性別 資料驗證 DataValidation物件
15  dv = DataValidation(type="list",
16                      formula1='"男,女"',
17                      allow_blank=True)
18  dv.add('D4:D5')                  # 設定資料驗證儲存格區間
19  ws.add_data_validation(dv)       # 將資料驗證加入工作表
20  # 儲存結果
21  wb.save('out12_5.xlsx')
```

執行結果　開啟 out12_5.xlsx，將作用儲存格一致 C4 和 D4 分別可以得到下列左圖和右圖的結果。

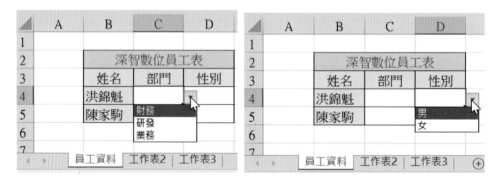

12-6 將需要驗證的儲存格用黃色底顯示

　　為了要讓使用者可以清楚瞭解哪些儲存格有資料驗證功能，我們可以將第 6 章所學的 PatternFill( ) 函數功能應用到此節，設定需要驗證的儲存格底色是黃色。

程式實例 ch12_6.py：擴充設計 ch12_5.py，將需要驗證的儲存格用黃色底顯示。

```python
1  # ch12_6.py
2  import openpyxl
3  from openpyxl.worksheet.datavalidation import DataValidation
4  from openpyxl.styles import PatternFill
5
6  fn = "data12_5.xlsx"
7  wb = openpyxl.load_workbook(fn)
8  ws = wb.active
9  # 建立 部門 資料驗證 DataValidation物件
10 dv = DataValidation(type="list",
11                     formula1='"財務,研發,業務"',
12                     allow_blank=True)
13 dv.add('C4:C5')                 # 設定資料驗證儲存格區間
14 ws.add_data_validation(dv)      # 將資料驗證加入工作表
15 # 建立 性別 資料驗證 DataValidation物件
16 dv = DataValidation(type="list",
17                     formula1='"男,女"',
18                     allow_blank=True)
19 dv.add('D4:D5')                 # 設定資料驗證儲存格區間
20 ws.add_data_validation(dv)      # 將資料驗證加入工作表
21 # 加上黃色背景
22 for row in ws['C4:D5']:
23     for cell in row:
24         cell.fill = PatternFill(fill_type='solid',
25                                 fgColor="FFFF00")
26 # 儲存結果
27 wb.save('out12_6.xlsx')
```

執行結果　開啟 out12_6.xlsx 可以得到下列結果。

第 13 章

工作表的列印

13-1　置中列印

13-2　工作表列印屬性

13-3　設定列印區域

13-4　設定頁首與頁尾

13-5　文字設定的標記碼

這一章主要是講解使用 Python 搭配 openpyxl 模組，建立列印的工作表格式，未來就可以依此格式列印工作表。

13-1　置中列印

下列指令可以讓工作表編輯區域水平和垂直置中列印。

```
ws.print_options.horizontalCentered = True          # 水平置中
ws.print_options.verticalCentered = True            # 垂直置中
```

程式實例 ch13_1.py：設定 data13_1.xlsx 活頁簿內容可以水平和置中列印。

```
1   # ch13_1.py
2   import openpyxl
3
4   fn = "data13_1.xlsx"
5   wb = openpyxl.load_workbook(fn)
6   ws = wb.active
7
8   ws.print_options.horizontalCentered = True
9   ws.print_options.verticalCentered = True
10  wb.save("out13_1.xlsx")
```

執行結果　如果開啟 data13_1.xlsx 和 out13_1.xlsx 執行列印預覽，可以得到下列結果。

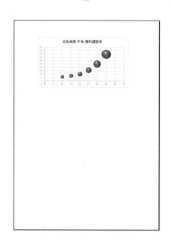

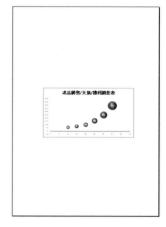

data13_1.xlsx　　　　　out13_1.xlsx

從上圖可以看到，out13_1.xlsx 已經被設定可以水平和垂直置中列印了。

13-2 工作表列印屬性

有關工作表列印常用屬性如下：

ws.page_setup.firstPageNumber = 1	# 起始頁是 1
ws.page_setup.PrinterDefaults = True	# 使用預設的印表機
ws.page_setup.blackAndWhite = True	# 黑白列印
ws.page_setup.orientation = "landscape"	# 列印方向是橫向
ws.page_setup.paperHeight = 297	# 紙張高度
ws.page_setup.paperWidth = 410	# 紙張寬度

程式實例 ch13_2.py：設定 data13_1.xlsx 活頁簿以橫向列印。

```
1  # ch13_2.py
2  import openpyxl
3
4  fn = "data13_1.xlsx"
5  wb = openpyxl.load_workbook(fn)
6  ws = wb.active
7
8  ws.page_setup.orientation = "landscape"
9  wb.save("out13_2.xlsx")
```

執行結果 如果開啟 out13_2.xlsx 執行列印預覽，可以得到下列結果。

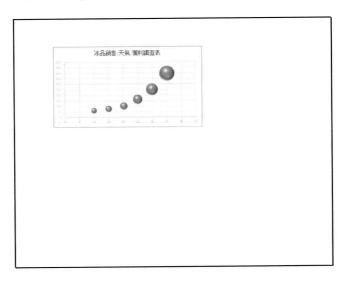

程式實例 ch13_3.py：設定以黑白列印工作表。

```
1  # ch13_3.py
2  import openpyxl
3
4  fn = "data13_1.xlsx"
5  wb = openpyxl.load_workbook(fn)
6  ws = wb.active
7
8  ws.page_setup.blackAndWhite = True
9  wb.save("out13_3.xlsx")
```

執行結果 　如果開啟 out13_3.xlsx 執行列印預覽，可以得到下列黑白顯示的結果。

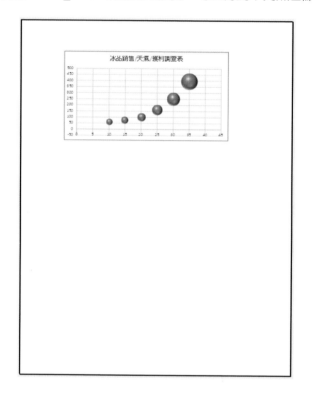

13-3 設定列印區域

工作表物件的屬性 print_area 可以設定列印區域。

程式實例 ch13_4.py：設定列印區域是 A4:E9。

```
1  # ch13_4.py
2  import openpyxl
3
4  fn = "data13_4.xlsx"
5  wb = openpyxl.load_workbook(fn)
6  ws = wb.active
7
8  ws.print_area = "A4:E9"
9  wb.save("out13_4.xlsx")
```

執行結果　如果開啟 out13_4.xlsx 執行列印預覽，可以得到下列顯示的結果。

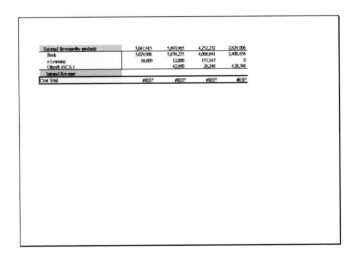

13-4　設定頁首與頁尾

設定頁首與頁尾屬性如下：

❑ oddHeader：可以設定頁首。

❑ oddFooter：可以設定頁尾。

13-4-1　頁首的設定

屬性 right、left、center，分別代表右邊、左邊和中間。所以可以得到下列屬性設定觀念：

ws.oddHeader.right.text：可以設定頁首右邊的文字。

ws.oddHeader.right.size：可以設定頁首右邊的文字大小。

ws.oddHeader.right.font：可以設定頁首右邊的文字字型。

ws.oddHeader.right.color：可以設定頁首右邊的文字顏色。

上述是以 right 為實例，讀者可以依需要改為 center 或 left。另外，也可以設定偶數或奇數頁首，實例如下：

ws.evenHeader.center.text：偶數頁頁首中間文字。

ws.firstHeader.center.text：奇數頁頁首中間文字。

13-4-2　頁尾的設定

屬性 right、left、center，分別代表右邊、左邊和中間。所以可以得到下列屬性設定觀念：

ws.oddFooter.center.text：可以設定頁尾中間的文字。

ws.oddFooter.center.size：可以設定頁尾中間的文字大小。

ws.oddFooter.center.font：可以設定頁尾中間的文字字型。

ws.oddFooter.center.color：可以設定頁尾中間的文字顏色。

上述是以 center 為實例，讀者可以依需要改為 right 或 left。另外，也可以設定偶數或奇數頁尾，實例如下：

ws.evenFooter.center.text：偶數頁頁尾中間文字。

ws.firstFooter.center.text：奇數頁頁尾中間文字。

13-5　文字設定的標記碼

下列是應用到頁首或頁尾的程式碼規則。

❏ &A：工作表名稱。

❏ &B：粗體。

❏ &D 或 &[Date]：目前日期。

- ❑ &E：雙底線。

- ❑ &F 或 &[File]：活頁簿名稱。

- ❑ &I：斜體。

- ❑ &N 或 &[Pages]：總頁數。

- ❑ &S：刪除線。

- ❑ &T：目前時間。

- ❑ &[Tab]：目前工作表名稱。

- ❑ &U：底線。

- ❑ &X：上標。

- ❑ &Y：下標。

- ❑ &P 或 &[Page]：目前頁碼。

- ❑ &P+n：目前頁碼 + n。

- ❑ &P-n：目前頁碼 – n。

- ❑ &[Path]：檔案路徑。

- ❑ &"fontname"：字型名稱。

程式實例 ch13_5.py：設定頁首在左邊的實例。

```
1   # ch13_5.py
2   import openpyxl
3
4   fn = "data13_4.xlsx"
5   wb = openpyxl.load_workbook(fn)
6   ws = wb.active
7
8   ws.oddHeader.left.text = "Page &[Page] of &N"
9   ws.oddHeader.left.size = 14
10  ws.oddHeader.left.font = "Old English Text MT"
11  ws.oddHeader.left.color = "0000FF"
12  wb.save("out13_5.xlsx")
```

執行結果 　如果開啟 out13_4.xlsx 執行列印預覽，可以得到下列顯　的結果。

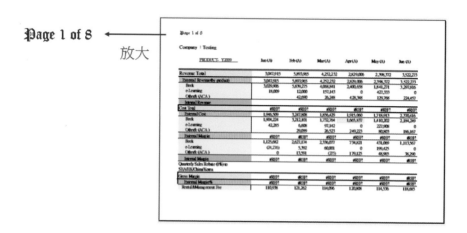

Page 1 of 8 ← 放大

程式實例 ch13_6.py：設定頁尾在右邊的實例。

```python
1   # ch13_6.py
2   import openpyxl
3
4   fn = "data13_4.xlsx"
5   wb = openpyxl.load_workbook(fn)
6   ws = wb.active
7
8   ws.oddFooter.right.text = "&A Page-&P"
9   ws.oddFooter.right.size = 14
10  ws.oddFooter.right.font = "Old English Text MT"
11  ws.oddFooter.right.color = "0000FF"
12  wb.save("out13_6.xlsx")
```

執行結果

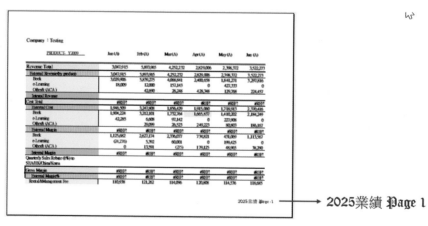

2025業績 **Page 1**

第 14 章

插入影像

14-1 　插入影像

14-2 　控制影像物件的大小

14-3 　影像位置

14-4 　人事資料表插入影像的應用

14-1　插入影像

openpyxl 模組有支援將影像插入到工作表，在執行前需要導入 Image 模組，如下所示：

> from openpyxl.drawing.image import Image

經過上述宣告後，就可以使用下列指令建立影像物件。

> img = Image(影像檔案)

有了影像物件 img 後，未來可以使用 add_image( ) 函數將影像插入工作表，例如：若是要將影像插入 A1 儲存格，指令如下：

> ws.add_image(img, 'A1')

程式實例 ch14_1.py：將影像插入 A1 儲存格的應用。

```
1   # ch14_1.py
2   import openpyxl
3   from openpyxl.drawing.image import Image
4
5   wb = openpyxl.Workbook()
6   ws = wb.active
7
8   img = Image("city.jpg")        # 建立影像物件 img
9   ws.add_image(img,'A1')         # 將 img 插入 A1
10  # 儲存結果
11  wb.save('out14_1.xlsx')
```

執行結果　開啟 out14_1.xlsx 可以得到下列結果。

上述因為影像很大,所以佔據了 Excel 工作表的可視空間。

14-2 控制影像物件的大小

影像物件的 width 屬性代表影像寬度,height 屬性代表影像高度。

程式實例 ch14_2.py:擴充設計 ch14_1.py,列出影像物件的寬度和高度。

```
1   # ch14_2.py
2   import openpyxl
3   from openpyxl.drawing.image import Image
4
5   wb = openpyxl.Workbook()
6   ws = wb.active
7
8   img = Image("city.jpg")        # 建立影像物件 img
9   print(f"img的寬 = {img.width}")
10  print(f"img的高 = {img.height}")
11  ws.add_image(img,'A1')         # 將 img 插入 A1
12  # 儲存結果
13  wb.save('out14_2.xlsx')
```

執行結果

```
=============== RESTART: D:/Python_Excel/ch14/ch14_2.py ===============
img的寬 = 899
img的高 = 479
```

程式實例 ch14_3.py:重新設計 ch14_1.py,將影像寬度改為 200,影像高度改為 120。

```
1   # ch14_3.py
2   import openpyxl
3   from openpyxl.drawing.image import Image
4
5   wb = openpyxl.Workbook()
6   ws = wb.active
7
8   img = Image("city.jpg")        # 建立影像物件 img
9   img.width = 200
10  img.height = 120
11  ws.add_image(img,'A1')         # 將 img 插入 A1
12  # 儲存結果
13  wb.save('out14_3.xlsx')
```

執行結果 開啟 out14_3.xlsx 可以得到下列結果。

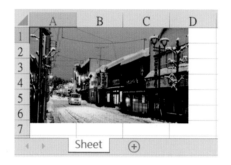

14-3　影像位置

影像物件的 anchor 屬性可以設定影像的位置，例如：下列是設定影像物件的位置在 B2。

> img.anchor = 'B2'

程式實例 ch14_4.py：更改設計 ch14_3.py，使用 anchor 屬性將影像改為放在 B2。

```
1   # ch14_4.py
2   import openpyxl
3   from openpyxl.drawing.image import Image
4
5   wb = openpyxl.Workbook()
6   ws = wb.active
7
8   img = Image("city.jpg")        # 建立影像物件 img
9   img.width = 200
10  img.height = 120
11  ws.add_image(img,'A1')         # 將 img 插入 A1
12  img.anchor = 'B2'              # 更改影像位置
13  # 儲存結果
14  wb.save('out14_4.xlsx')
```

執行結果　開啟 out14_4.xlsx 可以得到下列結果。

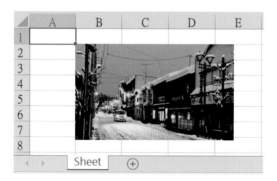

14-4 人事資料表插入影像的應用

活頁簿 data14_5.xlsx 的工作表 1 內容如下：

	A	B	C	D	E	F	G
1							
2		深智公司人事資料表					
3		個人近照		個人資料			
4				姓名			
5				出生日期			
6				性別			
7				聯絡電話			
8				地址			
9		填表日期					

工作表1 ⊕

下列實例是將 hung.png 插入上述個人近照欄位。

程式實例 ch14_5.py：將 hung.png 插入上述個人近照欄位。

```
1  # ch14_5.py
2  import openpyxl
3  from openpyxl.drawing.image import Image
4
5  fn = "data14_5.xlsx"
6  wb = openpyxl.load_workbook(fn)
7  ws = wb.active
8
9  img = Image("hung.png")        # 建立影像物件 img
10 img.width = 64 * 2             # 預留影像寬度
11 img.height = 23 * 5            # 預留影像高度
12 ws.add_image(img,'B4')        # 將 img 插入 B4
13 # 儲存結果
14 wb.save('out14_5.xlsx')
```

執行結果 開啟 out14_5.xlsx 可以得到下列結果。

註　上述計算儲存格寬度的方法是使用筆者筆電測試每一個欄位寬度是 64 像素，近照
寬度預留 2 個欄位。同時每一列的高度是 23 像素，近照高度預留 5 列。

第 15 章
直條圖與 3 D 直條圖

15-1　直條圖 BarChart( )

15-2　認識直條圖表的屬性

15-3　橫條圖

15-4　直條堆疊圖

15-5　3D 立體直條圖

15-6　一個工作表建立多組圖表的應用

　　模組 openpyxl 模組可以建立的圖表有許多，目前支援的圖表有 BarChart(直條圖)、BarChart3D(3D 直條圖)、PieChart(圓形圖)、PieChart3D(3D 圓形圖)、BubbleChart(泡泡圖)、AreaChart(區域圖)、AreaChart3D(3D 區域圖)、LineChart(線段圖)、LineChart3D(3D 線段圖)、RadarChart(雷達圖)、StockChart(股票圖)，為了建立圖表需要導入圖表模組。

　　上述英文名稱就是建立圖表的方法，本章重點是建立直條系列圖表，所以導入模組方法如下：

```
from openpyxl.chart import BarChart, Reference          # 以導入 BarChart 為例
```

　　另外需導入 Reference 方法，這個方法主要是供我們將建立圖表所需的工作表資料或是標籤名稱 (有時也可稱軸的標籤) 資料導入所建的圖表物件內。

15-1　直條圖 BarChart( )

　　這是最常見的圖表應用，主要是顯示多組資料於一段時間的變化，從此類型也可以了解各組資料間比較的情形，應用時通常數值資料是在縱軸 (y 軸)，而標記是在橫軸 (x 軸)，整個建立直條圖表，除了要導入適當模組外，其他的步驟如下：

1：　使用 Reference( ) 函數建立資料的參考物件，可以參考 15-1-1 節。

2：　使用 BarChart( ) 函數建立圖表物件，可以參考 15-1-2 節。

3：　使用 add_data( ) 函數將資料加入圖表，可以參考 15-1-3 節。

4：　將圖表物件加入工作表，可以參考 ch15-1-4 節。

　　上述步驟就算是建立一個圖表了，但是如果要更精確地描述圖表，則需要再步驟 3 和 4 之間，執行下列工作。

❑ 建立圖表標題，可以參考 15-1-5 節。

❑ 建立座標軸標題，可以參考 15-1-6 節。

❑ 使用 set_categories( ) 函數為圖表資料建立標籤，可以參考 15-1-7 節。

❑ 更多直條圖的屬性設定，可以參考 15-2 節。

註　上述觀念雖是以直條圖為例，也可以應用在建立其他圖表。

15-1-1　圖表的資料來源

要繪製圖表首先要了解圖表的資料來源，可以使用 Reference( ) 函數建立參考物件，這個物件會標記資料來源，此函數的用法如下：

data = Reference(ws, min_col, min_row, max_col, max_row)

上述會回傳標記資料來源的參考物件 data，至於各參數意義如下：

❑ ws：工作表物件。
❑ min_col：資料所在的最小欄位。
❑ min_row：資料所在的最小列。
❑ max_col：資料所在的最大欄位。
❑ max_row：資料所在的最大列。

15-1-2　建立直條圖

建立直條圖物件語法如下：

chart = BarChar( )

執行上述指令後可以產生直條圖物件 chart。

15-1-3　將資料加入圖表

可以使用 add_data( ) 函數將參照物件 data(圖表資料) 加入圖表。

chart.add_data(data,titles_from_data)

上述第 2 個參數 titles_from_data 預設是 False，這時圖表的圖例所建立的資料使用預設數列編號當作資料名稱，讀者可以參考程式實例 ch15_1.py。如果設為 True，則未來圖表的圖例會標記資料名稱。

15-1-4　將圖表加入工作表

建立圖表，最後一個步驟是將圖表物件加入工作表，下列是將圖表放在 C2 儲存格的實例。

ws.add_chart(chart, 'C2')

程式實例 ch15_1.py：建立直條圖的基礎實例。

```
1   # ch15_1.py
2   import openpyxl
3   from openpyxl.chart import BarChart, Reference
4
5   wb = openpyxl.Workbook()
6   ws = wb.active
7   for i in range(1,9):
8       ws.append([i])
9   # 建立資料來源
10  data = Reference(ws,min_col=1,min_row=1,max_col=1,max_row=8)
11  chart = BarChart()            # 建立直條圖表物件
12  chart.add_data(data)          # 將資料加入圖表
13  ws.add_chart(chart,"C2")      # 將直條圖表加入工作表
14  # 儲存結果
15  wb.save('out15_1.xlsx')
```

執行結果 開啟 out15_1.xlsx 可以得到下列結果。

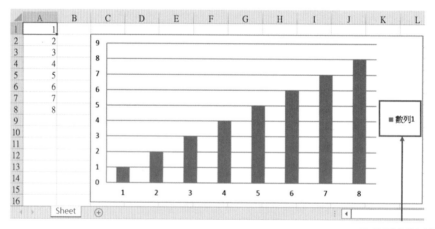

這是預設的圖例

　　上述第 12 列執行 add_data( ) 函數時，沒有使用 titles_from_data 參數，所以圖例顯示數列 1。

15-1-5　建立圖表標題

　　有了圖表物件，可以使用 title 屬性建立圖表標題。例如：下列是建立圖表標題 " 深智軟體銷售表 "。

```
chart.title = " 深智軟體銷售表 "
```

15-1-6　建立座標軸標題

有了圖表物件，可以使用下列屬性建立 x 軸和 y 軸標題：

> chart.x_axis.title
> chart.y_axis.title

下列是建立 x 軸標題 " 業績金額 "，y 軸標題 " 地區 " 的實例。

> chart.x_axis.title = " 業績金額 "
> chart.y_axis.title = " 地區 "

15-1-7　建立 x 軸標籤

函數 set_categories( ) 可以建立 x 軸或是 y 軸的標籤，至於標籤的資料來源可以由 Reference( ) 函數產生，主要是由 Reference( ) 函數的參數指定標籤的內容，細節可以參考下列實例。

程式實例 ch15_2.py：建立深智軟體 2025-2026 年銷售報表。

```
1   # ch15_2.py
2   import openpyxl
3   from openpyxl.chart import BarChart, Reference
4
5   wb = openpyxl.Workbook()                    # 開啟活頁簿
6   ws = wb.active                              # 獲得目前工作表
7   rows = [
8       ['', '2025年', '2026年'],
9       ['亞洲', 100, 300],
10      ['歐洲', 400, 600],
11      ['美洲', 500, 700],
12      ['非洲', 200, 100]]
13  for row in rows:
14      ws.append(row)
15
16  # 建立資料來源
17  data = Reference(ws,min_col=2,max_col=3,min_row=1,max_row=5)
18  # 建立直條圖物件
19  chart = BarChart()                          # 直條圖
20  # 將資料加入圖表
21  chart.add_data(data, titles_from_data=True) # 建立圖表
22  # 建立圖表和座標軸標題
23  chart.title = '深智軟體銷售表'               # 圖表標題
24  chart.x_axis.title = '地區'                  # x軸標題
25  chart.y_axis.title = '業績金額'              # y軸標題
26  # x軸資料標籤 (亞洲歐洲美洲非洲)
27  xtitle = Reference(ws,min_col=1,min_row=2,max_row=5)
```

```
28   chart.set_categories(xtitle)
29   # 將圖表放在工作表 E1
30   ws.add_chart(chart, 'E1')
31   wb.save('out15_2.xlsx')
```

執行結果　開啟 out15_2.xlsx 可以得到下列結果。

第21列, titles_from_data=True

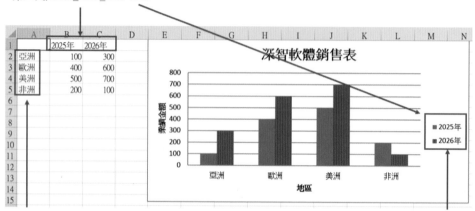

第28列, chart.set_categories(xtitle)
xtitle內容是由第27列Reference( )設定

這是預設的圖例

上述第 21 列的 add_data( ) 函數增加了 titles_from_data=True 的參數設定，所以圖表右邊可以看到藍色和紅色直條所代表的意義，如果省略此參數設定，只能看到數列 1、數列 2，讀者可以自己練習。

15-2 認識直條圖表的屬性

15-2-1　圖表的寬度和高度

圖表物件的屬性 width(預設是 15 公分) 和 height(預設是 7 公分)，代表圖表的寬度和高度。

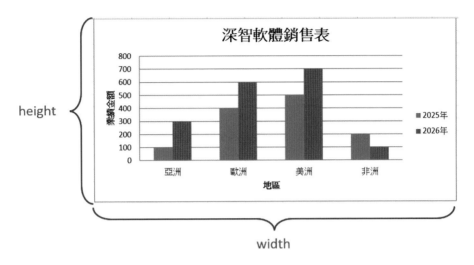

我們可以使用 width 和 height 屬性，設定圖表的寬度和高度。

程式實例 ch15_3.py：將圖表寬度改為 12 公分，高度改為 5.4 公分。

```
1   # ch15_3.py
2   import openpyxl
3   from openpyxl.chart import BarChart, Reference
4
5   wb = openpyxl.Workbook()                      # 開啟活頁簿
6   ws = wb.active                                # 獲得目前工作表
7   rows = [
8       ['', '2025年', '2026年'],
9       ['亞洲', 100, 300],
10      ['歐洲', 400, 600],
11      ['美洲', 500, 700],
12      ['非洲', 200, 100]]
13  for row in rows:
14      ws.append(row)
15
16  # 建立資料來源
17  data = Reference(ws,min_col=2,max_col=3,min_row=1,max_row=5)
18  # 建立直條圖物件
19  chart = BarChart()                            # 直條圖
20  # 將資料加入圖表
21  chart.add_data(data, titles_from_data=True) # 建立圖表
22  # 建立圖表和座標軸標題
23  chart.title = '深智軟體銷售表'                # 圖表標題
24  chart.x_axis.title = '地區'                   # x軸標題
25  chart.y_axis.title = '業績金額'               # y軸標題
26  # x軸資料標籤 (亞洲歐洲美洲非洲)
27  xtitle = Reference(ws,min_col=1,min_row=2,max_row=5)
28  chart.set_categories(xtitle)
29  # 更改圖表的寬度和高度
30  chart.width = 12
31  chart.height = 5.4
```

```
32    # 將圖表放在工作表 E1
33    ws.add_chart(chart, 'E1')
34    wb.save('out15_3.xlsx')
```

執行結果　開啟 out15_3.xlsx 可以得到下列結果。

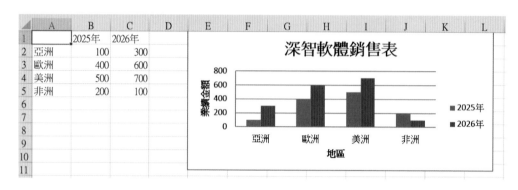

讀者可以從圖表所佔有的儲存格區間知道，圖表縮成原先的 80% 了。

15-2-2　圖例屬性

圖表物件的 legend 屬性預設是 True，所以圖表會自動顯示圖例。如果要隱藏圖例，可以設定 chart.legend = None。

程式實例 ch15_3_1.py：重新設計 ch15_2.py，但是隱藏圖例。

```
1     # ch15_3_1.py
2     import openpyxl
3     from openpyxl.chart import BarChart, Reference
4
5     wb = openpyxl.Workbook()                    # 開啟活頁簿
6     ws = wb.active                              # 獲得目前工作表
7     rows = [
8         ['', '2025年', '2026年'],
9         ['亞洲', 100, 300],
10        ['歐洲', 400, 600],
11        ['美洲', 500, 700],
12        ['非洲', 200, 100]]
13    for row in rows:
14        ws.append(row)
15
16    # 建立資料來源
17    data = Reference(ws,min_col=2,max_col=3,min_row=1,max_row=5)
18    # 建立直條圖物件
19    chart = BarChart()                          # 直條圖
20    # 將資料加入圖表
21    chart.add_data(data, titles_from_data=True) # 建立圖表
22    # 建立圖表和座標軸標題
23    chart.title = '深智軟體銷售表'               # 圖表標題
```

```
24   chart.x_axis.title = '地區'                # x軸標題
25   chart.y_axis.title = '業績金額'            # y軸標題
26   # x軸資料標籤 (亞洲歐洲美洲非洲)
27   xtitle = Reference(ws,min_col=1,min_row=2,max_row=5)
28   chart.set_categories(xtitle)
29   # 隱藏圖例
30   chart.legend = None
31
32   # 將圖表放在工作表 E1
33   ws.add_chart(chart, 'E1')
34   wb.save('out15_3_1.xlsx')
```

執行結果

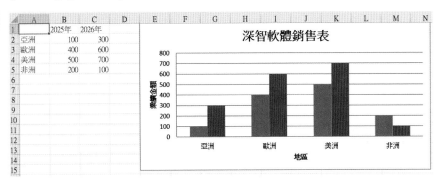

圖表物件的 legend.position 屬性可以設定圖例的位置，有下列選項：

❑ 'l'：左邊，這是預設。

❑ 'r'：右邊。

❑ 't'：上邊。

❑ 'b'：下邊。

❑ 'tr'：右上方。

程式實例 ch15_3_2.py：重新設計 ch15_3_1.py：將圖例放在右上方。

```
29   # 更改圖例位置
30   chart.legend.position = 'tr'
```

執行結果

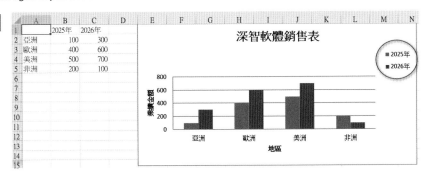

建議讀者可以分別將 'tr' 改為其他位置，可以有更深刻的體會。

15-2-3　資料長條的區間

圖表物件的屬性 gapWith 可以設定資料長條群組之間的間距。

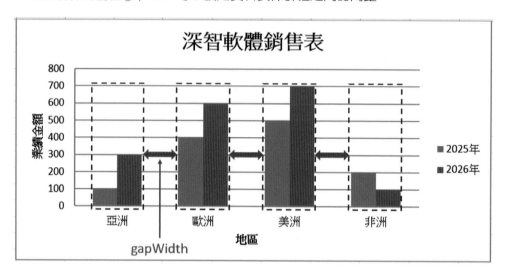

屬性 gapWidth 可以設定的值在 0 – 500 之間，如果 gapWidth 越大資料長條的寬度就比較小，如果 gapWidth 越小長條的寬度就比較小。

程式實例 ch15_4.py：將 gapWidth 設為 50，重新設計 ch15_2.py，讀者可以比較彼此的差異。

```
1   # ch15_4.py
2   import openpyxl
3   from openpyxl.chart import BarChart, Reference
4
5   wb = openpyxl.Workbook()              # 開啟活頁簿
6   ws = wb.active                        # 獲得目前工作表
7   rows = [
8       ['', '2025年', '2026年'],
9       ['亞洲', 100, 300],
10      ['歐洲', 400, 600],
11      ['美洲', 500, 700],
12      ['非洲', 200, 100]]
13  for row in rows:
14      ws.append(row)
15
16  # 建立資料來源
17  data = Reference(ws,min_col=2,max_col=3,min_row=1,max_row=5)
```

```
18  # 建立直條圖物件
19  chart = BarChart()                         # 直條圖
20  # 將資料加入圖表
21  chart.add_data(data, titles_from_data=True) # 建立圖表
22  # 建立圖表和座標軸標題
23  chart.title = '深智軟體銷售表'               # 圖表標題
24  chart.x_axis.title = '地區'                  # x軸標題
25  chart.y_axis.title = '業績金額'              # y軸標題
26  # x軸資料標籤 (亞洲歐洲美洲非洲)
27  xtitle = Reference(ws,min_col=1,min_row=2,max_row=5)
28  chart.set_categories(xtitle)
29  # 設定 gapWidth = 50
30  chart.gapWidth = 50
31  # 將圖表放在工作表 E1
32  ws.add_chart(chart, 'E1')
33  wb.save('out15_4.xlsx')
```

執行結果 開啟 out15_4.xlsx 可以得到下列結果。

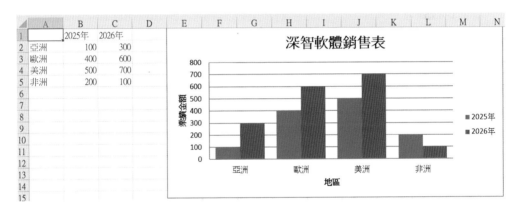

從上圖讀者應該可以明顯看到資料長條群組間間距變小了。

15-2-4 更改直條資料的顏色

當直條圖表建立完成後，所看到的直條顏色是預設的，我們可以更改顏色，使用前需要導入 ColorChoice 模組。

```
from openpyxl.drawing.fill import ColorChoice
```

此外，當一個直條群組建立完成後，圖表物件 chart，可以用 series[x] 引用各直條物件，第一個直條物件是 chart.series[0]，第二個直條物件是 chart.series[1] ⋯ 等。

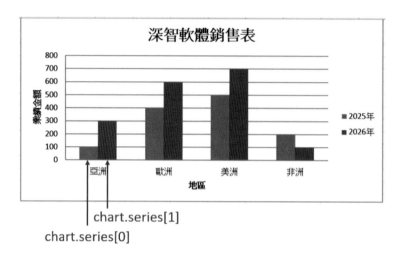

要設定直條填滿的顏色，可以用直條物件的 graphicalProperties.solidFill 屬性，顏色則需使用 ColorChoice( ) 函數，此函數內容如下：

```
ColorChoice(prsClr="xx")
```

上述函數參數 presClr 的值 xx，是指顏色字串，有關此字串可以參考下列色彩群組。

'lavender', 'medVioletRed', 'ltGray', 'salmon', 'darkGreen', 'chartreuse', 'ltCoral', 'ltGreen', 'mediumSeaGreen', 'dodgerBlue', 'indigo', 'ltCyan', 'lightSalmon', 'darkSlateBlue', 'olive', 'darkGray', 'honeydew', 'lightPink', 'dkGoldenrod', 'blueViolet', 'maroon', 'tomato', 'goldenrod', 'dkOrange', 'mediumVioletRed', 'deepSkyBlue', 'medSeaGreen', 'khaki', 'dkGray', 'dkCyan', 'darkViolet', 'orangeRed', 'slateBlue', 'darkRed', 'royalBlue', 'moccasin', 'medPurple', 'ivory', 'lightBlue', 'magenta', 'wheat', 'hotPink', 'navajoWhite', 'green', 'grey', 'azure', 'darkTurquoise', 'slateGray', 'ltGoldenrodYellow', 'rosyBrown', 'silver', 'cyan', 'limeGreen', 'lavenderBlush', 'yellowGreen', 'dkOliveGreen', 'medBlue', 'plum', 'darkSlateGray', 'cornsilk', 'whiteSmoke', 'darkGrey', 'lightGray', 'crimson', 'darkGoldenrod', 'indianRed', 'dkTurquoise', 'mediumOrchid', 'paleGoldenrod', 'cornflowerBlue', 'snow', 'gray', 'burlyWood', 'darkOrange', 'lightSkyBlue', 'deepPink', 'ltPink', 'aquamarine', 'chocolate', 'lightSteelBlue', 'navy', 'tan', 'turquoise', 'skyBlue', 'medSpringGreen', 'firebrick', 'mediumAquamarine', 'pink', 'slateGrey', 'darkOrchid', 'oliveDrab', 'aliceBlue', 'dimGrey', 'steelBlue', 'gold', 'mintCream', 'ltSalmon', 'dkSeaGreen', 'ltGrey', 'fuchsia', 'dkMagenta', 'dkGreen', 'peachPuff', 'lime', 'medSlateBlue', 'ghostWhite', 'blanchedAlmond', 'dkSlateGrey', 'darkSeaGreen', 'linen', 'midnightBlue', 'paleTurquoise', 'sienna', 'dkKhaki', 'teal', 'medOrchid', 'floralWhite', 'papayaWhip', 'lightGreen', 'dkSlateGray', 'lawnGreen', 'lightSlateGrey', 'ltSlateGrey', 'purple', 'beige', 'thistle', 'coral', 'lightGoldenrodYellow', 'lemonChiffon', 'mediumPurple', 'dkGrey', 'lightCyan', 'springGreen', 'oldLace', 'lightGrey', 'dkRed', 'medTurquoise', 'aqua', 'darkCyan', 'dkBlue', 'gainsboro', 'lightYellow', 'ltYellow', 'cadetBlue', 'lightCoral', 'paleGreen', 'dkViolet', 'mistyRose', 'yellow', 'ltSeaGreen', 'dimGray', 'lightSlateGray', 'dkSlateBlue', 'darkMagenta', 'dkSalmon', 'violet', 'medAquamarine', 'darkSlateGrey', 'bisque', 'white', 'powderBlue', 'ltSlateGray', 'darkKhaki', 'darkSalmon', 'seaGreen', 'mediumSlateBlue', 'ltSkyBlue', 'saddleBrown', 'forestGreen', 'mediumTurquoise', 'blue', 'antiqueWhite', 'darkBlue', 'orchid', 'ltSteelBlue', 'mediumSpringGreen', 'peru', 'paleVioletRed', 'greenYellow', 'red', 'seaShell', 'black', 'dkOrchid', 'mediumBlue', 'lightSeaGreen', 'brown', 'orange', 'ltBlue', 'sandyBrown', 'darkOliveGreen'

程式實例 ch15_5.py：將直條物件 0 改為綠色 green，直條物件 1 改為橘色 orange，重新設計 ch15_2.py，讀者可以比較彼此的差異。

```
1   # ch15_5.py
2   import openpyxl
3   from openpyxl.chart import BarChart, Reference
4   from openpyxl.drawing.fill import ColorChoice
5
6   wb = openpyxl.Workbook()                    # 開啟活頁簿
7   ws = wb.active                              # 獲得目前工作表
8   rows = [
9       ['', '2025年', '2026年'],
10      ['亞洲', 100, 300],
11      ['歐洲', 400, 600],
12      ['美洲', 500, 700],
13      ['非洲', 200, 100]]
14  for row in rows:
15      ws.append(row)
16
17  # 建立資料來源
18  data = Reference(ws,min_col=2,max_col=3,min_row=1,max_row=5)
19  # 建立直條圖物件
20  chart = BarChart()                          # 直條圖
21  # 將資料加入圖表
22  chart.add_data(data, titles_from_data=True) # 建立圖表
23  # 建立圖表和座標軸標題
24  chart.title = '深智軟體銷售表'                # 圖表標題
25  chart.x_axis.title = '地區'                  # x軸標題
26  chart.y_axis.title = '業績金額'              # y軸標題
27  # x軸資料標籤 (亞洲歐洲美洲非洲)
28  xtitle = Reference(ws,min_col=1,min_row=2,max_row=5)
29  chart.set_categories(xtitle)
30  # 設定長條色彩
31  ser0 = chart.series[0]
32  ser0.graphicalProperties.solidFill=ColorChoice(prstClr="green")
33  ser1 = chart.series[1]
34  ser1.graphicalProperties.solidFill=ColorChoice(prstClr="orange")
35  # 將圖表放在工作表 E1
36  ws.add_chart(chart, 'E1')
37  wb.save('out15_5.xlsx')
```

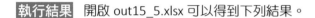

執行結果　開啟 out15_5.xlsx 可以得到下列結果。

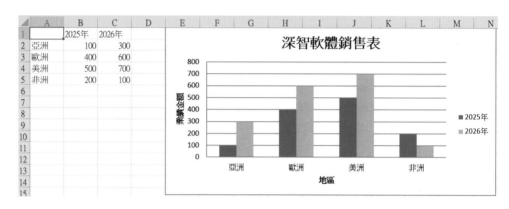

15-2-5　直條圖的色彩樣式

當我們使用 Excel 建立直條圖後，如果點選圖表設計標籤，可以選擇圖表樣式，如下所示：

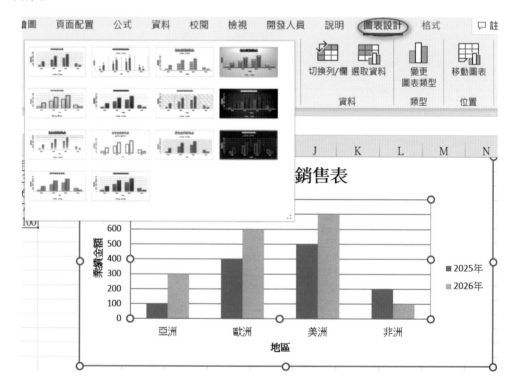

對於 openpyxl 模組則可以使用 style 屬性選擇不同的色彩樣式，目前可以使用的有 1～48，

程式實例 ch15_6.py：設定圖表色彩樣式 style=48，重新設計 ch15_2.py。

```
1  # ch15_6.py
2  import openpyxl
3  from openpyxl.chart import BarChart, Reference
4
5  wb = openpyxl.Workbook()                    # 開啟活頁簿
6  ws = wb.active                              # 獲得目前工作表
7  rows = [
8      ['', '2025年', '2026年'],
9      ['亞洲', 100, 300],
10     ['歐洲', 400, 600],
11     ['美洲', 500, 700],
12     ['非洲', 200, 100]]
13 for row in rows:
14     ws.append(row)
15
16 # 建立資料來源
17 data = Reference(ws,min_col=2,max_col=3,min_row=1,max_row=5)
18 # 建立直條圖物件
19 chart = BarChart()                          # 直條圖
20 # 將資料加入圖表
21 chart.add_data(data, titles_from_data=True) # 建立圖表
22 # 建立圖表和座標軸標題
23 chart.title = '深智軟體銷售表'               # 圖表標題
24 chart.x_axis.title = '地區'                  # x軸標題
25 chart.y_axis.title = '業績金額'              # y軸標題
26 # x軸資料標籤 (亞洲歐洲美洲非洲)
27 xtitle = Reference(ws,min_col=1,min_row=2,max_row=5)
28 chart.set_categories(xtitle)
29 # 設定長條圖表色彩樣式
30 chart.style = 48
31 # 將圖表放在工作表 E1
32 ws.add_chart(chart, 'E1')
33 wb.save('out15_6.xlsx')
```

執行結果 開啟 out15_6.xlsx 可以得到下列結果。

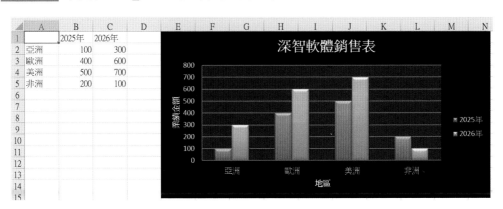

下列是其他設定實例，讀者可以從 ch15 資料夾取得下列程式。

程式實例 ch15_6_1.py：chart.style = 10。

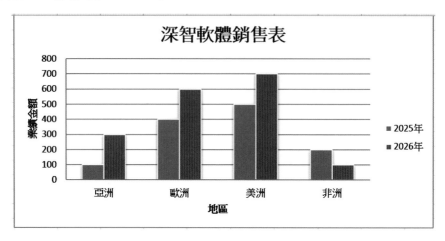

程式實例 ch15_6_2.py：chart.style = 14。

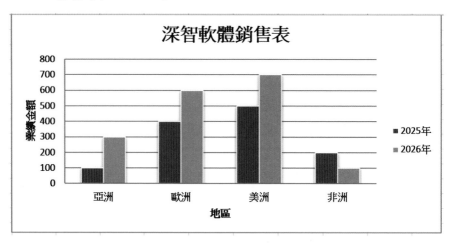

15-3 橫條圖

橫條圖也是使用 BarChart( ) 產生，將直條圖向右旋轉 90 度，就可以得到橫條圖，使用 openpyxl 模組是用圖表物件的 type 屬性設定，假設圖表物件是 chart，則直條圖與橫條圖的差異如下：

```
chart.type = "col"                    # 這是預設，也就是直條圖。
chart.type = "bar"                    # 設定橫條圖
```

程式實例 ch15_7.py：設定 chart.type = "bar"，重新設計 ch15_2.py，最後可以得到橫條圖結果。

```
1   # ch15_7.py
2   import openpyxl
3   from openpyxl.chart import BarChart, Reference
4
5   wb = openpyxl.Workbook()                    # 開啟活頁簿
6   ws = wb.active                              # 獲得目前工作表
7   rows = [
8       ['', '2025年', '2026年'],
9       ['亞洲', 100, 300],
10      ['歐洲', 400, 600],
11      ['美洲', 500, 700],
12      ['非洲', 200, 100]]
13  for row in rows:
14      ws.append(row)
15
16  # 建立資料來源
17  data = Reference(ws,min_col=2,max_col=3,min_row=1,max_row=5)
18  # 建立直條圖物件
19  chart = BarChart()                          # 直條圖
20  chart.type = "bar"                          # 改為橫條圖
21  # 將資料加入圖表
22  chart.add_data(data, titles_from_data=True) # 建立圖表
23  # 建立圖表和座標軸標題
24  chart.title = '深智軟體銷售表'               # 圖表標題
25  chart.x_axis.title = '地區'                  # x軸標題
26  chart.y_axis.title = '業績金額'              # y軸標題
27  # x軸資料標籤 (亞洲歐洲美洲非洲)
28  xtitle = Reference(ws,min_col=1,min_row=2,max_row=5)
29  chart.set_categories(xtitle)
30  # 將圖表放在工作表 E1
31  ws.add_chart(chart, 'E1')
32  wb.save('out15_7.xlsx')
```

執行結果 開啟 out15_7.xlsx 可以得到下列結果。

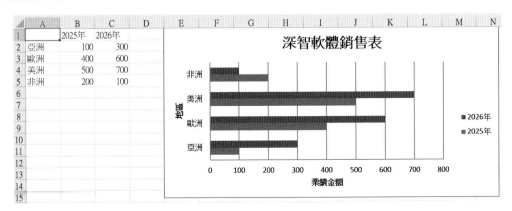

15-4 直條堆疊圖

直條堆疊圖有 2 種，一個是一般堆疊直條圖 (stacked chart)，另一個是百分比堆疊直條圖 (percentStack chart)。

15-4-1 認識屬性

與堆疊直條圖有關的圖表物件屬性如下：

```
chart.grouping = "xx"
```

上述 xx 可以有下列選項。

❑ standard：這是預設，表示是直條圖。

❑ stacked：一般堆疊直條圖。

❑ percentStacked：百分比堆疊直條圖。

當將直條圖改為堆疊直條圖後，還可以設定 overlap 屬性，這個屬性可以設定資料在堆疊時，是否有位移產生，直需是在-100 ~ 100 之間。overlap = 100，表示完美連接，如果數值越小距離越遠。

15-4-2 建立一般堆疊直條圖

程式實例 ch15_8.py：不設定 chart.overlap，重新設計 ch15_2.py 為堆疊直條圖。

```
1   # ch15_8.py
2   import openpyxl
3   from openpyxl.chart import BarChart, Reference
4
5   wb = openpyxl.Workbook()              # 開啟活頁簿
6   ws = wb.active                        # 獲得目前工作表
7   rows = [
8       ['', '2025年', '2026年'],
9       ['亞洲', 100, 300],
10      ['歐洲', 400, 600],
11      ['美洲', 500, 700],
12      ['非洲', 200, 100]]
13  for row in rows:
14      ws.append(row)
15
16  # 建立資料來源
17  data = Reference(ws,min_col=2,max_col=3,min_row=1,max_row=5)
18  # 建立直條圖物件
19  chart = BarChart()                    # 直條圖
20  # 將資料加入圖表
```

```
21  chart.add_data(data, titles_from_data=True)  # 建立圖表
22  # 建立圖表和座標軸標題
23  chart.title = '深智軟體銷售表'              # 圖表標題
24  chart.x_axis.title = '地區'                 # x軸標題
25  chart.y_axis.title = '業績金額'             # y軸標題
26  # x軸資料標籤（亞洲歐洲美洲非洲）
27  xtitle = Reference(ws,min_col=1,min_row=2,max_row=5)
28  chart.set_categories(xtitle)
29  # 建立堆疊直條圖，不設定 chart.overlap
30  chart.grouping = "stacked"
31
32  # 將圖表放在工作表 E1
33  ws.add_chart(chart, 'E1')
34  wb.save('out15_8.xlsx')
```

執行結果 開啟 out15_8.xlsx 可以得到下列結果。

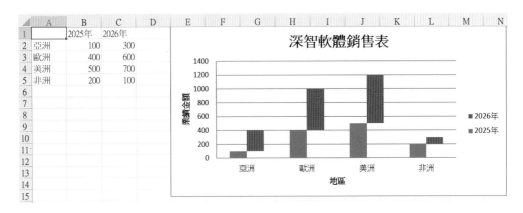

程式實例 ch15_9.py：設定 chart.overlap = 100，重新設計 ch15_8.py。

```
29  # 建立堆疊直條圖，設定 chart.overlap=100
30  chart.grouping = "stacked"
31  chart.overlap = 100
```

執行結果 開啟 out15_9.xlsx 可以得到下列結果。

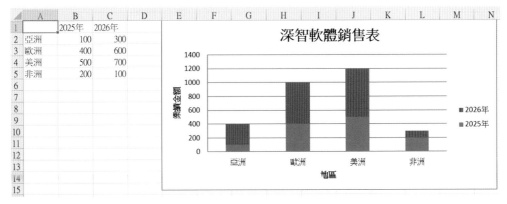

15-4-3　建立一般堆疊直條圖

程式實例 ch15_10.py：不設定 chart.overlap，重新設計 ch15_8.py 為百分比堆疊直條圖。

```
29   # 建立百分比堆疊直條圖，不設定 chart.overlap
30   chart.grouping = "percentStacked"
31
```

執行結果　開啟 out15_10.xlsx 可以得到下列結果。

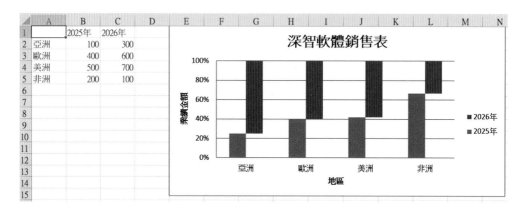

　　上述圖表可以看到各地區在不同年度的銷售比。

程式實例 ch15_11.py：設定 chart.overlap = 100，重新設計 ch15_9.py 為百分比堆疊直條圖。

```
29   # 建立百分比堆疊直條圖，不設定 chart.overlap
30   chart.grouping = "percentStacked"
31   chart.overlap = 100
```

執行結果　開啟 out15_11.xlsx 可以得到下列結果。

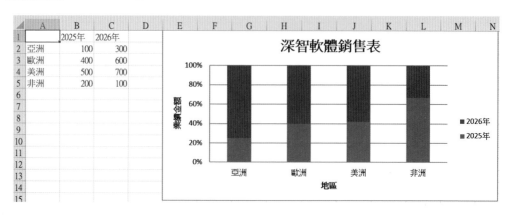

15-5　3D 立體直條圖

15-5-1　基礎觀念

　　3D 立體直條圖的函數是 BarChart3D( )，其他觀念和直條圖觀念一樣，建立 3D 立體直條圖物件語法如下：

　　chart = BarChart3D( )

　　此外，使用前要先導入 BarChart3D 模組，如下所示：

　　from openpyxl.chart import BarChart3D

程式實例 ch15_12.py：將直條圖改為 3D 立體直條圖，然後重新設計 ch15_2.py。

```
18  # 建立3D立體直條圖物件
19  chart = BarChart3D()                      #  3D立體直條圖
20
```

執行結果　開啟 out15_12.xlsx 可以得到下列結果。

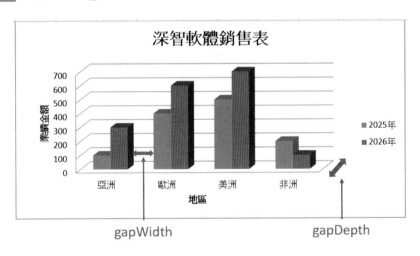

　　3D 立體直條圖的 gapWidth 和 gapDepth 屬性可以參考上述執行結果圖。

15-5-2　3D 立體直條圖的外形

3D 立體直條圖物件的 shape 屬性可以設定不同的外形，此 shape 屬性可以有下列選擇。

- ❑ box：盒狀外形，這是預設。
- ❑ pyramid：金字塔外形。
- ❑ pyramidToMax：金字塔外形
- ❑ cone：錐體。
- ❑ coneToMax：有限高度的錐體。
- ❑ cylinder：圓柱外形。

程式 ch15_13.py：使用金字塔外形的 3D 立體直條圖，重新設計 ch15_2.py。

```
18  # 建立3D立體直條圖物件
19  chart = BarChart3D()                        # 3D立體直條圖
20  chart.shape = "pyramid"
```

執行結果　開啟 out15_13.xlsx 可以得到下列結果。

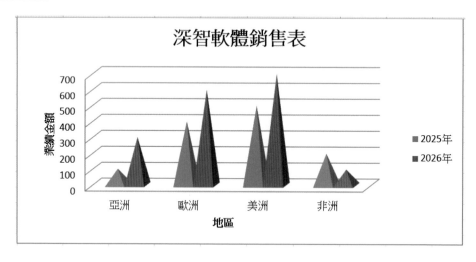

下列是更改 shape 屬性所獲得的結果。

程式實例 ch15_14.py：chart.shape = "pyramidToMax"。

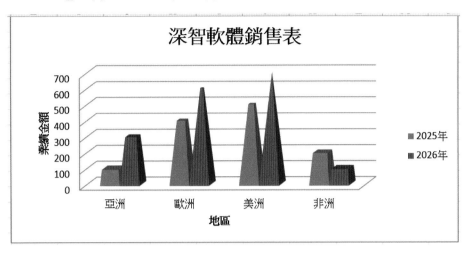

程式實例 ch15_15.py：chart.shape = "cone"。

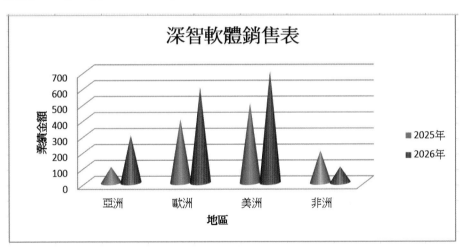

程式實例 **ch15_16.py**：chart.shape = "coneToMax"。

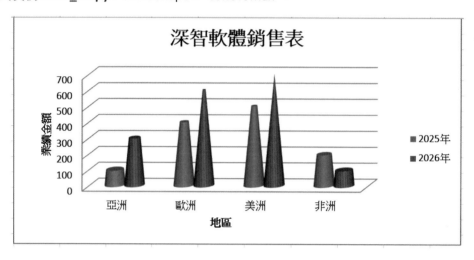

程式實例 **ch15_17.py**：chart.shape = "cylinder"。

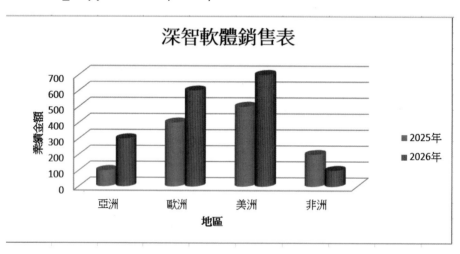

15-6　一個工作表建立多組圖表的應用

一個工作表可以有多組圖表，如果是使用相同的資料，可以使用 deepcopy( ) 函數，下列是另外複製一份圖表物件的實例：

```
        chart2 = deepcopy(chart)
```

上述 chart2 和 chart 是一樣的圖表物件，未來可以針對此新的圖表物件做更進一步的編輯工作。

程式實例 ch15_18.py：使用 ch15_17.py 的 3D 圓柱圖，另外複製一份，改為圓錐圖。

```
1   # ch15_18.py
2   import openpyxl
3   from openpyxl.chart import BarChart3D, Reference
4   from copy import deepcopy
5
6   wb = openpyxl.Workbook()                    # 開啟活頁簿
7   ws = wb.active                              # 獲得目前工作表
8   rows = [
9       ['', '2025年', '2026年'],
10      ['亞洲', 100, 300],
11      ['歐洲', 400, 600],
12      ['美洲', 500, 700],
13      ['非洲', 200, 100]]
14  for row in rows:
15      ws.append(row)
16
17  # 建立資料來源
18  data = Reference(ws,min_col=2,max_col=3,min_row=1,max_row=5)
19  # 建立3D立體直條圖物件
20  chart = BarChart3D()                        # 3D立體直條圖
21  chart.shape = "cylinder"
22  # 將資料加入圖表
23  chart.add_data(data, titles_from_data=True) # 建立圖表
24  # 建立圖表和座標軸標題
25  chart.title = '深智軟體銷售表'              # 圖表標題
26  chart.x_axis.title = '地區'                 # x軸標題
27  chart.y_axis.title = '業績金額'             # y軸標題
28  # x軸資料標籤 (亞洲歐洲美洲非洲)
29  xtitle = Reference(ws,min_col=1,min_row=2,max_row=5)
30  chart.set_categories(xtitle)
31  # 將圖表放在工作表 E1
32  ws.add_chart(chart, 'E1')
33  # 另外複製一份，建立圓錐圖
34  chart2 = deepcopy(chart)
35  chart2.shape = "cone"
36  ws.add_chart(chart2, 'E16')
37  wb.save('out15_18.xlsx')
```

執行結果　開啟 out15_18.xlsx 可以得到下列結果。

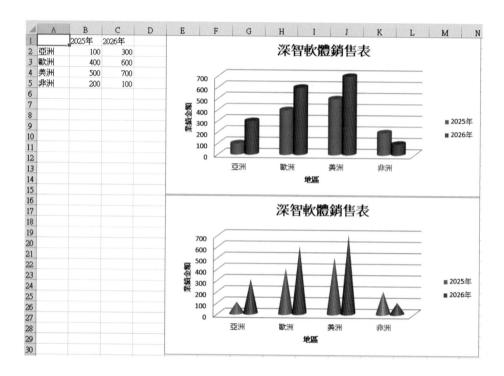

第 16 章
折線圖與區域圖

16-1   折線圖 LineChart( )

16-2   堆疊折線圖

16-3   建立平滑的線條

16-4   資料點的標記

16-5   折線圖的線條樣式

16-6   3D 立體折線圖

16-7   區域圖

16-8   3D 立體區域圖

折線圖與區域圖皆是適用於顯示某段期間內，資料的變動情形及趨勢。本章會從平面折線圖說起，進入到立體折線圖，然後說明區域圖。

16-1 折線圖 LineChart( )

折線圖的函數是 LineChart( )，在使用前需要先導入 LineChart 模組。

from openpyxl.chart import LineChart

下列是建立折線圖物件的實例。

chart = LineChart( )

有了折線圖物件後，下列屬性意義與直條圖相同。

❑ chart.title：建立圖表標題。

❑ chart.x_axis.title：x 軸標題。

❑ chart.y_axis.title：y 軸標題。

❑ chart.width：圖表寬度。

❑ chart.height：圖表高度。

❑ chart.style：圖表色彩樣式。

❑ chart.legend：是否顯示圖例。

❑ chart.legend.position：圖例位置。

❑ chart.grouping：標準、堆疊或百分比堆疊設定。

程式實例 ch16_1.py：建立基本折線圖。

```
1   # ch16_1.py
2   import openpyxl
3   from openpyxl.chart import LineChart, Reference
4
5   wb = openpyxl.Workbook()              # 開啟活頁簿
6   ws = wb.active                        # 獲得目前工作表
7   rows = [
8       ['', 'Benz', 'BMW', 'Audi'],
9       ['2025年', 400, 300, 250],
10      ['2026年', 350, 250, 300],
11      ['2027年', 500, 300, 450],
12      ['2028年', 300, 250, 420],
```

```
13        ['2029年', 200, 350, 270]]
14  for row in rows:
15        ws.append(row)
16
17  # 建立資料來源
18  data = Reference(ws,min_col=2,max_col=4,min_row=1,max_row=6)
19  # 建立折線圖物件
20  chart = LineChart()                          # 折線圖
21  # 將資料加入圖表
22  chart.add_data(data, titles_from_data=True) # 建立圖表
23  # 建立圖表和座標軸標題
24  chart.title = '汽車銷售表'                     # 圖表標題
25  chart.x_axis.title = '年度'                   # x軸標題
26  chart.y_axis.title = '銷售數'                 # y軸標題
27  # x軸資料標籤 (年度)
28  xtitle = Reference(ws,min_col=1,min_row=2,max_row=6)
29  chart.set_categories(xtitle)
30  # 將圖表放在工作表 E1
31  ws.add_chart(chart, 'E1')
32  wb.save('out16_1.xlsx')
```

執行結果 開啟 out16_1.xlsx 可以得到下列結果。

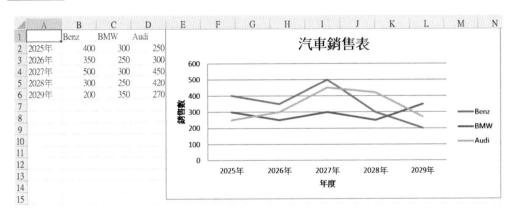

程式實例 ch16_2.py：請使用 chart.style = 42 重新設計 ch16_1.py，讀者可以體驗結果。

```
30  # 使用style = 42, 設定色彩樣式
31  chart.style = 42
```

執行結果 開啟 out16_2.xlsx 可以得到下列結果。

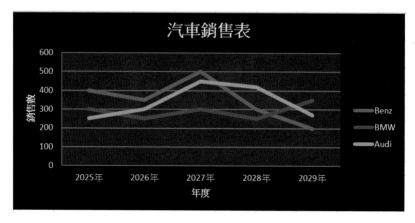

註　程式碼只列出增加部分，未來實例相同方式處理。

16-2 堆疊折線圖

堆疊折線圖的觀念和直條圖觀念一樣，是將數據堆疊，若是以本章的實例而言就是每年的銷售數量疊加起來，設定如下：

```
chart.grouping = "stacked"            # 堆疊折線圖
chart.grouping = "percentStacked"     # 百分比堆疊折線圖
```

程式實例 ch16_3.py：用堆疊折線圖重新設計 ch16_1.py。

```
30  # 堆疊折線圖
31  chart.grouping = "stacked"
```

執行結果　開啟 out16_3.xlsx 可以得到下列結果。

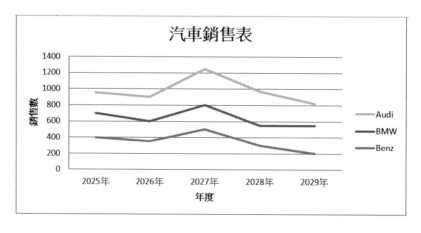

程式實例 ch16_4.py：用百分比堆疊折線圖重新設計 ch16_1.py。

```
30   #  百分比堆疊折線圖
31   chart.grouping = "percentStacked"
```

執行結果　開啟 out16_4.xlsx 可以得到下列結果。

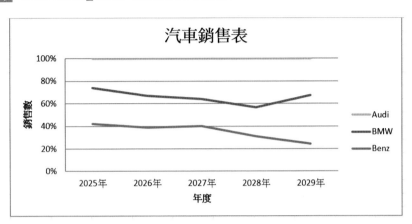

16-3 建立平滑的線條

　　線條物件有 smooth 屬性，如果將此屬性設為 True，可以建立平滑的線條。

程式實例 ch16_5.py：重新設計 ch16_1.py，建立平滑的折線圖。

```
30   #  建立線條資料點符號
31   s0 = chart.series[0]              #  線條編號 0 - Benz
32   s0.smooth = True
33   s1 = chart.series[1]              #  線條編號 1 - BMW
34   s1.smooth = True
35   s2 = chart.series[2]              #  線條編號 2 - BMW
36   s2.smooth = True
```

執行結果　開啟 out16_5.xlsx 可以得到下列結果。

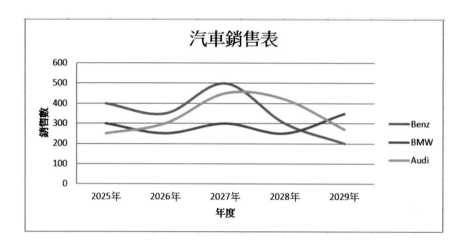

16-4　資料點的標記

上一小節已經說明可以用線條物件建立平滑的線條，這個線條物件也可以建立資料點的標記、大小、填滿顏色與外框顏色，這些屬性內容如下：

❑ marker.symbol：標記，可以是 'x'、'picture'、'dash'、'triangle'、'star'、'square'、'plus'、'circle'、'dot'、'auto'、'diamond'。

❑ marker.size：標記的大小，可以用浮點數。

❑ graphicalProperties.solidFill：填充標記的顏色，可以使用 RGB 色彩 ('FF0000')，也可以用 ColorChoice( ) 函數。

❑ graphicalProperties.line.solidFill：填充標記外框的顏色，可以使用 RGB 色彩 ('FF0000')，也可以用 ColorChoice( ) 函數。

程式實例 ch16_6.py：重新設計 ch16_1.py，每一個產品折線點使用不同的標記。

```
30  # 建立線條資料點符號
31  s0 = chart.series[0]                          # 線條編號 0 - Benz
32  s0.marker.symbol = "diamond"
33  s0.marker.size = 8
34  s0.marker.graphicalProperties.solidFill = 'FF0000'      # 標記內部
35  s0.marker.graphicalProperties.line.solidFill = 'FF0000' # 標記輪廓
36
37  s1 = chart.series[1]                          # 線條編號 1 - BMW
38  s1.marker.symbol = "circle"
39  s1.marker.size = 5
```

```
40  s1.marker.graphicalProperties.solidFill = '00FF00'        # 標記內部
41  s1.marker.graphicalProperties.line.solidFill = '00FF00'   # 標記輪廓
42
43  s2 = chart.series[2]                          # 線條編號 2 - Audi
44  s2.marker.symbol = "star"
45  s2.marker.size = 10
46  s2.marker.graphicalProperties.solidFill = '0000FF'        # 標記內部
47  s2.marker.graphicalProperties.line.solidFill = '0000FF'   # 標記輪廓
```

執行結果　開啟 out16_6.xlsx 可以得到下列結果。

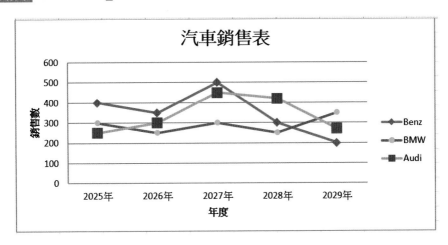

16-5 折線圖的線條樣式

線條物件也可以建立線條樣式、顏色和寬度，這些屬性內容如下：

❏ graphicalProperties.line.solidFill：可以用 RGB 色彩設定線條顏色。

❏ graphicalProperties.line.dashStyle： 線 條 樣 式 ， 可 以 有 'dash'、'dot'、'dashDot'、'sysDot'、'sysDashDot'、'sysDashDotDot'、'dashDot'、'syaDash'、'lgDash'、'lgDashDot'、'lgDashDotDot'。

❏ graphicalProperties.line.width：線條的寬度，使用 EMU 模組轉換。

❏ graphicalProperties.line.noFill：預設是 False，如果是 True 可以隱藏線條。

程式實例 ch16_7.py：重新設計 ch16_6.py，擴充使用不同樣式與顏色的線條。

```
4  from openpyxl.utils.units import pixels_to_EMU
...
```

```
31   # 建立線條資料點標記和樣式
32   # 線條編號 0 標記
33   s0 = chart.series[0]                              # 線條編號 0 - Benz
34   s0.marker.symbol = "diamond"
35   s0.marker.size = 8
36   s0.marker.graphicalProperties.solidFill = 'FF0000'      # 標記內部
37   s0.marker.graphicalProperties.line.solidFill = 'FF0000'  # 標記輪廓
38   # 線條編號 0 樣式
39   s0.graphicalProperties.line.solidFill = '00AAAA'
40   s0.graphicalProperties.line.dashStyle = "dashDot"
41   s0.graphicalProperties.line.width = pixels_to_EMU(3)
42   # 線條編號 1 標記
43   s1 = chart.series[1]                              # 線條編號 1 - BMW
44   s1.marker.symbol = "circle"
45   s1.marker.size = 5
46   s1.marker.graphicalProperties.solidFill = '00FF00'      # 標記內部
47   s1.marker.graphicalProperties.line.solidFill = '00FF00'  # 標記輪廓
48   # 線條編號 1 樣式
49   s1.graphicalProperties.line.solidFill = 'FF69B4'
50   s1.graphicalProperties.line.dashStyle = "dot"
51   s1.graphicalProperties.line.width = pixels_to_EMU(3)
52   # 線條編號 2 標記
53   s2 = chart.series[2]                              # 線條編號 2 - Audi
54   s2.marker.symbol = "star"
55   s2.marker.size = 10
56   s2.marker.graphicalProperties.solidFill = '0000FF'      # 標記內部
57   s2.marker.graphicalProperties.line.solidFill = '0000FF'  # 標記輪廓
58   # 線條編號 2 樣式
59   s2.graphicalProperties.line.solidFill = 'FFA500'
60   s2.graphicalProperties.line.dashStyle = "dash"
61   s2.graphicalProperties.line.width = pixels_to_EMU(3)
```

執行結果　開啟 out16_7.xlsx 可以得到下列結果。

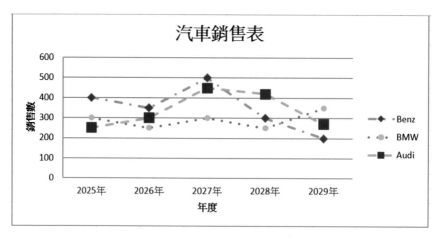

上述有一個函數 pixels_to_EMU( ) 這是 openpyxl 模組處理線條寬度的函數。如果設定 graphicalProperties.line.noFill = True，則可以隱藏所設定的折線。

程式實例 ch16_8.py：重新設計 ch16_7.py，但是隱藏 BMW 折線。

```
48   # 線條編號 1 樣式
49   s1.graphicalProperties.line.noFill = True
50
51
```

執行結果　開啟 out16_8.xlsx 可以得到下列結果。

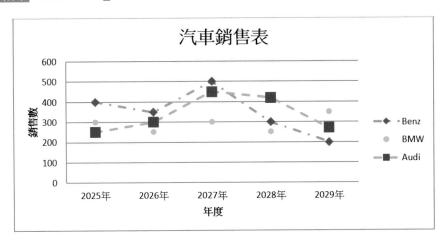

16-6　3D 立體折線圖

3D 立體折線圖的函數是 LineChart3D( )，許多觀念和折線圖觀念一樣，建立 3D 立體直條圖物件語法如下：

chart = LineChart3D( )

此外，使用前要先導入 LineChart3D 模組，如下所示：

from openpyxl.chart import LIneChart3D

註　3D 立體折線圖與折線圖的差異如下：

1： 無法設定標記 (marker)。

2： 無法使用 noFill 屬性隱藏線條。

3： 圖例不是預設，不過可以自行設定。

程式實例 ch16_9.py：將折線圖改為 3D 立體折線圖，然後重新設計 ch16_1.py。

```
1   # ch16_9.py
2   import openpyxl
3   from openpyxl.chart import LineChart3D, Reference
4
5   wb = openpyxl.Workbook()                         # 開啟活頁簿
6   ws = wb.active                                   # 獲得目前工作表
7   rows = [
8       ['', 'Benz', 'BMW', 'Audi'],
9       ['2025年', 400, 300, 250],
10      ['2026年', 350, 250, 300],
11      ['2027年', 500, 300, 450],
12      ['2028年', 300, 250, 420],
13      ['2029年', 200, 350, 270]]
14  for row in rows:
15      ws.append(row)
16
17  # 建立資料來源
18  data = Reference(ws,min_col=2,max_col=4,min_row=1,max_row=6)
19  # 建立3D折線圖物件
20  chart = LineChart3D()                            # 3D折線圖
```

執行結果　開啟 out16_9.xlsx 可以得到下列結果。

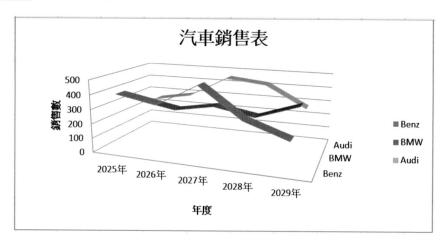

程式實例 ch16_10.py：將折線圖改為 3D 立體折線圖，然後重新設計 ch16_7.py，。

```
31  # 建立3D線條樣式
32  # 線條編號 0 樣式
33  s0 = chart.series[0]                             # 線條編號 0 - Benz
34  s0.graphicalProperties.line.solidFill = '00AAAA'
35  s0.graphicalProperties.line.width = pixels_to_EMU(3)
36  # 線條編號 1 樣式
37  s1 = chart.series[1]                             # 線條編號 1 - BMW
38  s1.graphicalProperties.line.solidFill = 'FF69B4'
```

```
39  s1.graphicalProperties.line.width = pixels_to_EMU(3)
40  # 線條編號 2 樣式
41  s2 = chart.series[2]                          # 線條編號 2 - Audi
42  s2.graphicalProperties.line.solidFill = 'FFA500'
43  s2.graphicalProperties.line.width = pixels_to_EMU(3)
```

執行結果　開啟 out16_10.xlsx 可以得到下列結果。

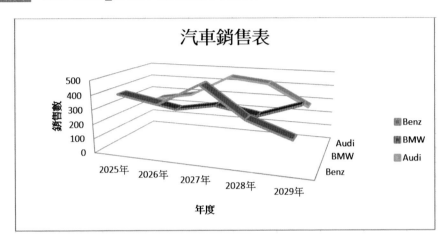

　　上述第 34、38、42 列所設定的是 3D 折線輪廓的顏色，如果要設定線條的顏色要
使用下列屬性。

graphicalProperties.solidFill

程式實例 ch16_11.py：是重新設計 ch16_10.py，將 Benz 的 3D 折線設為紅色，讀者可
以比較結果。

```
31  # 建立3D線條樣式
32  # 線條編號 0 樣式
33  s0 = chart.series[0]                          # 線條編號 0 - Benz
34  s0.graphicalProperties.solidFill = 'FF0000'        # 內部顏色
35  s0.graphicalProperties.line.solidFill = '00AAAA'   # 輪廓顏色
36  s0.graphicalProperties.line.width = pixels_to_EMU(3)
```

執行結果　開啟 out16_10.xlsx 可以得到下列結果。

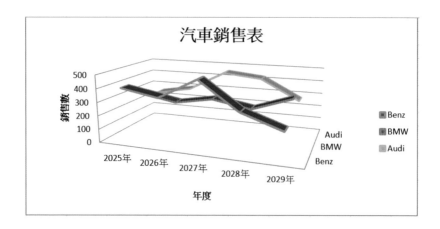

16-7　區域圖

區域圖的觀念和折線圖相同，只是線條下方會被填充。

16-7-1　基礎實作

區域圖的函數是 AreaChart( )，在使用前需要先導入 AreaChart 模組。

from openpyxl.chart import AreaChart

下列是建立區域圖物件的實例。

chart = AreaChart( )

有了區域圖物件後，下列屬性意義與直條圖相同。

❏ chart.title：建立圖表標題。

❏ chart.x_axis.title：x 軸標題。

❏ chart.y_axis.title：y 軸標題。

❏ chart.width：圖表寬度。

❏ chart.height：圖表高度。

❏ chart.style：圖表色彩樣式。

❏ chart.legend：是否顯示圖例。

❑ chart.legend.position：圖例位置。

❑ chart.grouping：標準、堆疊或百分比堆疊設定。

程式實例 ch16_12.py：建立基本區域圖。

```
1   # ch16_12.py
2   import openpyxl
3   from openpyxl.chart import AreaChart, Reference
4
5   wb = openpyxl.Workbook()                     # 開啟活頁簿
6   ws = wb.active                               # 獲得目前工作表
7   rows = [
8       ['', 'Benz', 'BMW'],
9       ['2025年', 400, 100],
10      ['2026年', 350, 150],
11      ['2027年', 500, 130],
12      ['2028年', 600, 200],
13      ['2029年', 450, 220]]
14  for row in rows:
15      ws.append(row)
16
17  # 建立資料來源
18  data = Reference(ws,min_col=2,max_col=3,min_row=1,max_row=6)
19  # 建立區域圖物件
20  chart = AreaChart()                          # 區域圖
21  # 將資料加入圖表
22  chart.add_data(data, titles_from_data=True) # 建立圖表
23  # 建立圖表和座標軸標題
24  chart.title = '汽車銷售表'                    # 圖表標題
25  chart.x_axis.title = '年度'                   # x軸標題
26  chart.y_axis.title = '銷售數'                 # y軸標題
27  # x軸資料標籤 (年度)
28  xtitle = Reference(ws,min_col=1,min_row=2,max_row=6)
29  chart.set_categories(xtitle)
30  # 將圖表放在工作表 E1
31  ws.add_chart(chart, 'E1')
32  wb.save('out16_12.xlsx')
```

執行結果　開啟 out16_12.xlsx 可以得到下列結果。

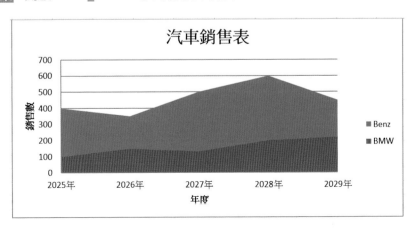

16-7-2　區域圖樣式

屬性 style 可以設定不同的區域圖樣式。

程式實例 ch16_13.py：使用 style = 13 重新設計 ch16_12.py。

```
30   # 使用style = 13
31   chart.style = 13
```

執行結果　開啟 out16_13.xlsx 可以得到下列結果。

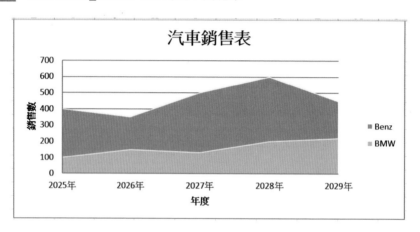

16-7-3　建立堆疊區域圖

建立堆疊區域圖使用 grouping 屬性。

程式實例 ch16_14.py：使用堆疊區域圖重新設計 ch16_12.py。

```
30   # 堆疊區域圖
31   chart.grouping = "stacked"
```

執行結果　開啟 out16_14.xlsx 可以得到下列結果。

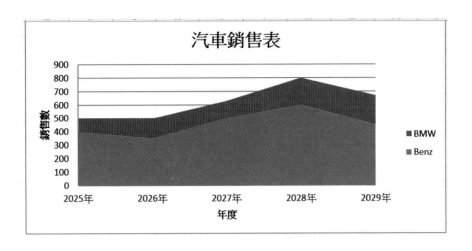

16-7-4　重新設計區域圖的填充和輪廓顏色

程式實例 ch16_15.py：使用不同區域圖填充和輪廓顏色重新設計 ch16_12.py。

```
30  # 區域編號 0 樣式
31  s0 = chart.series[0]                            # 區域編號 0 - Benz
32  s0.graphicalProperties.line.solidFill = '0000FF'    # 輪廓顏色
33  s0.graphicalProperties.solidFill = '00FFFF'         # 填充顏色
34  # 區域編號 1 樣式
35  s1 = chart.series[1]                            # 區域編號 1 - BMW
36  s1.graphicalProperties.line.solidFill = 'FF0000'    # 輪廓顏色
37  s1.graphicalProperties.solidFill = 'FFA500'         # 填充顏色
```

執行結果　開啟 out16_15.xlsx 可以得到下列結果。

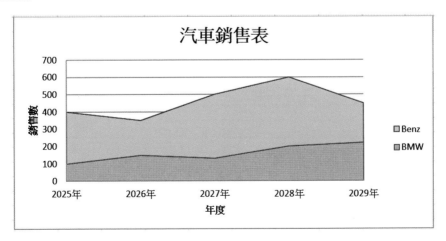

16-8　3D 立體區域圖

16-8-1　基礎實作

3D 立體區域圖的函數是 AreaChart3D( )，許多觀念和區域圖觀念一樣，建立 3D 立體直條圖物件語法如下：

```
chart = AreaChart3D( )
```

此外，使用前要先導入 AreaChart3D 模組，如下所示：

```
from openpyxl.chart import AreaChart3D
```

程式實例 ch16_16.py：將區域圖改為 3D 立體區域圖，然後重新設計 ch16_12.py。

```
1  # ch16_16.py
2  import openpyxl
3  from openpyxl.chart import AreaChart3D, Reference
4
5  wb = openpyxl.Workbook()                      # 開啟活頁簿
6  ws = wb.active                                # 獲得目前工作表
7  rows = [
8      ['', 'BMW', 'Benz'],
9      ['2025年', 100, 400],
10     ['2026年', 150, 350],
11     ['2027年', 130, 500],
12     ['2028年', 200, 600],
13     ['2029年', 220, 450]]
14 for row in rows:
15     ws.append(row)
16
17 # 建立資料來源
18 data = Reference(ws,min_col=2,max_col=3,min_row=1,max_row=6)
19 # 建立3D區域圖物件
20 chart = AreaChart3D()                         # 3D區域圖
21 # 將資料加入圖表
22 chart.add_data(data, titles_from_data=True) # 建立圖表
23 # 建立圖表和座標軸標題
24 chart.title = '汽車銷售表'                     # 圖表標題
25 chart.x_axis.title = '年度'                    # x軸標題
26 chart.y_axis.title = '銷售數'                  # y軸標題
27 # x軸資料標籤 (年度)
28 xtitle = Reference(ws,min_col=1,min_row=2,max_row=6)
29 chart.set_categories(xtitle)
30 # 將圖表放在工作表 E1
31 ws.add_chart(chart, 'E1')
32 wb.save('out16_16.xlsx')
```

執行結果　開啟 out16_16.xlsx 可以得到下列結果。

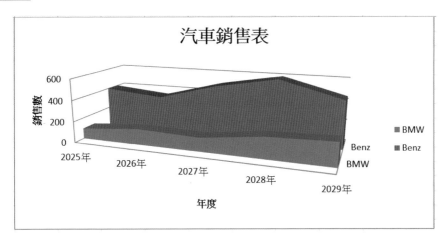

16-8-2　3D 區域圖樣式

程式實例 ch16_17.py：設定 3D 區域圖樣式 style = 48，重新設計 ch16_16.py。

```
30  # 更改3D區域圖樣式
31  chart.style = 48
```

執行結果　開啟 out16_17.xlsx 可以得到下列結果。

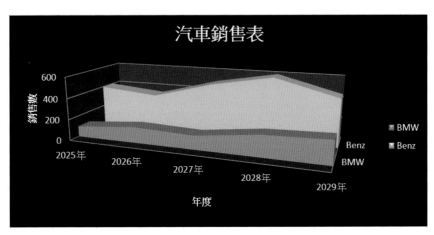

第 17 章
散點圖和氣泡圖

17-1　散點圖

17-2　氣泡圖

17-3　建立漸層色彩的氣泡圖

17-4　多組氣泡圖的實作

一般人常利用將實驗或是觀察所得的資料製作成散點圖或氣泡圖，然後再分析所建的數據間的關係，實驗室的工作人員是特別喜歡使用散點圖表或氣泡圖。

17-1　散點圖

散點圖主要是可以為每一個系列建立不同的 x 軸值，散點圖的函數是 ScatterChart( )，在使用前需要先導入 ScatterChart 模組。此外，因為是導入不同系列的資料，需要使用 Series 模組，可以參考下列語法。

> from openpyxl.chart import ScatterChart, Series

下列是建立散點圖物件的實例。

> chart = ScatterChart( )

有了散點圖物件後，下列屬性意義與直條圖相同。

❑ chart.title：建立圖表標題。

❑ chart.x_axis.title：x 軸標題。

❑ chart.y_axis.title：y 軸標題。

❑ chart.width：圖表寬度。

❑ chart.height：圖表高度。

❑ chart.style：圖表色彩樣式。

❑ chart.legend：是否顯示圖例。

❑ chart.legend.position：圖例位置。

程式實例 ch17_1.py：y 軸是數量，x 軸是溫度，然後可以繪製在不同溫度下台北和高雄的冰品銷售，這相當於可以了解兩個城市對於不同溫度下冰品的喜好度。

```
1  # ch17_1.py
2  import openpyxl
3  from openpyxl.chart import ScatterChart, Series
4  from openpyxl.chart import Reference
5
6  wb = openpyxl.Workbook()
7  ws = wb.active
8
```

```
 9  rows = [
10      ['溫度','台北','高雄'],
11      [10,  80,  30],
12      [15,  100,  50],
13      [20,  150,  70],
14      [25,  200, 120],
15      [30,  320, 360],
16      [35,  395, 550],
17  ]
18  for row in rows:
19      ws.append(row)
20  chart = ScatterChart()
21  chart.title = "台北與高雄冰品銷量統計表"
22  chart.style = 13
23  chart.x_axis.title = '溫度'
24  chart.y_axis.title = '冰品銷量'
25
26  # 建立 x 軸的參考資料
27  xvalues = Reference(ws,min_col=1,min_row=2,max_row=7)
28  # 分別處理每一個欄位的資料，先台北，然後高雄，...
29  for i in range(2, 4):
30      # 定義系列series的y軸參考資料
31      values = Reference(ws,min_col=i,min_row=1,max_row=7)
32      # 建立系列物件 s
33      s = Series(values,xvalues,title_from_data=True)
34      # 將系列物件 s 加入散點圖物件
35      chart.series.append(s)
36  ws.add_chart(chart,"E1")
37  wb.save("out17_1.xlsx")
```

執行結果　開啟 out17_1.xlsx 可以得到下列結果。

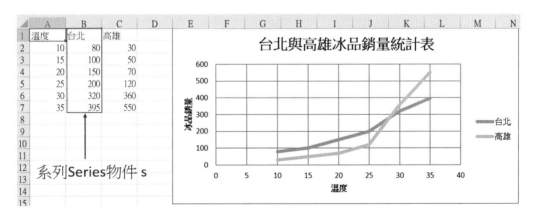

上述程式的重點是第 27 ~ 35 列，第 27 列是建立 x 軸的參考，然後使用 for 迴圈分欄方式處理不同的欄位資料，相當於分別處理台北欄位、高雄欄位資料。有了第 27 列的 xvalue 參考物件和第 31 列的 value 參考物件，就可以使用 Series( ) 函數建立系列

物件 s。對上述執行結果而言，一條折線就是一個系列物件。

所以 Series( ) 函數用法如下：

Series(y 軸系列值 , x 軸系列值 , title_from_data)

完成了上述圖後，讀者可能會奇怪，散點圖和折線圖類似，與想像的不一樣，這是 openpyxl 模組散點圖的預設結果，不過我們可以使用下列程式改良。

程式實例 ch17_2.py：為不同的系列建立不同圖案的參考標記，同時取消線條。

```
26   # 建立系列的標記marker和顏色colors
27   marker = ['circle', 'diamond']
28   colors = ['FF0000', '0000FF']
29   # 建立 x 軸的參考資料
30   xvalues = Reference(ws,min_col=1,min_row=2,max_row=7)
31   # 分別處理每一個欄位的資料，先台北，然後高雄，...
32   for i in range(2, 4):
33       # 定義系列series的y軸參考資料
34       values = Reference(ws,min_col=i,min_row=1,max_row=7)
35       # 建立系列物件 s
36       s = Series(values,xvalues,title_from_data=True)
37       # 建立系列標記
38       s.marker.symbol = marker[i-2]
39       # 建立系列標記填充顏色
40       s.marker.graphicalProperties.solidFill = colors[i-2]
41       # 建立系列標記輪廓顏色
42       s.marker.graphicalProperties.line.solidFill = colors[i-2]
43       # 取消線條顯示
44       s.graphicalProperties.line.noFill = True
45       # 將系列物件 s 加入散點圖物件
46       chart.series.append(s)
```

執行結果 開啟 out17_2.xlsx 可以得到下列結果。

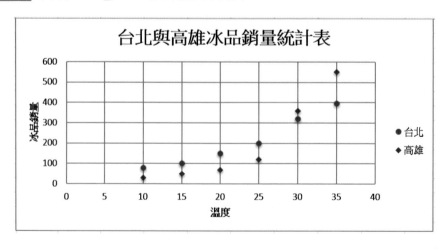

17-2 氣泡圖

17-2-1　建立基礎氣泡圖

氣泡圖與散點圖類似，但是會用第 3 組數據建立氣泡的大小，圖表可以有多組可以參考的系列，本章筆者從單一系列的氣泡圖說起。

氣泡圖的函數是 BubbleChart( )，在使用前需要先導入 BubbleChart 模組。此外，因為是導入不同系列的資料，需要使用 Series 模組，可以參考下列語法。

```
from openpyxl.chart import BubbleChart, Series
```

下列是建立氣泡圖物件的實例。

```
chart = BubbleChart( )
```

有了氣泡圖物件後，下列屬性意義與直條圖相同。

☐ chart.title：建立圖表標題。

☐ chart.x_axis.title：x 軸標題。

☐ chart.y_axis.title：y 軸標題。

☐ chart.width：圖表寬度。

☐ chart.height：圖表高度。

☐ chart.style：圖表色彩樣式。

☐ chart.legend：是否顯示圖例。

☐ chart.legend.position：圖例位置。

總之要建立氣泡圖需要有 3 組數據，分別如下：

value：x 軸資料

yvalue：y 軸資料

zvalue：z 軸資料，相當於是設定氣泡大小，例如可以用 size 當作數列物件。

有了上述數據後，可以使用 Series( ) 函數將數據組織起來，如下所示：

```
s = Series(values=yvalues, xvalues=xvalues, zvalues=size, title)
```

接著可以將系列物件 s 加入氣泡圖物件。

```
chart.series.append(s)
```

最後一步是將氣泡圖物件加入工作表。

```
ws.add_chart(chart, "B7")                # 假設圖表放在 B7 儲存格
```

上述就是建立氣泡圖所需資料與建立步驟，下列將用 data17_3.xlsx 的冰品銷售工作表為實例，建立氣泡圖。

	A	B	C	D	E	F	G	H
1								
2		冰品銷售/氣溫/獲利調查表						
3		氣溫	10	15	20	25	30	35
4		數量	60	75	100	160	250	395
5		獲利	1200	1500	2000	3200	5000	7900

冰品銷售

程式實例 ch17_3.py：建立冰品銷售工作表的氣泡圖，獲利當作氣泡的大小。

```
1  # ch17_3.py
2  import openpyxl
3  from openpyxl.chart import BubbleChart, Series
4  from openpyxl.chart import Reference
5
6  fn = "data17_3.xlsx"
7  wb = openpyxl.load_workbook(fn)
8  ws = wb.active
9
10 chart = BubbleChart()
11 chart.style = 48
12 chart.title = ws['B2'].value
13
14 # 建立系列物件 s
15 # 建立 x 軸資料 xvalues
16 xvalues = Reference(ws,min_col=3,max_col=8,min_row=3)
17 # 建立 y 軸資料 yvalues
18 yvalues = Reference(ws,min_col=3,max_col=8,min_row=4)
19 # 建立 z 軸資料 size，這是氣泡的大小
20 size = Reference(ws,min_col=3,max_col=8,min_row=5)
21 s = Series(values=yvalues,xvalues=xvalues,zvalues=size,
22                 title="2025年")
23 # 將系列物件 s 加入氣泡圖物件
24 chart.series.append(s)
25 # 將氣泡圖物件加入工作表，放在 B7
26 ws.add_chart(chart,"B7")
27 wb.save("out17_3.xlsx")
```

執行結果 開啟 out17_3.xlsx 可以得到下列結果。

17-2-2 建立立體氣泡圖

建立系列物件完成後，只要將此物件的 bubble3D 屬性設為 True，就可以將 2D 的氣泡圖改為 3D。

程式實例 ch17_4.py：將氣泡改為 3D，重新設計 ch17_3.py。註：這個程式只是新增第 25 和 26 列。

```
1  # ch17_4.py
2  import openpyxl
3  from openpyxl.chart import BubbleChart, Series
4  from openpyxl.chart import Reference
5
6  fn = "data17_3.xlsx"
7  wb = openpyxl.load_workbook(fn)
8  ws = wb.active
9
10 chart = BubbleChart()
11 chart.style = 48
12 chart.title = ws['B2'].value
13
14 # 建立系列物件 s
```

```
15  # 建立 x 軸資料 xvalues
16  xvalues = Reference(ws,min_col=3,max_col=8,min_row=3)
17  # 建立 y 軸資料 yvalues
18  yvalues = Reference(ws,min_col=3,max_col=8,min_row=4)
19  # 建立 z 軸資料 size，這是氣泡的大小
20  size = Reference(ws,min_col=3,max_col=8,min_row=5)
21  s = Series(values=yvalues,xvalues=xvalues,zvalues=size,
22                  title="2025年")
23  # 將系列物件 s 加入氣泡圖物件
24  chart.series.append(s)
25  # 建立 3D 氣泡圖
26  s.bubble3D = True
27  # 將氣泡圖物件加入工作表，放在 B7
28  ws.add_chart(chart,"B7")
29  wb.save("out17_4.xlsx")
```

執行結果　開啟 out17_4.xlsx 可以得到下列結果。

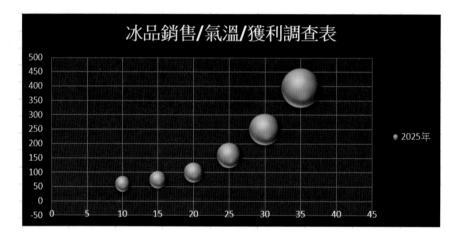

17-3 建立漸層色彩的氣泡圖

要建立漸層色彩的氣泡圖，首先要導入 GradientStop 模組，建立漸層變色位置和顏色物件，如下所示：

from openpyxl.drawing.fill import GradientStop

有了上述模組就可以導入 GradientStop( ) 函數，此函數方法如下：

gs = GradientStop(pos, prstClr)

　　上述 pos 是變色的閾值，值的區間是 0 ~ 100000 之間。prstClr 是變色的顏色 (此顏色參數可以參考 15-2-4 節)。假設是定義有 3 個漸變色，則需同時定義 gs1、gs2 和 gs3。

　　下一步是導入 GradientFillProperties 模組，這是為了要建立漸層變色物件。

　　from openpyxl.drawing.fill import GradientFillProperties

　　下列是建立漸層變色物件 gprop 的指令。

　　gprop = GradientFillProperties( )

　　有了漸層變色物件，就可以使用 stop_list 屬性將漸層變色位置和顏色物件設定成串列。

　　gprop.stop_list = [gs1, gs2, gs3]

　　接著是設定漸層變色的方法，建議初學可以使用線性 (linear)，此時需要導入 LinearShadeProperties 模組。

　　from openpyxl.drawing.fill import LinearShadeProperties

　　設定指令如下：

　　gprop.linear = LinearShadeProperties(xx)

　　上述 xx 是漸層變色的角度，程式實例 ch17_5.py 是使用 45 度。最後是將漸層變色物件指定給氣泡物件，指令如下：

　　s.graphicalProperties.gradFill = gprop

程式實例 ch17_5.py：使用 style=40，同時建立漸層色彩 (red, yellow, green) 的氣泡圖。

```
1   # ch17_5.py
2   import openpyxl
3   from openpyxl.chart import BubbleChart, Series
4   from openpyxl.chart import Reference
5   from openpyxl.drawing.fill import GradientStop
6   from openpyxl.drawing.fill import GradientFillProperties
7   from openpyxl.drawing.fill import LinearShadeProperties
8
9   fn = "data17_3.xlsx"
10  wb = openpyxl.load_workbook(fn)
11  ws = wb.active
```

```
12
13   chart = BubbleChart()
14   chart.style = 40
15   chart.title = ws['B2'].value
16
17   # 建立系列物件 s
18   # 建立 x 軸資料 xvalues
19   xvalues = Reference(ws,min_col=3,max_col=8,min_row=3)
20   # 建立 y 軸資料 yvalues
21   yvalues = Reference(ws,min_col=3,max_col=8,min_row=4)
22   # 建立 z 軸資料 size, 這是氣泡的大小
23   size = Reference(ws,min_col=3,max_col=8,min_row=5)
24   s = Series(values=yvalues,xvalues=xvalues,zvalues=size,
25                   title="2025年")
26   # 將系列物件 s 加入氣泡圖物件
27   chart.series.append(s)
28   # 建立漸層色彩的 3D 氣泡圖
29   s.bubble3D = True
30   # 定義 3D 色彩漸變的位置和色彩
31   gs1 = GradientStop(pos=10000, prstClr="red")
32   gs2 = GradientStop(pos=50000, prstClr="yellow")
33   gs3 = GradientStop(pos=90000, prstClr="green")
34   # 定義漸變色彩物件和色彩方法
35   gprop = GradientFillProperties()          # 定義漸變色彩物件
36   gprop.stop_list = [gs1, gs2, gs3]         # 見變色位置和色彩定義
37   gprop.linear = LinearShadeProperties(90)  # 使用線性漸變色彩方法
38   # 將設定完成的漸變色彩應用到氣泡物
39   s.graphicalProperties.gradFill = gprop
40   # 將氣泡圖物件加入工作表, 放在 B7
41   ws.add_chart(chart,"B7")
42   wb.save("out17_5.xlsx")
```

執行結果 開啟 out17_5.xlsx 可以得到下列結果。

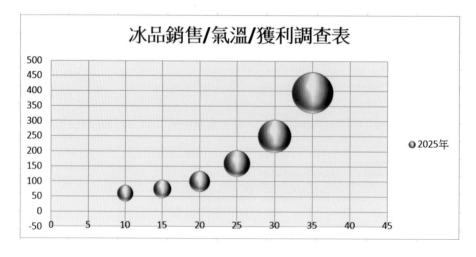

氣泡圖可以允許有多組數據，下列是 data17_6.xlsx 冰品銷售工作表的內容。

	A	B	C	D	E	F	G	H
1								
2			2025年冰品銷售/氣溫/獲利調查表					
3		氣溫	10	15	20	25	30	35
4		數量	60	75	100	160	250	395
5		獲利	1200	1500	2000	3200	5000	7900
6								
7			2026年冰品銷售/氣溫/獲利調查表					
8		氣溫	12	16	22	28	31	37
9		數量	75	180	250	180	190	330
10		獲利	1500	3600	5000	3600	3800	6600

冰品銷售

上述基本上是新增加 B7:H10 儲存格區間，我們可以先為 B2:H5 儲存格區間的資料建立氣泡圖後，再為 B7:H10 儲存格區間的資料建立氣泡圖就可以了。當建立多個系列的氣泡圖時，系列的氣泡圖可以使用不同的修飾方式。

程式實例 ch17_6.py：為上述 B7:H10 儲存格區間的資料新增一組 2026 年的氣泡圖。

```python
1   # ch17_6.py
2   import openpyxl
3   from openpyxl.chart import BubbleChart, Series
4   from openpyxl.chart import Reference
5   from openpyxl.drawing.fill import GradientStop
6   from openpyxl.drawing.fill import GradientFillProperties
7   from openpyxl.drawing.fill import LinearShadeProperties
8
9   fn = "data17_6.xlsx"
10  wb = openpyxl.load_workbook(fn)
11  ws = wb.active
12
13  chart = BubbleChart()
14  chart.style = 40
15  chart.title = "2025年和2026年冰品銷售與獲利調查表"
16
17  # 建立系列物件 s
18  # 建立 x 軸資料 xvalues
19  xvalues = Reference(ws,min_col=3,max_col=8,min_row=3)
20  # 建立 y 軸資料 yvalues
21  yvalues = Reference(ws,min_col=3,max_col=8,min_row=4)
22  # 建立 z 軸資料 size，這是氣泡的大小
```

```
23  size = Reference(ws,min_col=3,max_col=8,min_row=5)
24  s = Series(values=yvalues,xvalues=xvalues,zvalues=size,
25          title="2025年")
26  # 將系列物件 s 加入氣泡圖物件
27  chart.series.append(s)
28  # 建立漸層色彩的 3D 氣泡圖
29  s.bubble3D = True
30  # 定義 3D 色彩漸變的位置和色彩
31  gs1 = GradientStop(pos=10000, prstClr="red")
32  gs2 = GradientStop(pos=50000, prstClr="yellow")
33  gs3 = GradientStop(pos=90000, prstClr="green")
34  # 定義漸變色彩物件和色彩方法
35  gprop = GradientFillProperties()              # 定義漸變色彩物件
36  gprop.stop_list = [gs1, gs2, gs3]             # 見變色位置和色彩定義
37  gprop.linear = LinearShadeProperties(90)      # 使用線性漸變色彩方法
38  # 將設定完成的漸變色彩應用到氣泡物
39  s.graphicalProperties.gradFill = gprop
40
41  # 建立系列物件 s1
42  # 建立 x 軸資料 xvalues
43  xvalues = Reference(ws,min_col=3,max_col=8,min_row=8)
44  # 建立 y 軸資料 yvalues
45  yvalues = Reference(ws,min_col=3,max_col=8,min_row=9)
46  # 建立 z 軸資料 size，這是氣泡的大小
47  size = Reference(ws,min_col=3,max_col=8,min_row=10)
48  s1 = Series(values=yvalues,xvalues=xvalues,zvalues=size,
49          title="2026年")
50  # 將系列物件 s 加入氣泡圖物件
51  chart.series.append(s1)
52  # 建立 3D 氣泡圖
53  s1.bubble3D = True
54
55  # 將氣泡圖物件加入工作表，放在 B7
56  ws.add_chart(chart,"J2")
57  wb.save("out17_6.xlsx")
```

執行結果　開啟 out17_5.xlsx 可以得到下列結果。

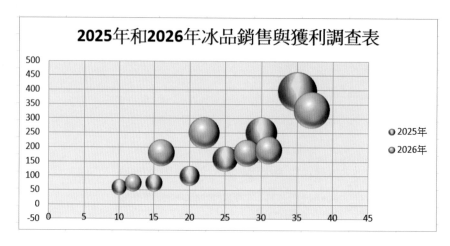

第 18 章
圓餅、環圈與雷達圖

18-1 圓餅圖

18-2 圓餅投影圖

18-3 3D 圓餅圖影圖

18-4 環圈圖

18-5 雷達圖

這一章將針對 openpyxl 模組常用的圖表做一個總結說明。

18-1 圓餅圖

18-1-1　圓餅圖語法與基礎實作

圓餅圖 (PieChart) 只適合一組資料數列，每個資料用切片表示，代表整體的百分比，切片會按順時針方向繪製，0 度代表位於圓餅正上方，這個圖表主要是供了解單筆資料相對於整體資料的關係比。圓餅圖的函數是 PieChart( )，在使用前需要先導入 PieChart 模組。

```
from openpyxl.chart import PieChat
```

下列是建立圓餅圖物件的實例。

```
chart = PieChart(firstSliceAng)
```

上述參數 firstSliceAng 預設是 0 度，代表第一個圓餅圖切片是從正上方開始，可以由此設定第一個圓餅圖切片依順時針起始角度的位置。有了圓餅圖物件後，下列屬性意義與直條圖相同。

❑ chart.title：建立圖表標題。

❑ chart.x_axis.title：x 軸標題。

❑ chart.y_axis.title：y 軸標題。

❑ chart.width：圖表寬度。

❑ chart.height：圖表高度。

❑ chart.style：圖表色彩樣式。

❑ chart.legend：是否顯示圖例。

❑ chart.legend.position：圖例位置。

程式實例 ch18_1.py：建立旅遊資料的圓餅圖。

```
1   # ch18_1.py
2   import openpyxl
3   from openpyxl.chart import PieChart, Reference
4
5   wb = openpyxl.Workbook()
6   ws = wb.active                          # 目前工作表
7   rows = [
8       ['地區', '人次'],
9       ['上海', 300],
10      ['東京', 600],
11      ['香港', 700],
12      ['新加坡', 400]]
13  for row in rows:
14      ws.append(row)
15
16  chart = PieChart()                      # 圓餅圖
17  chart.title = '深智員工旅遊意向調查表'
18  # 設定資料來源
19  data = Reference(ws,min_col=2,min_row=1,max_row=5)
20  # 將資料加入圓餅圖物件
21  chart.add_data(data,titles_from_data=True)
22  # 設定標籤資料
23  labels = Reference(ws,min_col=1,min_row=2,max_row=5)
24  chart.set_categories(labels)            # 設定標籤名稱
25  ws.add_chart(chart,'D1')                # 將圖表加入工作表
26  wb.save('out18_1.xlsx')
```

執行結果　開啟 out18_1.xlsx 可以得到下列結果。

第一個圓餅圖切片的起始角度

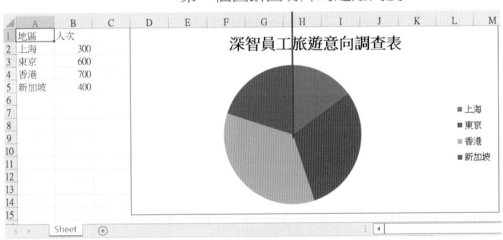

程式實例 ch18_2.py：將圓餅圖的起始角度改為 90 度，重新設計 ch18_1.py。

```
16    chart = PieChart(90)                    # 圓餅圖
```

執行結果　開啟 out18_2.xlsx 可以得到下列結果。

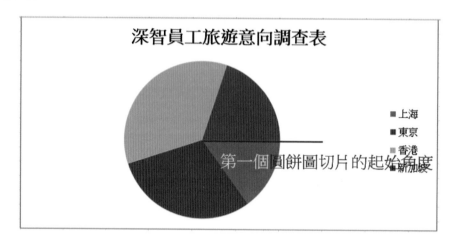

18-1-2　圓餅圖切片分離

要執行切片分離，可以參考下列實例。

程式實例 ch18_3.py：設計切片 1 分離，分離數是 20，重新設計 ch18_1.py。

```
1    # ch18_3.py
2    import openpyxl
3    from openpyxl.chart import PieChart, Reference
4    from openpyxl.chart.series import DataPoint
5
6    wb = openpyxl.Workbook()
7    ws = wb.active                            # 目前工作表
8    rows = [
9        ['地區', '人次'],
10       ['上海', 300],
11       ['東京', 600],
12       ['香港', 700],
13       ['新加坡', 400]]
14   for row in rows:
15       ws.append(row)
16
17   chart = PieChart()                        # 圓餅圖
18   chart.title = '深智員工旅遊意向調查表'
19   # 設定資料來源
20   data = Reference(ws,min_col=2,min_row=1,max_row=5)
```

```
21   # 將資料加入圓餅圖物件
22   chart.add_data(data,titles_from_data=True)
23   # 設定標籤資料
24   labels = Reference(ws,min_col=1,min_row=2,max_row=5)
25   chart.set_categories(labels)           # 設定標籤名稱
26   # 圓餅索引 0 切片分離
27   slice = DataPoint(idx=0, explosion=15)  # 索引 0 切片
28   # 因為只有一組資料，所以是第0系列資料，series[0]
29   # 下列相當於設定第 0 系列的第 0 索引
30   chart.series[0].data_points = [slice]
31   ws.add_chart(chart,'D1')               # 將圖表加入工作表
32   wb.save('out18_3.xlsx')
```

執行結果 開啟 out18_3.xlsx 可以得到下列結果。

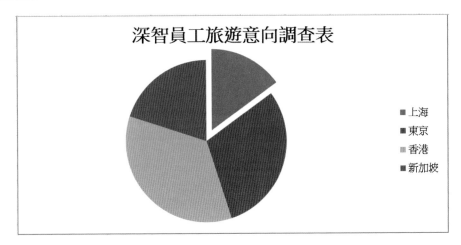

上述第 27 列在使用 DataPoint( ) 函數前需要導入模組 DataPoint，可以參考第 4 列。此外，DataPoint( ) 函數的第 2 個參數 explosion 是設定分離的距離。

程式實例 ch18_4.py：擴充設計 ch18_3.py，將分離的切片改為 '0000FF' 色彩。

```
26   # 圓餅索引 0 切片分離，同時設為 '0000FF' 色彩
27   slice = DataPoint(idx=0,explosion=15)   # 索引 0 切片
28   # 因為只有一組資料，所以是第0系列，series[0]
29   # 下列相當於設定第 0 系列的第 0 索引
30   chart.series[0].data_points = [slice]
31   slice.graphicalProperties.solidFill = "0000FF"   # 藍色
```

執行結果 開啟 out18_4.xlsx 可以得到下列結果。

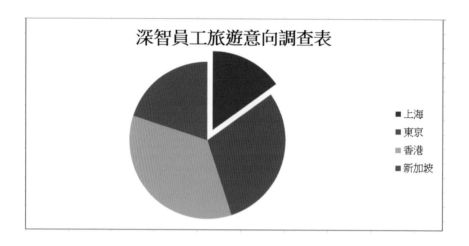

18-1-3　重設切片顏色

程式實例 ch18_4_1.py：重新設定切片顏色。

```
1   # ch18_4_1.py
2   import openpyxl
3   from openpyxl.chart import PieChart, Reference
4   from openpyxl.chart.series import DataPoint
5
6   wb = openpyxl.Workbook()
7   ws = wb.active                          # 目前工作表
8   rows = [
9       ['地區', '人次'],
10      ['上海', 300],
11      ['東京', 600],
12      ['香港', 700],
13      ['新加坡', 400]]
14  for row in rows:
15      ws.append(row)
16
17  chart = PieChart()                      # 圓餅圖
18  chart.title = '深智員工旅遊意向調查表'
19  # 設定資料來源
20  data = Reference(ws,min_col=2,min_row=1,max_row=5)
21  # 將資料加入圓餅圖物件
22  chart.add_data(data,titles_from_data=True)
23  # 設定標籤資料
24  labels = Reference(ws,min_col=1,min_row=2,max_row=5)
25  chart.set_categories(labels)            # 設定標籤名稱
26  # 圓餅切片色彩串列
27  colors = ['0000FF','FF0000','00FF00','61210B']
28  # 取得切片元素, 所有元素
29  slices = [DataPoint(idx=i) for i in range(4)]
30  # 因為只有一組資料, 所以是第0系列, 所有元素
31  chart.series[0].data_points = slices
```

```
32   # 設定所有切片的顏色
33   for i in range(4):
34       slices[i].graphicalProperties.solidFill = colors[i]
35   ws.add_chart(chart,'D1')                # 將圖表加入工作表
36   wb.save('out18_4_1.xlsx')
```

執行結果 開啟 out18_4_1.xlsx 可以得到下列結果。

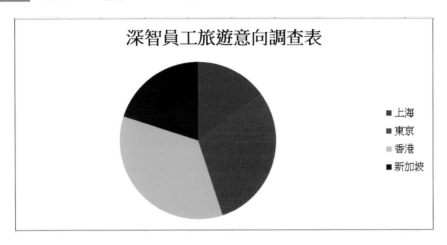

　　上述第 29 列是設定 slices 等於所有切片元素，第 30 列是設定圖表物件的資料，因為一組資料是稱一系列 (series) 所以使用 chart.series[0].data_points=slices，最後 32 ~ 34 列可以設定切片顏色。。

18-1-4　顯示切片名稱、資料和百分比

　　上述圓餅圖的切片預設是沒有顯示資料和百分比，可以使用下列方式顯示：

```
from openpyxl.chart.series import DataLabelList
…
chart.dataLabels.showPercent = True         # 顯示百分比
chart.dataLabels.showValue = True           # 顯示資料值
chart.dataLabels.showCatName = True         # 顯示資料名稱
```

　　不過一般比較常用是顯示百分比。

程式實例 ch18_5.py：重新設計 ch18_1.py，顯示切片百分比。

```
25   # 顯示切片百分比
26   chart.dataLabels = DataLabelList()
27   chart.dataLabels.showPercent = True
```

執行結果　開啟 out18_5.xlsx 可以得到下列結果。

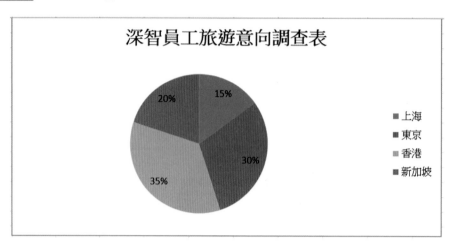

18-2　圓餅投影圖

在建立圓餅圖時，有的資料量比較小，此時可以使用圓餅投影圖將此資料放大投影到圓餅圖或直條圖上。圓餅投影圖的函數是 ProjectedPieChart( )，使用前需要先導入 ProjectedPieChart 模組。

```
from openpyxl.chart import ProjectedPieChat
```

下列是建立圓餅圖物件的實例。

```
chart = ProjectedPieChart( )
```

有了圓餅圖物件後，下列屬性意義與直條圖相同。

- ❏ chart.title：建立圖表標題。
- ❏ chart.x_axis.title：x 軸標題。
- ❏ chart.y_axis.title：y 軸標題。
- ❏ chart.width：圖表寬度。
- ❏ chart.height：圖表高度。
- ❏ chart.style：圖表色彩樣式。

❏ chart.legend：是否顯示圖例。

❏ chart.legend.position：圖例位置。

圓餅投影圖有 2 種類別，分別是 "pie" 和 "bar"，例如：下列是設定 "pie" 類別。

```
chart.type = "pie"
```

投影的分類方式有 3 種，分別是 "percent"(百分比)、"val"(值)、"pos"(位置)，然後就可以自動產生投影圖。註：筆者測試 "val" 效果不佳。

程式實例 ch18_6.py：分別使用 "pie" 和 "bar" 建立圓餅投影圖，同時分別使用 "percent" 和 "pos" 投影分類數據。

```
1   # ch18_6.py
2   import openpyxl
3   from openpyxl.chart import ProjectedPieChart, Reference
4   from openpyxl.chart.series import DataPoint
5   from copy import deepcopy
6
7   wb = openpyxl.Workbook()
8   ws = wb.active                          # 目前工作表
9   data = [
10      ['產品','銷售業績'],
11      ['化妝品', 85000],
12      ['家電', 10000],
13      ['日用品', 3000],
14      ['文具', 2000],
15  ]
16  for row in data:
17      ws.append(row)
18  # 建立圓餅投影圖 --- pie
19  projected_pie = ProjectedPieChart()
20  projected_pie.type = "pie"              # 投影到 pie
21  projected_pie.splitType = "percent"     # 依百分比投影
22  # 設定資料來源
23  data = Reference(ws, min_col=2, min_row=1, max_row=5)
24  # 將資料加入圓餅投影圖物件
25  projected_pie.add_data(data, titles_from_data=True)
26  # 設定標籤資料
27  labels = Reference(ws,min_col=1,min_row=2,max_row=5)
28  projected_pie.set_categories(labels)
29  # 將圖表加入工作表
30  ws.add_chart(projected_pie, "D1")
31
32  # 建立圓餅投影圖 --- bar
33  projected_bar = deepcopy(projected_pie)
34  projected_bar.type = "bar"              # 投影到 bar
35  projected_bar.splitType = 'pos'         # 依位置投影
36  ws.add_chart(projected_bar, "D16")      # 將圖表加入工作表
37  wb.save('out18_6.xlsx')
```

執行結果 開啟 out18_6.xlsx 可以得到下列結果。

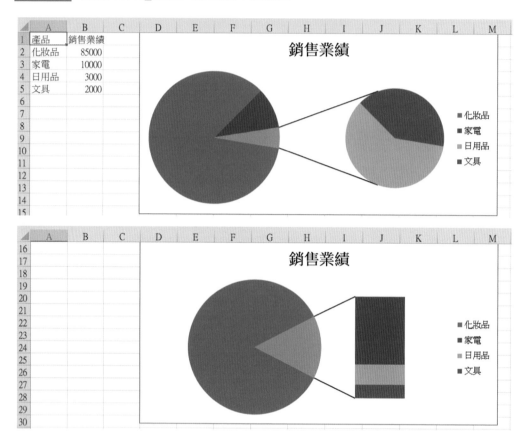

18-3 3D 圓餅圖影圖

3D 圓餅圖 (PieChart3D) 觀念和圓餅圖一樣，只是改為 3D 呈現。3D 圓餅圖的函數是 PieChart3D( )，在使用前需要先導入 PieChar3D 模組。

from openpyxl.chart import PieChat3D

下列是建立 3D 圓餅圖物件的實例。

chart = PieChart3D(firstSliceAng)

相關參數觀念也和圓餅圖相同。

程式實例 ch18_7.py：使用 chart.style=26，建立旅遊資料統計的 3D 圓餅圖。

```
1   # ch18_7.py
2   import openpyxl
3   from openpyxl.chart import PieChart3D, Reference
4   from openpyxl.chart.series import DataLabelList
5   from openpyxl.chart.series import DataPoint
6
7   wb = openpyxl.Workbook()
8   ws = wb.active                        # 目前工作表
9   rows = [
10      ['地區', '人次'],
11      ['上海', 300],
12      ['東京', 600],
13      ['香港', 700],
14      ['新加坡', 400]]
15  for row in rows:
16      ws.append(row)
17
18  chart = PieChart3D()                   # 3D圓餅圖
19  chart.title = '深智員工旅遊意向調查表'
20  chart.style = 26
21  # 設定資料來源
22  data = Reference(ws,min_col=2,min_row=1,max_row=5)
23  # 將資料加入圓餅圖物件
24  chart.add_data(data,titles_from_data=True)
25  # 設定標籤資料
26  labels = Reference(ws,min_col=1,min_row=2,max_row=5)
27  chart.set_categories(labels)           # 設定標籤名稱
28  # 顯示切片百分比
29  chart.dataLabels = DataLabelList()
30  chart.dataLabels.showPercent = True
31  # 圓餅切片色彩串列
32  colors = ['00FFFF','FF0000','00FF00','FFFF00']
33  # 取得切片元素, 所有元素
34  slices = [DataPoint(idx=i) for i in range(4)]
35  # 因為只有一組資料, 所以是第0系列, 所有原素
36  chart.series[0].data_points = slices
37  # 設定所有切片的顏色
38  for i in range(4):
39      slices[i].graphicalProperties.solidFill = colors[i]
40  ws.add_chart(chart,'D1')               # 將圖表加入工作表
41  wb.save('out18_7.xlsx')
```

執行結果　開啟 out18_7.xlsx 可以得到下列結果。

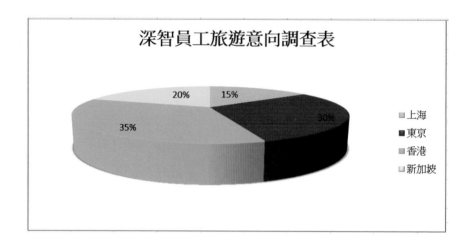

18-4　環圈圖

18-4-1　環圈圖語法與基礎實作

　　圓餅圖 (PieChart) 是適合一組資料，如果有多組資料時，就是使用環圈圖 (DoughnutChart) 的時機，一般可以應用在各年度產品銷售比較或是銷售區域的比較。環圈圖的基本觀念和圓餅圖 (PieChart) 類似，當有多組資料時，系列資料是從內往外安置。環圈圖的函數是 DoughnumChart( )，在使用前需要先導入 DoughnutChart 模組。

```
from openpyxl.chart import DoughnutChat
```

下列是建立環圈圖物件的實例。

```
chart = DoughnutChart(firstSliceAng)
```

　　上述參數 firstSliceAng 預設是 0 度，代表第一個環圈圖切片是從正上方開始，可以由此設定第一個環圈圖切片依順時針起始角度的位置。有了環圈圖物件後，下列屬性意義與直條圖相同。

❏ chart.title：建立圖表標題。

❏ chart.x_axis.title：x 軸標題。

❏ chart.y_axis.title：y 軸標題。

❏ chart.width：圖表寬度。

❏ chart.height：圖表高度。

❏ chart.style：圖表色彩樣式。

❏ chart.legend：是否顯示圖例。

❏ chart.legend.position：圖例位置。

程式實例 ch18_8.py：這是 2025 年和 2026 年外銷區域的銷售，雖然程式內容附有 2025 年和 2026 年的銷售資料，但是本程式設定的資料來源只有 2025 年的銷售資料，這個程式可以觀察只有一組資料時，環圈圖的結果。

```
1   # ch18_8.py
2   import openpyxl
3   from openpyxl.chart import (
4       DoughnutChart,
5       Reference
6   )
7   wb = openpyxl.Workbook()
8   ws = wb.active
9   data = [
10      ['地區', '2025年', '2026年'],
11      ['亞洲', 3500, 3800],
12      ['歐洲', 1800, 2200],
13      ['美洲', 2500, 3000],
14      ['其他', 800, 1200],
15  ]
16  for row in data:
17      ws.append(row)
18
19  chart = DoughnutChart()                  # 環圈圖
20  chart.title = "2025年外銷統計表"
21
22  # 設定資料來源 --- 只用2025年資料
23  data = Reference(ws,min_col=2,min_row=1,max_row=5)
24  # 將資料加入環圈圖物件
25  labels = Reference(ws,min_col=1,min_row=2,max_row=5)
26  # 設定標籤資料
27  chart.add_data(data, titles_from_data=True)
28  chart.set_categories(labels)             # 設定標籤
29  ws.add_chart(chart, "E1")                # 將圖表加入工作表
30  wb.save("out18_8.xlsx")
```

執行結果　開啟 out18_8.xlsx 可以得到下列結果。

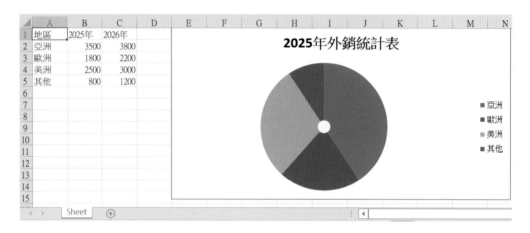

　　從上圖可以看到當只有一組資料時，環圈圖相較於圓餅圖是內部多了空心圓。

18-4-2　環圈圖的樣式

　　假設環圈圖物件是 chart，可以使用 chart.style 屬性設定 1～48 個樣式。

程式實例 ch18_9.py：使用第 26 樣式重新設計 ch18_8.py。

```
21  chart.style = 26
```

執行結果　開啟 out18_9.xlsx 可以得到下列結果。

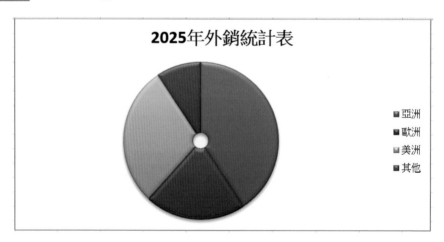

18-4-3　建立含 2 組資料的環圈圖

應用環圈圖時可以建立多組資料，這一節將用 2025 年和 2026 年 2 組資料當作實例。

程式實例 ch18_10.py：使用 2025 年和 2026 年 2 組資料當作實例。

```
22  # 設定資料來源 --- 用2025和2026年資料
23  data = Reference(ws,min_col=2,max_col=3,min_row=1,max_row=5)
```

執行結果　開啟 out18_10.xlsx 可以得到下列結果。

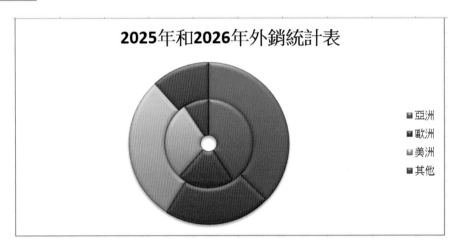

在上圖中內圈是 2025 年的銷售資料，外圈是 2026 年的銷售資料，從上圖可以看到歐洲地區銷售在 2026 年是成長很明顯，亞洲地區則是衰退。

18-4-4　環圈圖的切片分離

環圈圖也可以執行外圈的切片分離，當有 2 組資料時，對於外圈而言重點是設定 chart.series[1].data_points 屬性。

程式實例 ch18_11.py：重新設計 ch18_10.py，將 2026 年這組銷售資料，索引為 2 的切片分離。

```
1  # ch18_11.py
2  import openpyxl
3  from openpyxl.chart import (
4      DoughnutChart,
5      Reference,
```

```
6        Series
7    )
8    from openpyxl.chart.series import DataPoint
9    wb = openpyxl.Workbook()
10   ws = wb.active
11   data = [
12       ['地區', '2025年', '2026年'],
13       ['亞洲', 3500, 3800],
14       ['歐洲', 1800, 2200],
15       ['美洲', 2500, 3000],
16       ['其他', 800, 1200],
17   ]
18   for row in data:
19       ws.append(row)
20
21   chart = DoughnutChart()                      # 環圈圖
22   chart.title = "2025年和2026年外銷統計表"
23   chart.style = 26                             # 類型 26
24   # 設定資料來源 --- 用2025和2026年資料
25   data = Reference(ws,min_col=2,max_col=3,min_row=1,max_row=5)
26   # 將資料加入環圈圖物件
27   labels = Reference(ws,min_col=1,min_row=2,max_row=5)
28   # 設定標籤資料
29   chart.add_data(data, titles_from_data=True)
30   chart.set_categories(labels)                 # 設定標籤
31   # 2026年資料索引 2 切片分離
32   slice = DataPoint(idx=2, explosion=10)   # 索引 2
33   chart.series[1].data_points = [slice]    # 2026年資料
34
35   ws.add_chart(chart, "E1")                     # 將圖表加入工作表
36   wb.save("out18_11.xlsx")
```

執行結果　開啟 out18_11.xlsx 可以得到下列結果。

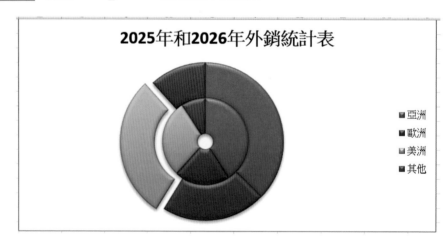

18-4-5 綜合應用

程式實例 ch18_12.py：這一節主要是擴充程式實例 ch18_11.py，顯示切片百分比、第 2 組資料所有切片重新著色，同時將第 2 個索引切片分離。

```python
1   # ch18_12.py
2   import openpyxl
3   from openpyxl.chart import (
4       DoughnutChart,
5       Reference,
6       Series
7   )
8   from openpyxl.chart.series import DataPoint
9   from openpyxl.chart.series import DataLabelList
10  wb = openpyxl.Workbook()
11  ws = wb.active
12  data = [
13      ['地區', '2025年', '2026年'],
14      ['亞洲', 3500, 3800],
15      ['歐洲', 1800, 2200],
16      ['美洲', 2500, 3000],
17      ['其他', 800, 1200],
18  ]
19  for row in data:
20      ws.append(row)
21
22  chart = DoughnutChart()                      # 環圈圖
23  chart.title = "2025年和2026年外銷統計表"
24  chart.style = 26                             # 類型 26
25  # 設定資料來源 --- 用2025和2026年資料
26  data = Reference(ws,min_col=2,max_col=3,min_row=1,max_row=5)
27  # 將資料加入環圈圖物件
28  labels = Reference(ws,min_col=1,min_row=2,max_row=5)
29  # 設定標籤資料
30  chart.add_data(data, titles_from_data=True)
31  chart.set_categories(labels)                 # 設定標籤
32  # 顯示切片百分比
33  chart.dataLabels = DataLabelList()
34  chart.dataLabels.showPercent = True
35  # 圓餅切片色彩串列
36  colors = ['00FFFF','FF8A65','00FF00','FFFF00']
37  # 取得切片元素, 所有元素
38  slices = [DataPoint(idx=i) for i in range(4)]
39  # 有 2 組系列資料, 設定第 1 (從 0 起算)組所有原素
40  chart.series[1].data_points = slices
41  # 設定所有切片的顏色
42  for i in range(4):
43      slices[i].graphicalProperties.solidFill = colors[i]
44      if i == 2:                               # 將索引 2 切片分離
45          slices[i].explosion = 10
46  ws.add_chart(chart, "E1")                     # 將圖表加入工作表
47  wb.save("out18_12.xlsx")
```

執行結果 開啟 out18_12.xlsx 可以得到下列結果。

18-5 雷達圖

雷達圖 (RadarChart) 主要是應用在四維以上數據，同時每一維度的數據可以排序，每一種類別的數值軸均是由中心點放射出來，然後數列的資料點再彼此連接，由雷達圖可以看出數列間的變動，如果所做雷達圖面積越大代表產品越好。雷達圖的函數是 RadarChart( )，在使用前需要先導入 RadarChart 模組。

```
from openpyxl.chart import RadarChat
```

下列是建立雷達圖物件的實例。

```
chart = RadarChart( )
```

有了雷達圖物件後，下列屬性意義與直條圖相同。

❑ chart.title：建立圖表標題。

❑ chart.x_axis.title：x 軸標題。

❑ chart.y_axis.title：y 軸標題。

❑ chart.width：圖表寬度。

❑ chart.height：圖表高度。

❑ chart.style：圖表色彩樣式。

❑ chart.legend：是否顯示圖例。

❑ chart.legend.position：圖例位置。

此外，雷達圖額外的屬性如下：

❑ chart.type：如果設為 "filled"，可以建立填滿色彩的雷達圖。

❑ chart.y_axis.delete：如果設為 True，將不顯示雷達軸的值。

程式實例 ch18_13.py：活頁簿 data18_13.xlsx 的飲料市調工作表內容如下：

	A	B	C	D
1		飲料A	飲料B	飲料C
2	口感	8	4	5
3	容量	7	6	3
4	設計外觀	9	3	7
5	包裝	6	7	10
6	價格	10	2	5

飲料市調

請建立上述工作表的雷達圖。

```
1   # ch18_13.py
2   import openpyxl
3   from openpyxl.chart import RadarChart, Reference
4
5   fn = "data18_13.xlsx"
6   wb = openpyxl.load_workbook(fn)
7   ws = wb.active
8
9   chart = RadarChart()
10  chart.title = "飲料市調表"
11  chart.style = 26
12  # 設定資料來源
13  data = Reference(ws, min_col=2,max_col=4,min_row=1,max_row=6)
14  # 將資料加入雷達圖物件
15  chart.add_data(data,titles_from_data=True)
16  # 設定標籤資料
17  labels = Reference(ws, min_col=1,min_row=2,max_row=6)
18  chart.set_categories(labels)
19
20  ws.add_chart(chart, "E1")
21  wb.save('out18_13.xlsx')
```

執行結果　開啟 out18_13.xlsx 可以得到下列結果。

	B	C	D
	飲料A	飲料B	飲料C
口感	8	4	5
容量	7	6	3
設計外觀	9	3	7
包裝	6	7	10
價格	10	2	5

飲料市調表

第 19 章
使用Python處理CSV文件

19-1   建立一個 CSV 文件

19-2   用記事本開啟 CSV 檔案

19-3   csv 模組

19-4   讀取 CSV 檔案

19-5   寫入 CSV 檔案

　　CSV 是一個縮寫，它的英文全名是 Comma-Separated Values，由字面意義可以解說是逗號分隔值，當然逗號是主要資料欄位間的分隔值，不過目前也有非逗號的分隔值。這是一個純文字格式的文件，沒有圖片、不用考慮字型、大小、顏色 … 等。

　　簡單的說，CSV 數據是指同一列 (row) 的資料彼此用逗號 (或其它符號) 隔開，同時每一列 (row) 數據資料是一筆 (record) 資料，幾乎所有試算表 (Excel)、文字編輯器與資料庫檔案均支援這個文件格式。本章將講解操作此檔案的基本知識，同時也將講解如何將 Excel 的工作表改存成 CSV 檔案，或是將 CSV 檔案內容改成用 Excel 儲存。

註　其實目前網路開放資訊大都有提供 CSV 檔案的下載，未來讀者在工作時也可以將工作表改用 CSV 格式儲存。

19-1 建立一個 CSV 文件

　　為了更詳細解說，筆者先用 ch19 資料夾的 report.xlsx 檔案產生一個 CSV 文件，未來再用這個文件做說明。目前視窗內容是 report.xlsx，如下所示：

　　請執行檔案 / 另存新檔，然後選擇目前 D:\Python\ch2 資料夾。存檔類型選 CSV(逗號分隔)(*.csv)，然後將檔案名稱改為 csvReport。按儲存鈕後，會出現下列訊息。

請按是鈕，可以得到下列結果。

	A	B	C	D	E	F	G	H
1	名字	年度	產品	價格	數量	業績	城市	
2	Diana	2025年	Black Tea	10	600	6000	New York	
3	Diana	2025年	Green Tea	7	660	4620	New York	
4	Diana	2026年	Black Tea	10	750	7500	New York	
5	Diana	2026年	Green Tea	7	900	6300	New York	
6	Julia	2025年	Black Tea	10	1200	12000	New York	
7	Julia	2026年	Black Tea	10	1260	12600	New York	
8	Steve	2025年	Black Tea	10	1170	11700	Chicago	
9	Steve	2025年	Green Tea	7	1260	8820	Chicago	
10	Steve	2026年	Black Tea	10	1350	13500	Chicago	
11	Steve	2026年	Green Tea	7	1440	10080	Chicago	

我們已經成功的建立一個 CSV 檔案了，檔名是 csvReport.csv，可以關閉上述 Excel 視窗了。

19-2 用記事本開啟 CSV 檔案

CSV 檔案的特色是幾乎可以在所有不同的試算表內編輯，當然也可以在一般的文字編輯程式內查閱使用，如果我們現在使用記事本開啟這個 CSV 檔案，可以看到這個檔案的原貌。

19-3　csv 模組

Python 有內建 csv 模組，導入這個模組後，可以很輕鬆讀取 CSV 檔案，方便未來程式的操作，所以本章程式前端要加上下列指令。

import csv

19-4　讀取 CSV 檔案

19-4-1　使用 open( ) 開啟 CSV 檔案

在讀取 CSV 檔案前第一步是使用 open( ) 開啟檔案，語法格式如下：

with open(檔案名稱 , encoding = 'utf-8') as csvFile
　　　相關系列指令

或是

csvFile = open(檔案名稱 , encoding='utf-8')

csvFile 是可以自行命名的檔案物件，如果要開啟含中文的資料需要加上 encoding='utf-8' 參數，當然你也可以直接使用傳統方法開啟檔案。

19-4-2　建立 Reader 物件

有了 CSV 檔案物件後，下一步是可以使用 csv 模組的 reader( ) 建立 Reader 物件，使用 Python 可以使用 list( ) 將這個 Reader 物件轉換成串列 (list)，現在我們可以很輕鬆的使用這個串列資料了。

程式實例 ch19_1.py：開啟 csvReport.csv 檔案，讀取 csv 檔案可以建立 Reader 物件 csvReader，再將 csvReader 物件轉成串列資料，然後列印串列資料。

```
1   # ch19_1.py
2   import csv
3
4   fn = 'csvReport.csv'
5   with open(fn, encoding='utf-8') as csvFile:  # 開啟csv檔案
6       csvReader = csv.reader(csvFile)          # 讀檔案建立Reader物件
7       listReport = list(csvReader)             # 將資料轉成串列
8   print(listReport)                            # 輸出串列
```

執行結果

```
==================== RESTART: D:/Python_Excel/ch19/ch19_1.py ====================
[['\ufeff名字', '年度', '產品', '價格', '數量', '業績', '城市'], ['Diana', '2025
年', 'Black Tea', '10', '600', '6000', 'New York'], ['Diana', '2025年', 'Green T
ea', '7', '660', '4620', 'New York'], ['Diana', '2026年', 'Black Tea', '10', '75
0', '7500', 'New York'], ['Diana', '2026年', 'Green Tea', '7', '900', '6300', 'N
ew York'], ['Julia', '2025年', 'Black Tea', '10', '1200', '12000', 'New York'],
['Julia', '2026年', 'Black Tea', '10', '1260', '12600', 'New York'], ['Steve', '
2025年', 'Black Tea', '10', '1170', '11700', 'Chicago'], ['Steve', '2025年', 'Gr
een Tea', '7', '1260', '8820', 'Chicago'], ['Steve', '2026年', 'Black Tea', '10'
, '1350', '13500', 'Chicago'], ['Steve', '2026年', 'Green Tea', '7', '1440', '10
080', 'Chicago']]
```

上述程式需留意是，程式第 6 列所建立的 Reader 物件 csvReader，只能在 with 關鍵區塊內使用，此例是 5 ~ 7 列，未來我們要繼續操作這個 CSV 檔案內容，需使用第 7 列所建的串列 listReport 或是重新開檔與讀檔。

使用中文 Windows 作業系統的記事本以 utf-8 執行編碼時，作業系統會在文件前端增加位元組順序記號 (Byte Order Mark, 簡稱 BOM)，俗稱文件前端代碼，主要功能是判斷文字以 Unicode 表示時，位元組的排序方式。所以讀者可以在輸出第一列名字左邊可以看到 \ufeff，其實 u 代表這是 Unicode 編碼格式，fe 和 ff 是 16 進位的編碼格式，這是中文 Windows 作業系統的編碼格式。這 2 個字元在 Unicode 中是不佔空間，所以許多時候是不感覺它們的存在。

如果再仔細看輸出的內容，可以看到這是串列資料，串列內的元素也是串列，也就是原始 csvReport.csv 內的一列資料是一個元素。

19-4-3　用迴圈列出串列內容

用 for 迴圈輸出串列內容。

程式實例 ch19_2.py：用 for 迴圈輸出串列內容。

```
1  # ch19_2.py
2  import csv
3
4  fn = 'csvReport.csv'
5  with open(fn,encoding='utf-8') as csvFile:      # 開啟csv檔案
6      csvReader = csv.reader(csvFile)             # 建立Reader物件
7      listReport = list(csvReader)                # 將資料轉成串列
8  for row in listReport:                          # 迴圈輸出串列內容
9      print(row)
```

執行結果

```
==================== RESTART: D:\Python_Excel\ch19\ch19_2.py ====================
['\ufeff名字', '年度', '產品', '價格', '數量', '業績', '城市']
['Diana', '2025年', 'Black Tea', '10', '600', '6000', 'New York']
['Diana', '2025年', 'Green Tea', '7', '660', '4620', 'New York']
['Diana', '2026年', 'Black Tea', '10', '750', '7500', 'New York']
['Diana', '2026年', 'Green Tea', '7', '900', '6300', 'New York']
['Julia', '2025年', 'Black Tea', '10', '1200', '12000', 'New York']
['Julia', '2026年', 'Black Tea', '10', '1260', '12600', 'New York']
['Steve', '2025年', 'Black Tea', '10', '1170', '11700', 'Chicago']
['Steve', '2025年', 'Green Tea', '7', '1260', '8820', 'Chicago']
['Steve', '2026年', 'Black Tea', '10', '1350', '13500', 'Chicago']
['Steve', '2026年', 'Green Tea', '7', '1440', '10080', 'Chicago']
```

註　上述執行結果可以看到，原先數值資料在轉換成串列時變成了字串，所以未來要
讀取 CSV 檔案時，必需要將數值字串轉換成數值格式。

19-4-4　使用串列索引讀取 CSV 內容

我們也可以使用串列索引知識，讀取 CSV 內容。

程式實例 ch19_3.py：使用索引列出串列內容。

```
1  # ch19_3.py
2  import csv
3
4  fn = 'csvReport.csv'
5  with open(fn,encoding='utf-8') as csvFile:      # 開啟csv檔案
6      csvReader = csv.reader(csvFile)             # 建立Reader物件
7      listReport = list(csvReader)                # 將資料轉成串列
8
9  print(listReport[0][1], listReport[0][2])
10 print(listReport[1][2], listReport[1][5])
11 print(listReport[2][3], listReport[2][6])
```

執行結果

```
==================== RESTART: D:/Python_Excel/ch19/ch19_3.py ====================
年度 產品
Black Tea 6000
7 New York
```

19-4-5　讀取 CSV 檔案然後寫入 Excel 檔案

現今網站的資源大都有提供 CSV 檔案格式讓使用者下載，在企業上班一般使用 Excel 還是比較方便，這時可以用本節的方法讀取 CSV 檔案，然後轉成 Excel 檔案。

程式實例 ch19_4.py：將 csvReport.csv 轉成 out19_4.xlsx。

```
 1  # ch19_4.py
 2  import csv
 3  import openpyxl
 4
 5  fn = 'csvReport.csv'
 6  with open(fn,encoding='utf-8') as csvFile:   # 開啟csv檔案
 7      csvReader = csv.reader(csvFile)          # 建立Reader物件
 8      listReport = list(csvReader)             # 將資料轉成串列
 9
10  wb = openpyxl.Workbook()                     # 建立活頁簿
11  ws = wb.active
12  ws.append(listReport[0])                     # 寫入標題欄
13  report = listReport[1:]                      # 移除第 0 列的標題欄
14  for row in report:                           # 迴圈處理串列內容
15      row[3] = int(row[3])                     # 將索引 3 欄轉成整數
16      row[4] = int(row[4])                     # 將索引 4 欄轉成整數
17      row[5] = int(row[5])                     # 將索引 5 欄轉成整數
18      ws.append(row)                           # 將串列寫入儲存格
19  wb.save("out19_4.xlsx")
```

執行結果　開啟 out19_4.xlsx 可以得到下列結果。

19-5　寫入 CSV 檔案

19-5-1　開啟欲寫入的檔案 open( ) 與關閉檔案 close( )

想要將資料寫入 CSV 檔案，首先是要開啟一個檔案供寫入，如下所示：

csvFile = open(' 檔案名稱 ', 'w', newline= ' ',encoding='utf-8')

　…

csvFile.close( )　　　　　　　　　　　　　# 執行結束關閉檔案

如果使用 with 關鍵字可以省略 close( ) 關閉檔案，如下所示：

with open(' 檔案名稱 ', 'w', newline= ' ',encoding='utf-8') as csvFile:

　　…

如果開啟的檔案只能寫入，則可以加上參數 'w'，這表示是 write only 模式，只能寫入。

19-5-2　建立 writer 物件

如果應用前一節的 csvFile 物件，接下來需建立 writer 物件，語法如下：

with open(' 檔案名稱 ', 'w', newline= ' ') as csvFile:
　　outWriter = csv.writer(csvFile)
　　…

或是

csvFile = open(' 檔案名稱 ', 'w', newline= ' ')　　　　　　# w 是 write only 模式
outWriter = csv.writer(csvFile)
　…
csvFile.close( )　　　　　　　　　　　　　　　# 執行結束關閉檔案

上述開啟檔案時多加參數 newline=' '，可避免輸出時每列之間多空一列。

19-5-3　輸出串列 writerow( )

writerow( ) 可以輸出串列資料。

程式實例 ch19_5.py：輸出串列資料的應用。

```
1   # ch19_5.py
2   import csv
3
4   fn = 'out19_5.csv'
5   with open(fn,'w',newline='',encoding="utf-8") as csvFile:  # 開啟csv檔案
6       csvWriter = csv.writer(csvFile)                          # 建立Writer物件
7       csvWriter.writerow(['姓名', '年齡', '城市'])
8       csvWriter.writerow(['Hung', '35', 'Taipei'])
9       csvWriter.writerow(['James', '40', 'Chicago'])
```

執行結果　下列是分別用記事本開啟檔案的結果。

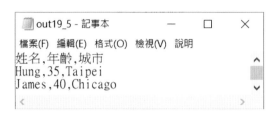

註　上述如果用 Excel 開啟會有亂碼，這是因為中文 Windows 編碼格式是 "cp950"，
上述是用 "utf-8" 的編碼格式。

程式實例 ch19_6.py：複製 CSV 檔案，這個程式會讀取檔案，然後將檔案寫入另一個檔
案方式，達成拷貝的目的。

```
1   # ch19_6.py
2   import csv
3
4   infn = 'csvReport.csv'                                     # 來源檔案
5   outfn = 'out19_6.csv'                                      # 目的檔案
6   with open(infn,encoding='utf-8') as csvRFile:             # 開啟csv檔案供讀取
7       csvReader = csv.reader(csvRFile)                      # 讀檔案建立Reader物件
8       listReport = list(csvReader)                          # 將資料轉成串列
9
10  with open(outfn,'w',newline='',encoding="utf-8") as csvOFile:  # 供寫入
11      csvWriter = csv.writer(csvOFile)                      # 建立Writer物件
12      for row in listReport:                                # 將串列寫入
13          csvWriter.writerow(row)
```

執行結果　讀者可以開啟 out19_6.csv 檔案，內容將和 csvReport.csv 檔案相同。

19-5-4　讀取 Excel 檔案用 CSV 格式寫入

程式實例 ch19_7.py：讀取活頁簿 out19_4.xlsx 的工作表文件，然後寫入 CSV 文件檔案名稱是 out19_7.csv。

```
1   # ch19_7.py
2   import openpyxl
3   import csv
4
5   fn = "out19_4.xlsx"
6   fout = "out19_7.csv"
7   wb = openpyxl.load_workbook(fn,data_only=True)
8   ws = wb.active
9   with open(fout,'w',newline='',encoding="utf-8") as csvOFile:  # 供寫入
10      csvWriter = csv.writer(csvOFile)
11      for row in ws.rows:
12          csvWriter.writerow([cell.value for cell in row])
```

執行結果　最後可以得到 out19_7.csv 內容和所讀取的活頁簿 out19_4.xlsx 內容相同。

第 20 章
Pandas 入門

20-1   Series

20-2   DataFrame

20-3   基本 Pandas 資料分析與處理

20-4   讀取與輸出 Excel 檔案

Pandas 是一個專為 Python 編寫的外部模組，可以很方便執行數據處理與分析。它的名稱主要是來自 panel、dataframe 與 series，而這 3 個單字也是 Pandas 的 3 個資料結構 Panel、DataFrame 和 Series。

有時候 Pandas 也被稱熊貓，使用此模組前請使用下列方式安裝：

```
pip install pandas
```

安裝完成後可以使用下列方式導入模組，以及了解目前的 Pandas 版本。

```
>>> import pandas as pd
>>> pd.__version__
'0.24.1'
```

本章將介紹 Pandas 最基礎與最常用的部分，讀者若想瞭解更多可以參考下列網址。

https://pandas.pydata.org

當讀者有了 Pandas 知識後，未來會繼續說明應如何使用 Python+Pandas 操作 Excel，建立辦公室高效率的工作環境。

20-1　Series

Series 是一種一維的陣列資料結構，在這個陣列內可以存放整數、浮點數、字串、Python 物件 (例如：字串 list、字典 dist …)、Numpy 的 ndarray，純量，… 等。雖然是一維陣列資料，可是看起來卻好像是二維陣列資料，因為一個是索引 (index) 或稱標籤 (label)，另一個是實際的資料。

Series 結構與 Python 的 list 類似，不過程式設計師可以為 Series 的每個元素自行命名索引。可以使用 pandas.Series( ) 建立 Series 物件，語法如下：

```
pandas.Series(data=None, index=None, dtype=None, name=None, options, …)
```

下列章節實例，因為用下列指令導入 pandas：

```
import pasdas as pd
```

所以可用 pd.Series( ) 取代上述的 pandas.Series( )。

20-1-1　使用串列 list 建立 Series 物件

最簡單建立 Series 物件的方式是在 data 參數使用串列。

程式實例 ch20_1.py：在 data 參數使用串列建立 Series 物件 s1，然後列出結果。

```
1  # ch20_1.py
2  import pandas as pd
3
4  s1 = pd.Series([11, 22, 33, 44, 55])
5  print(s1)
```

執行結果

```
==================== RESTART: D:\Python_Excel\ch20\ch20_1.py ====================
0    11
1    22
2    33
3    44
4    55
dtype: int64
```

我們只有建立 Series 物件 s1 內容，可是列印時看到左邊欄位有系統自建的索引，Pandas 的索引也是從 0 開始計數，這也是為什麼我們說 Series 是一個一維陣列，可是看起來像是二維陣列的原因。有了這個索引，可以使用索引存取物件內容。上述最後一個列出 "dtype: int64" 指出資料在 Pandas 是以 64 位元整數儲存與處理。

程式實例 ch20_2.py：延續先前實例，列出 Series 特定索引 s[1] 的內容與修改 s[1] 的內容。

```
1  # ch20_2.py
2  import pandas as pd
3
4  s1 = pd.Series([11, 22, 33, 44, 55])
5  print(f"修改前 s1[1]={s1[1]}")
6  s1[1] = 20
7  print(f"修改後 s1[1]={s1[1]}")
```

執行結果

```
==================== RESTART: D:\Python_Excel\ch20\ch20_2.py ====================
修改前 s1[1]=22
修改後 s1[1]=20
```

20-1-2　使用 Python 字典 dict 建立 Series 物件

如果我們使用 Python 的字典建立 Series 物件時，字典的鍵 (key) 就會被視為 Series 物件的索引，字典鍵的值 (value) 就會被視為 Series 物件的值。

程式實例 ch20_3.py：使用 Python 字典 dict 建立 Series 物件，同時列出結果。

```
1  # ch20_3.py
2  import pandas as pd
3
4  mydict = {'北京':'Beijing', '東京':'Tokyo'}
5  s2 = pd.Series(mydict)
6  print(f"{s2}")
```

執行結果
```
================== RESTART: D:\Python_Excel\ch20\ch20_3.py ==================
北京      Beijing
東京       Tokyo
dtype: object
```

20-1-3　使用 Numpy 的 ndarray 建立 Series 物件

程式實例 ch20_4.py：使用 Numpy 的 ndarray 建立 Series 物件，同時列出結果。

```
1  # ch20_4.py
2  import pandas as pd
3  import numpy as np
4
5  s3 = pd.Series(np.arange(0, 7, 2))
6  print(f"{s3}")
```

執行結果
```
================== RESTART: D:\Python_Excel\ch20\ch20_4.py ==================
0    0
1    2
2    4
3    6
dtype: int32
```

　　上述筆者使用 Numpy 模組，這也是一個數據科學常用的模組，使用前也需導入此模組：

　　　　import numpy as np

　　上述 np.arange(0, 7, 2) 可以產生從 "0 – (7-1)" 之間的序列數字，每次增加 2 所以可以得到 (0, 2, 4. 6)。

20-1-4　建立含索引的 Series 物件

　　目前為止我們了解在建立 Series 物件時，預設情況索引是從 0 開始計數，若是我們使用字典建立 Series 物件，字典的鍵 (key) 就是索引，其實在建立 Series 物件時，也可以使用 index 參數自行建立索引。

程式實例 ch20_5.py：建立索引不是從 0 開始計數。

```
1  # ch20_5.py
2  import pandas as pd
3
4  myindex = [3, 5, 7]
5  price = [100, 200, 300]
6  s4 = pd.Series(price, index=myindex)
7  print(f"{s4}")
```

執行結果

```
==================== RESTART: D:\Python_Excel\ch20\ch20_5.py ====================
3    100
5    200
7    300
dtype: int64
```

程式實例 ch20_6.py：建立含自訂索引的 Series 物件，同時列出結果。

```
1  # ch20_6.py
2  import pandas as pd
3
4  fruits = ['Orange', 'Apple', 'Grape']
5  price = [30, 50, 40]
6  s5 = pd.Series(price, index=fruits)
7  print(f"{s5}")
```

執行結果

```
==================== RESTART: D:\Python_Excel\ch20\ch20_6.py ====================
Orange    30
Apple     50
Grape     40
dtype: int64
```

上述有時候也可以用下列方式建立一樣的 Series 物件。

```
s5 = pd.Series([30, 50, 40], index=['Orange', 'Apple', 'Grape'])
```

由上述讀者應該體會到，Series 物件有一個很大的特色是可以使用任意方式的索引。

20-1-5　使用純量建立 Series 物件

程式實例 ch20_7.py：使用純量建立 Series 物件，同時列出結果。

```
1  # ch20_7.py
2  import pandas as pd
3
4  s6 = pd.Series(9, index=[1, 2, 3])
5  print(f"{s6}")
```

| 執行結果 | ```
================= RESTART: D:\Python_Excel\ch20\ch20_7.py =================
1      9
2      9
3      9
dtype: int64
``` |
|---|---|

雖然只有一個純量搭配 3 個索引，Pandas 會主動將所有索引值用此純量補上。

20-1-6　列出 Series 物件索引與值

從前面實例可以知道，我們可以直接用 print(物件名稱)，列印 Series 物件，其實也可以使用下列方式得到 Series 物件索引和值。

```
obj.values          # 假設物件名稱是 obj，Series 物件值 values
obj.index           # 假設物件名稱是 obj，Series 物件索引 index
```

程式實例 ch20_8.py：列印 Series 物件索引和值。

```
1  # ch20_8.py
2  import pandas as pd
3
4  s = pd.Series([30, 50, 40], index=['Orange', 'Apple', 'Grape'])
5  print(f"{s.values}")
6  print(f"{s.index}")
```

| 執行結果 | ```
================= RESTART: D:\Python_Excel\ch20\ch20_8.py =================
[30 50 40]
Index(['Orange', 'Apple', 'Grape'], dtype='object')
``` |
|---|---|

20-1-7　Series 的運算

Series 運算方法許多與 Numpy 的 ndarray 或是 Python 的串列相同，但是有一些擴充更好用的功能，本小節會做解說。

程式實例 ch20_9.py：可以將切片觀念應用在 Series 物件。

```
1  # ch20_9.py
2  import pandas as pd
3
4  s = pd.Series([0, 1, 2, 3, 4, 5])
5  print(f"s[2:4] = \n{s[2:4]}")
6  print(f"s[:3] = \n{s[:3]}")
7  print(f"s[2:] = \n{s[2:]}")
8  print(f"s[-1:] = \n{s[-1:]}")
```

執行結果
```
=================== RESTART: D:\Python_Excel\ch20\ch20_9.py ===================
s[2:4] =
2    2
3    3
dtype: int64
s[:3] =
0    0
1    1
2    2
dtype: int64
s[2:] =
2    2
3    3
4    4
5    5
dtype: int64
s[-1:] =
5    5
dtype: int64
```

四則運算與求餘數的觀念也可以應用在 Series 物件。

程式實例 ch20_10.py：Series 物件相加。

```
1   # ch20_10.py
2   import pandas as pd
3
4   x = pd.Series([1, 2])
5   y = pd.Series([3, 4])
6   print(f"{x + y}")
```

執行結果
```
=================== RESTART: D:\Python_Excel\ch20\ch20_10.py ===================
0    4
1    6
dtype: int64
```

程式實例 ch20_11.py：Series 物件相乘。

```
1   # ch20_11.py
2   import pandas as pd
3
4   x = pd.Series([1, 2])
5   y = pd.Series([3, 4])
6   print(f"{x * y}")
```

執行結果
```
=================== RESTART: D:\Python_Excel\ch20\ch20_11.py ===================
0    3
1    8
dtype: int64
```

邏輯運算的觀念也可以應用在 Series 物件。

程式實例 ch20_12.py：邏輯運算應用在 Series 物件。

```
1  # ch20_12.py
2  import pandas as pd
3
4  x = pd.Series([1, 5, 9])
5  y = pd.Series([2, 4, 8])
6  print(f"{x > y}")
```

執行結果

```
==================== RESTART: D:\Python_Excel\ch20\ch20_12.py ====================
0     False
1      True
2      True
dtype: bool
```

有 2 個 Series 物件擁有相同的索引，這時也可以將這 2 個物件相加。

程式實例 ch20_13.py：Series 物件擁有相同索引，執行相加的應用。

```
1  # ch20_13.py
2  import pandas as pd
3
4  fruits = ['Orange', 'Apple', 'Grape']
5  x1 = pd.Series([20, 30, 40], index=fruits)
6  x2 = pd.Series([25, 38, 55], index=fruits)
7  y = x1 + x2
8  print(f"{y}")
```

執行結果

```
==================== RESTART: D:\Python_Excel\ch20\ch20_13.py ====================
Orange    45
Apple     68
Grape     95
dtype: int64
```

在執行相加時，如果 2 個索引不相同，也可以執行相加，這時不同的索引的索引
內容值會填上 NaN(Not a Number)，可以解釋為非數字或無定義數字。

程式實例 ch20_14.py：Series 物件擁有不同索引，執行相加的應用。

```
1  # ch20_14.py
2  import pandas as pd
3
4  fruits1 = ['Orange', 'Apple', 'Grape']
5  fruits2 = ['Orange', 'Banana', 'Grape']
6  x1 = pd.Series([20, 30, 40], index=fruits1)
7  x2 = pd.Series([25, 38, 55], index=fruits2)
8  y = x1 + x2
9  print(f"{y}")
```

執行結果

```
==================== RESTART: D:\Python_Excel\ch20\ch20_14.py ====================
Apple      NaN
Banana     NaN
Grape     95.0
Orange    45.0
dtype: float64
```

當索引是非數值而是字串時，可以使用下列方式取得元素內容。

程式實例 ch20_15.py：Series 的索引是字串，使用字串當作索引取得元素內容的應用。

```
1   # ch20_15.py
2   import pandas as pd
3
4   fruits = ['Orange', 'Apple', 'Grape']
5   x = pd.Series([20, 30, 40], index=fruits)
6   print(f"{x['Apple']}")
7   print('-'*70)
8   print(f"{x[['Apple', 'Orange']]}")
9   print('-'*70)
10  print(f"{x[['Orange', 'Apple', 'Orange']]}")
```

執行結果

```
==================== RESTART: D:\Python_Excel\ch20\ch20_15.py ====================
30
----------------------------------------------------------------------
Apple     30
Orange    20
dtype: int64
----------------------------------------------------------------------
Orange    20
Apple     30
Orange    20
dtype: int64
```

我們也可以將純量與 Series 物件做運算，甚至也可以將函數應用在 Series 物件。

程式實例 ch20_16.py：將純量與和函數應用在 Series 物件上。

```
1   # ch20_16.py
2   import pandas as pd
3   import numpy as np
4
5
6   fruits = ['Orange', 'Apple', 'Grape']
7   x = pd.Series([20, 30, 40], index=fruits)
8   print((x + 10) * 2)
9   print('-'*70)
10  print(np.sin(x))
```

執行結果

```
==================== RESTART: D:\Python_Excel\ch20\ch20_16.py ====================
Orange     60
Apple      80
Grape     100
dtype: int64
----------------------------------------------------------------------
Orange     0.912945
Apple     -0.988032
Grape      0.745113
dtype: float64
```

上述有列出 float64，表示模組是使用 64 位元的浮點數處理此數據。

20-2　DataFrame

DataFrame 是一種二維的陣列資料結構，邏輯上而言可以視為是類似 Excel 的工作表，在這個二維陣列內可以存放整數、浮點數、字串、Python 物件 (例如：字串 list、字典 dist …)、Numpy 的 ndarray，純量，… 等。

可以使用 DataFrame( ) 建立 DataFrame 物件，語法如下：

> pandas.DataFrame(data=None,index=None,dtype=None,name=None)

20-2-1　建立 DataFrame 使用 Series

我們可以使用組合 Series 物件成為二維陣列的 DataFrame。組合的方式是使用 pandas.concat([Series1, Series2, …], axis=0)。

在上述參數 axis 是設定軸的方向，這會牽涉到未來資料方向，預設 axis 是 0，我們可以更改此設定，例如 1，整個影響方式如下圖：

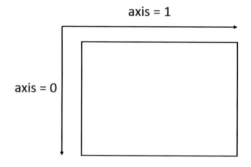

程式實例 ch20_17.py：建立 Beijing、HongKong、Singapore 2020-2022 年 3 月的平均溫度，成為 3 個 Series 物件。筆者設定 concat( ) 方法不設定 axis 結果不是我們預期。

```
1  # ch4_17.py
2  import pandas as pd
3  years = range(2020, 2023)
4  beijing = pd.Series([20, 21, 19], index = years)
5  hongkong = pd.Series([25, 26, 27], index = years)
6  singapore = pd.Series([30, 29, 31], index = years)
7  citydf = pd.concat([beijing, hongkong, singapore])  # 預設axis=0
8  print(type(citydf))
9  print(citydf)
```

執行結果
```
==================== RESTART: D:/Web_Crawler/ch4/ch4_17.py ====================
<class 'pandas.core.series.Series'>
2020    20
2021    21
2022    19
2020    25
2021    26
2022    27
2020    30
2021    29
2022    31
dtype: int64
```

很明顯上述不是我們的預期，經過 concat( ) 方法組合後，citydf 資料型態仍是 Series，問題出現在使用 concat( ) 組合 Series 物件時 axis 的預設是 0，如果將第 7 行改為增加 axis=1 參數即可。

程式實例 ch20_18.py：重新設計 ch20_17.py 建立 DataFrame 物件。

```
1  # ch20_18.py
2  import pandas as pd
3  years = range(2020, 2023)
4  beijing = pd.Series([20, 21, 19], index = years)
5  hongkong = pd.Series([25, 26, 27], index = years)
6  singapore = pd.Series([30, 29, 31], index = years)
7  citydf = pd.concat([beijing,hongkong,singapore],axis=1)  # axis=1
8  print(type(citydf))
9  print(citydf)
```

執行結果
```
==================== RESTART: D:\Python_Excel\ch20\ch20_18.py ====================
<class 'pandas.core.frame.DataFrame'>
       0   1   2
2020  20  25  30
2021  21  26  29
2022  19  27  31
```

從上述執行結果我們已經得到所要的 DataFrame 物件了。

20-2-2　欄位 columns 屬性

上述 ch20_18.py 的執行結果不完美是因為欄位 columns 沒有名稱，在 pandas 中可以使用 columns 屬性設定欄位名稱。

程式實例 ch20_19.py：擴充 ch20_18.py，使用 columns 屬性設定欄位名稱。

```
1  # ch20_19.py
2  import pandas as pd
3  years = range(2020, 2023)
4  beijing = pd.Series([20, 21, 19], index = years)
5  hongkong = pd.Series([25, 26, 27], index = years)
```

```
6   singapore = pd.Series([30, 29, 31], index = years)
7   citydf = pd.concat([beijing,hongkong,singapore],axis=1)   # axis=1
8   cities = ["Beijing", "HongKong", "Singapore"]
9   citydf.columns = cities
10  print(citydf)
```

執行結果

```
==================== RESTART: D:\Python_Excel\ch20\ch20_19.py ====================
       Beijing  HongKong  Singapore
2020      20       25         30
2021      21       26         29
2022      19       27         31
```

20-2-3　Series 物件的 name 屬性

Series 物件有 name 屬性，我們可以在建立物件時，在 Series( ) 內建立此屬性，也可以物件建立好了後再設定此屬性，如果有 name 屬性，在列印 Series 物件時就可以看到此屬性。

程式實例 ch20_20.py：建立 Series 物件時，同時建立 name。

```
1   # ch20_20.py
2   import pandas as pd
3
4   beijing = pd.Series([20, 21, 19], name='Beijing')
5   print(beijing)
```

執行結果

```
==================== RESTART: D:\Python_Excel\ch20\ch20_20.py ====================
0    20
1    21
2    19
Name: Beijing, dtype: int64
```

程式實例 ch20_21.py：更改 ch20_19.py 的設計方式，使用 name 屬性設定 DataFrame 的 columns 欄位名稱。

```
1   # ch20_21.py
2   import pandas as pd
3   years = range(2020, 2023)
4   beijing = pd.Series([20, 21, 19], index = years)
5   hongkong = pd.Series([25, 26, 27], index = years)
6   singapore = pd.Series([30, 29, 31], index = years)
7   beijing.name = "Beijing"
8   hongkong.name = "HongKong"
9   singapore.name = "Singapore"
10  citydf = pd.concat([beijing, hongkong, singapore],axis=1)
11  print(citydf)
```

執行結果　與 ch20_19.py 相同。

20-2-4　使用元素是字典的串列建立 DataFrame

有一個串列它的元素是字典時，可以使用此串列建立 DataFrame。

程式實例 ch20_22.py：使用元素是字典的串列建立 DataFrame 物件。

```
1  # ch20_22.py
2  import pandas as pd
3  data = [{'apple':50,'Orange':30,'Grape':80},{'apple':50,'Grape':80}]
4  fruits = pd.DataFrame(data)
5  print(fruits)
```

執行結果

```
================== RESTART: D:\Python_Excel\ch20\ch20_22.py ==================
   apple  Orange  Grape
0     50    30.0     80
1     50     NaN     80
```

上述如果碰上字典鍵 (key) 沒有對應，該位置將填入 NaN。

20-2-5　使用字典建立 DataFrame

一個字典鍵 (key) 的值 (value) 是串列時，也可以很方便用於建立 DataFrame。

程式實例 ch20_23.py：使用字典建立 DataFrame 物件。

```
1  # ch20_23.py
2  import pandas as pd
3  cities = {'country':['China','Japan','Singapore'],
4            'town':['Beijing','Tokyo','Singapore'],
5            'population':[2000, 1600, 600]}
6  citydf = pd.DataFrame(cities)
7  print(citydf)
```

執行結果

```
================== RESTART: D:\Python_Excel\ch20\ch20_23.py ==================
     country       town  population
0      China    Beijing        2000
1      Japan      Tokyo        1600
2  Singapore  Singapore         600
```

20-2-6　index 屬性

對於 DataFrame 物件而言，我們可以使用 index 屬性設定物件的 row 標籤，例如：若是以 ch20_23.py 的執行結果而言，0,1,2 索引就是 row 標籤，

程式實例 ch20_24.py：重新設計 ch20_23.py，將 row 標籤改為 first, second, third。

```
1   # ch20_24.py
2   import pandas as pd
3   cities = {'country':['China','Japan','Singapore'],
4            'town':['Beijing','Tokyo','Singapore'],
5            'population':[2000, 1600, 600]}
6   rowindex = ['first', 'second', 'third']
7   citydf = pd.DataFrame(cities, index=rowindex)
8   print(citydf)
```

執行結果

```
=================== RESTART: D:\Python_Excel\ch20\ch20_24.py ===================
         country       town  population
first      China    Beijing        2000
second     Japan      Tokyo        1600
third  Singapore  Singapore         600
```

20-2-7　將 columns 欄位當作 DataFrame 物件的 index

　　另外，以字典方式建立 DataFrame，如果字典內某個元素被當作 index 時，這個元素就不會在 DataFrame 的欄位 columns 上出現。

程式實例 ch20_25.py：重新設計 ch20_24.py，這個程式會將 country 當做 index。

```
1   # ch20_25.py
2   import pandas as pd
3   cities = {'country':['China', 'Japan', 'Singapore'],
4            'town':['Beijing','Tokyo','Singapore'],
5            'population':[2000, 1600, 600]}
6   citydf = pd.DataFrame(cities,columns=["town","population"],
7                      index=cities["country"])
8   print(citydf)
```

執行結果

```
=================== RESTART: D:\Python_Excel\ch20\ch20_25.py ===================
              town  population
China      Beijing        2000
Japan        Tokyo        1600
Singapore  Singapore         600
```

20-3　基本 Pandas 資料分析與處理

　　Series 和 DataFrame 物件建立完成後，下一步就是執行資料分析與處理，Pandas 提供許多函數或方法，使用者可以針對此執行許多資料分析與處理，本節將講解基本觀念，讀者若想更進一步學習可以參考 Pandas 專著的書籍，或是參考 Pandas 官方網頁。

20-3-1　索引參照屬性

本小節將說明下列屬性的用法：

at：使用 index 和 columns 內容取得或設定單一元素內容或陣列內容。

iat：使用 index 和 columns 編號取得或設定單一元素內容。

loc：使用 index 或 columns 內容取得或設定整個 row 或 columns 資料或陣列內容。

iloc：使用 index 或 columns 編號取得或設定整個 row 或 columns 資料。

程式實例 ch20_26.py：在說明上述屬性用法前，筆者先建立一個 DataFrame 物件，然後用此物件做解說。

```
1  # ch20_26.py
2  import pandas as pd
3  cities = {'Country':['China','China','Thailand','Japan','Singapore'],
4            'Town':['Beijing','Shanghai','Bangkok','Tokyo','Singapore'],
5            'Population':[2000, 2300, 900, 1600, 600]}
6  df = pd.DataFrame(cities, columns=["Town","Population"],
7                    index=cities["Country"])
8  print(df)
```

執行結果　下列是 Python Shell 視窗的執行結果，下列實例請在此視窗執行。

```
================= RESTART: D:\Python_Excel\ch20\ch20_26.py =================
                Town  Population
China        Beijing        2000
China       Shanghai        2300
Thailand     Bangkok         900
Japan          Tokyo        1600
Singapore  Singapore         600
```

實例 1：使用 at 屬性 row 是 'Japan' 和 column 是 'Town'，並列出結果。

```
>>> df.at['Japan','Town']
'Tokyo'
```

如果觀察可以看到有 2 個索引內容是 'China'，如果 row 是 'China' 時，這時可以獲得陣列資料，可以參考下列實例。

實例 2：使用 at 屬性取得 row 是 'China' 和 column 是 'Town'，並列出結果。

```
>>> df.at['China', 'Town']
array(['Beijing', 'Shanghai'], dtype=object)
```

實例 3：使用 iat 屬性取得 row 是 2，column 是 0，並列出結果。

```
>>> df.iat[2,0]
'Bangkok'
```

實例 4：使用 loc 屬性取得 row 是 'Singapore'，並列出結果。

```
>>> df.loc['Singapore']
Town          Singapore
Population          600
Name: Singapore, dtype: object
```

實例 5：使用 loc 屬性取得 row 是 'Japan' 和 'Thailand'，並列出結果。

```
>>> df.loc[['Japan', 'Thailand']]
            Town  Population
Japan      Tokyo        1600
Thailand  Bangkok        900
```

實例 6：使用 loc 屬性取得 row 是 'China':'Thailand'，column 是 'Town':'Population'，
並列出結果。

```
>>> df.loc['China':'Thailand','Town':'Population']
            Town  Population
China     Beijing       2000
China    Shanghai       2300
Thailand  Bangkok        900
```

實例 7：使用 iloc 屬性取得 row 是 0 的資料，並列出結果。

```
>>> df.iloc[0]
Town          Beijing
Population       2000
Name: China, dtype: object
```

20-3-2　直接索引

　　除了上一節的方法可以取得 DataFrame 物件內容，也可以使用直接索引方式取得
內容，這一小節仍將繼續使用 ch20_26.py 所建的 DataFrame 物件 df。

實例 1：直接索引取得 'Town' 的資料並列印。

```
>>> df['Town']
China          Beijing
China         Shanghai
Thailand       Bangkok
Japan            Tokyo
Singapore    Singapore
Name: Town, dtype: object
```

實例 2：取得 column 是 'Town'，row 是 'Japan' 的資料並列印。

```
>>> df['Town']['Japan']
'Tokyo'
```

實例 3：取的 column 是 'Town' 和 'Population' 的資料並列印。

```
>>> df[['Town','Population']]
            Town  Population
China     Beijing       2000
China    Shanghai       2300
Thailand  Bangkok        900
Japan       Tokyo       1600
Singapore Singapore      600
```

實例 4：取得 row 編號 3 之前的資料並列印。

```
>>> df[:3]
                Town  Population
China      Beijing         2000
China     Shanghai         2300
Thailand   Bangkok          900
```

實例 5：取得 Population 大於 1000 的資料並列印。

```
>>> df[df['Population'] > 1000]
                Town  Population
China      Beijing         2000
China     Shanghai         2300
Japan        Tokyo         1600
```

20-3-3　四則運算方法

下列是適用 Pandas 的四則運算方法。

add( )：加法運算。

sub( )：減法運算。

mul( )：乘法運算。

div( )：除法運算。

程式實例 ch20_27.py：加法與減法運算。

```
1  # ch20_27.py
2  import pandas as pd
3
4  s1 = pd.Series([1, 2, 3])
5  s2 = pd.Series([4, 5, 6])
6  x = s1.add(s2)
7  print(x)
8
9  y = s1.sub(s2)
10 print(y)
```

執行結果

```
================= RESTART: D:\Python_Excel\ch20\ch20_27.py =================
0    5
1    7
2    9
dtype: int64
0   -3
1   -3
2   -3
dtype: int64
```

程式實例 ch20_28.py：乘法與除法運算。

```
1   # ch20_28.py
2   import pandas as pd
3
4   data1 = [{'a':10, 'b':20}, {'a':30, 'b':40}]
5   df1 = pd.DataFrame(data1)
6   data2 = [{'a':1, 'b':2}, {'a':3, 'b':4}]
7   df2 = pd.DataFrame(data2)
8   x = df1.mul(df2)
9   print(x)
10
11  y = df1.div(df2)
12  print(y)
```

執行結果

```
================== RESTART: D:\Python_Excel\ch20\ch20_28.py ==================
    a    b
0  10   40
1  90  160
      a     b
0  10.0  10.0
1  10.0  10.0
```

20-3-4　邏輯運算方法

下列是適用 Pandas 的邏輯運算方法。

gt( )、lt( )：大於、小於運算。

ge( )、le( )：大於或等於、小於或等於運算。

eq( )、ne( )：等於、不等於運算。

程式實例 ch20_29.py：邏輯運算 gt( ) 和 eq( ) 的應用。

```
1   # ch20_29.py
2   import pandas as pd
3
4   s1 = pd.Series([1, 5, 9])
5   s2 = pd.Series([2, 4, 8])
6   x = s1.gt(s2)
7   print(x)
8
9   y = s1.eq(s2)
10  print(y)
```

執行結果

```
================== RESTART: D:\Python_Excel\ch20\ch20_29.py ==================
0    False
1     True
2     True
dtype: bool
0    False
1    False
2    False
dtype: bool
```

20-3-5　Numpy 的函數應用在 Pandas

程式實例 ch20_30.py：將 Numpy 的函數 square( ) 應用在 Series，square( ) 是計算平方的函數。

```
1  # ch20_30.py
2  import pandas as pd
3  import numpy as np
4
5  s = pd.Series([1, 2, 3])
6  x = np.square(s)
7  print(x)
```

執行結果

```
==================== RESTART: D:\Python_Excel\ch20\ch20_30.py ====================
0    1
1    4
2    9
dtype: int64
```

程式實例 ch20_31.py：將 Numpy 的隨機值函數 randint( ) 應用在建立 DataFrame 物件的元素內容，假設有一個課程第一次 first、第二次 second 和最後成績 final 皆是使用隨機數給予，分數是在 60(含) 至 100(不含) 間。

```
1  # ch20_31.py
2  import pandas as pd
3  import numpy as np
4  name = ['Frank', 'Peter', 'John']
5  score = ['first', 'second', 'final']
6  df = pd.DataFrame(np.random.randint(60,100,size=(3,3)),
7                    columns=name,
8                    index=score)
9  print(df)
```

執行結果

```
==================== RESTART: D:\Python_Excel\ch20\ch20_31.py ====================
        Frank  Peter  John
first     61     76    65
second    69     91    87
final     99     87    98
```

上述第 6 行 np.random.randint(60,100,size-(3,3)) 方法可以建立 (3,3) 陣列，每格數據是在 60-99 分之間。

20-3-6　NaN 相關的運算

在大數據的資料收集中常常因為執行者疏忽，漏了收集某一時間的資料，這些可用 NaN 代替。在先前四則運算我們沒有對 NaN 的值做運算實例，其實凡與 NaN 做運算，所獲得的結果也是 NaN。

程式實例 ch20_32.py：與 NaN 相關的運算

```
1   # ch20_32.py
2   import pandas as pd
3   import numpy as np
4
5   s1 = pd.Series([1, np.nan, 5])
6   s2 = pd.Series([np.nan, 6, 8])
7   x = s1.add(s2)
8   print(x)
```

執行結果

```
=================== RESTART: D:\Python_Excel\ch20\ch20_32.py ===================
0      NaN
1      NaN
2      13.0
dtype: float64
```

20-3-7　NaN 的處理

下列是適合處理 NaN 的方法。

dropna( )：將 NaN 刪除，然後傳回新的 Series 或 DataFrame 物件。

fillna(value)：將 NaN 由特定 value 值取代，然後傳回新的 Series 或 DataFrame 物件。

isna( )：判斷是否為 NaN，如果是傳回 True，如果否傳回 False。

notna( )：判斷是否為 NaN，如果是傳回 False，如果否傳回 True。

程式實例 ch20_33.py：isna( ) 和 notna( ) 的應用。

```
1   # ch20_33.py
2   import pandas as pd
3   import numpy as np
4
5   df = pd.DataFrame([[1, 2, 3],[4, np.nan, 6],[7, 8, np.nan]])
6   print(df)
7   print("-"*70)
8   x = df.isna()
9   print(x)
10  print("-"*70)
11  y = df.notna()
12  print(y)
```

執行結果

```
================== RESTART: D:\Python_Excel\ch20\ch20_33.py ==================
   0    1    2
0  1  2.0  3.0
1  4  NaN  6.0
2  7  8.0  NaN
------------------------------------------------------------
       0      1      2
0  False  False  False
1  False   True  False
2  False  False   True
------------------------------------------------------------
      0      1      2
0  True   True   True
1  True  False   True
2  True   True  False
```

上述 np.nan 是使用 Numpy 模組，然後在指定位置產生 NaN 數據。

程式實例 ch20_34.py：沿用先前實例在 NaN 位置填上 0。

```
1  # ch20_34.py
2  import pandas as pd
3  import numpy as np
4
5  df = pd.DataFrame([[1, 2, 3],[4, np.nan, 6],[7, 8, np.nan]])
6  z = df.fillna(0)
7  print(z)
```

執行結果

```
================== RESTART: D:\Python_Excel\ch20\ch20_34.py ==================
   0    1    2
0  1  2.0  3.0
1  4  0.0  6.0
2  7  8.0  0.0
```

程式實例 ch20_35.py：dropna( ) 如果不含參數，會刪除含 NaN 的 row。

```
1  # ch20_35.py
2  import pandas as pd
3  import numpy as np
4
5  df = pd.DataFrame([[1, 2, 3],[4, np.nan, 6],[7, 8, np.nan]])
6  x = df.dropna(0)
7  print(x)
```

執行結果

```
================== RESTART: D:\Python_Excel\ch20\ch20_35.py ==================
   0    1    2
0  1  2.0  3.0
```

實例 ch20_36.py：刪除含 NaN 的 columns。

```
1  # ch20_36.py
2  import pandas as pd
3  import numpy as np
4
```

```
5  df = pd.DataFrame([[1, 2, 3],[4, np.nan, 6],[7, 8, np.nan]])
6  x = df.dropna(axis='columns')
7  print(x)
```

執行結果

```
================== RESTART: D:\Python_Excel\ch20\ch20_36.py ==================
     0
0    1
1    4
2    7
```

20-3-8　幾個簡單的統計函數

cummax(axis=None)：傳回指定軸累積的最大值。

cummin(axis=None)：傳回指定軸累積的最小值。

cumsum(axis=None)：傳回指定軸累積的總和。

max(axis=None)：傳回指定軸的最大值。

min(axis=None)：傳回指定軸的最小值。

sum(axis=None)：傳回指定軸的總和。

mean(axis=None)：傳回指定軸的平均數。

median(axis=None)：傳回指定軸的中位數。

std(axis=None)：傳回指定軸的標準差。

程式實例 ch20_37.py：請再執行一次 ch20_26.py，方便取得 DataFrame 物件 df 的數據，然後使用此數據，列出這些城市的人口總計 sum( )，和累積人口總計 cumsum( )。

```
1  # ch20_37.py
2  import pandas as pd
3  cities = {'Country':['China','China','Thailand','Japan','Singapore'],
4            'Town':['Beijing','Shanghai','Bangkok','Tokyo','Singapore'],
5            'Population':[2000, 2300, 900, 1600, 600]}
6  df = pd.DataFrame(cities, columns=["Town","Population"],
7                    index=cities["Country"])
8  print(df)
9  print('-'*70)
10 total = df['Population'].sum()
11 print('人口總計 "', total)
12 print('-'*70)
13 print('累積人口總計')
14 cum_total = df['Population'].cumsum()
15 print(cum_total)
```

執行結果

```
================== RESTART: D:\Python_Excel\ch20\ch20_37.py ==================
                 Town  Population
China         Beijing        2000
China        Shanghai        2300
Thailand      Bangkok         900
Japan           Tokyo        1600
Singapore   Singapore         600
-------------------------------------------------------------
人口總計 " 7400
-------------------------------------------------------------
累積人口總計
China        2000
China        4300
Thailand     5200
Japan        6800
Singapore    7400
Name: Population, dtype: int64
```

程式實例 ch20_38.py：延續前一個實例，在 df 物件內插入人口累積總數 Cum_
Population 欄位。

```
1  # ch20_38.py
2  import pandas as pd
3  cities = {'Country':['China','China','Thailand','Japan','Singapore'],
4            'Town':['Beijing','Shanghai','Bangkok','Tokyo','Singapore'],
5            'Population':[2000, 2300, 900, 1600, 600]}
6  df = pd.DataFrame(cities, columns=["Town","Population"],
7                    index=cities["Country"])
8
9  x = df['Population'].cumsum()
10 df['Cum_Population'] = x
11 print(df)
```

執行結果

```
================== RESTART: D:\Python_Excel\ch20\ch20_38.py ==================
                 Town  Population  Cum_Population
China         Beijing        2000            2000
China        Shanghai        2300            4300
Thailand      Bangkok         900            5200
Japan           Tokyo        1600            6800
Singapore   Singapore         600            7400
```

程式實例 ch20_39.py：列出最多與最小人口數。

```
1  # ch20_39.py
2  import pandas as pd
3  cities = {'Country':['China','China','Thailand','Japan','Singapore'],
4            'Town':['Beijing','Shanghai','Bangkok','Tokyo','Singapore'],
5            'Population':[2000, 2300, 900, 1600, 600]}
6  df = pd.DataFrame(cities, columns=["Town","Population"],
7                    index=cities["Country"])
8
9  print('最多人口數 ', df['Population'].max())
10 print('最少人口數 ', df['Population'].min())
```

執行結果

```
================== RESTART: D:\Python_Excel\ch20\ch20_39.py ==================
最多人口數  2300
最少人口數  600
```

程式實例 ch20_40.py：有幾位學生大學學測分數如下：

	國文	英文	數學	自然	社會
1	14	13	15	15	12
2	12	14	9	10	11
3	13	11	12	13	14
4	10	10	8	10	9
5	13	15	15	15	14

請建立此 DataFrame 物件，同時列印。

```
1  # ch20_40.py
2  import pandas as pd
3
4  course = ['Chinese','English','Math','Natural','Society']
5  chinese = [14, 12, 13, 10, 13]
6  eng = [13, 14, 11, 10, 15]
7  math = [15, 9, 12, 8, 15]
8  nature = [15, 10, 13, 10, 15]
9  social = [12, 11, 14, 9, 14]
10
11 df = pd.DataFrame([chinese, eng, math, nature, social],
12                   columns = course,
13                   index = range(1,6))
14 print(df)
```

執行結果

```
================= RESTART: D:\Python_Excel\ch20\ch20_40.py =================
   Chinese  English  Math  Natural  Society
1       14       12    13       10       13
2       13       14    11       10       15
3       15        9    12        8       15
4       15       10    13       10       15
5       12       11    14        9       14
```

程式實例 ch20_41.py：列出每位學生總分數。

```
1  # ch20_41.py
2  import pandas as pd
3
4  course = ['Chinese','English','Math','Natural','Society']
5  chinese = [14, 12, 13, 10, 13]
6  eng = [13, 14, 11, 10, 15]
7  math = [15, 9, 12, 8, 15]
8  nature = [15, 10, 13, 10, 15]
9  social = [12, 11, 14, 9, 14]
10
11 df = pd.DataFrame([chinese, eng, math, nature, social],
12                   columns = course,
13                   index = range(1,6))
14 total = [df.iloc[i].sum() for i in range(0, 5)]
15 print(total)
```

執行結果

```
==================== RESTART: D:\Python_Excel\ch20\ch20_41.py ====================
[62, 63, 59, 63, 60]
```

程式實例 ch20_42.py：增加總分欄位，然後列出 DataFrame。

```python
1  # ch20_42.py
2  import pandas as pd
3
4  course = ['Chinese','English','Math','Natural','Society']
5  chinese = [14, 12, 13, 10, 13]
6  eng = [13, 14, 11, 10, 15]
7  math = [15, 9, 12, 8, 15]
8  nature = [15, 10, 13, 10, 15]
9  social = [12, 11, 14, 9, 14]
10
11 df = pd.DataFrame([chinese, eng, math, nature, social],
12                   columns = course,
13                   index = range(1,6))
14 total = [df.iloc[i].sum() for i in range(0, 5)]
15 df['Total'] = total
16 print(df)
```

執行結果

```
==================== RESTART: D:\Python_Excel\ch20\ch20_42.py ====================
   Chinese  English  Math  Natural  Society  Total
1       14       12    13       10       13     62
2       13       14    11       10       15     63
3       15        9    12        8       15     59
4       15       10    13       10       15     63
5       12       11    14        9       14     60
```

程式實例 ch20_43.py：列出各科平均分數，同時也列出平均分數的總分。

```python
1  # ch20_43.py
2  import pandas as pd
3
4  course = ['Chinese','English','Math','Natural','Society']
5  chinese = [14, 12, 13, 10, 13]
6  eng = [13, 14, 11, 10, 15]
7  math = [15, 9, 12, 8, 15]
8  nature = [15, 10, 13, 10, 15]
9  social = [12, 11, 14, 9, 14]
10
11 df = pd.DataFrame([chinese, eng, math, nature, social],
12                   columns = course,
13                   index = range(1,6))
14 total = [df.iloc[i].sum() for i in range(0, 5)]
15 df['Total'] = total
16
17 ave = df.mean()
18 print(ave)
```

執行結果

```
================ RESTART: D:\Python_Excel\ch20\ch20_43.py ================
Chinese     13.8
English     11.2
Math        12.6
Natural      9.4
Society     14.4
Total       61.4
dtype: float64
```

20-3-9　增加 index

可以使用 loc 屬性為 DataFrame 增加平均分數。

程式實例 ch20_44.py：在 df 下方增加 Average 平均分數。

```
1   # ch20_44.py
2   import pandas as pd
3
4   course = ['Chinese','English','Math','Natural','Society']
5   chinese = [14, 12, 13, 10, 13]
6   eng = [13, 14, 11, 10, 15]
7   math = [15, 9, 12, 8, 15]
8   nature = [15, 10, 13, 10, 15]
9   social = [12, 11, 14, 9, 14]
10
11  df = pd.DataFrame([chinese, eng, math, nature, social],
12                    columns = course,
13                    index = range(1,6))
14  total = [df.iloc[i].sum() for i in range(0, 5)]
15  df['Total'] = total
16
17  ave = df.mean()
18  df.loc['Average'] = ave
19  print(df)
```

執行結果

```
================ RESTART: D:\Python_Excel\ch20\ch20_44.py ================
         Chinese  English  Math  Natural  Society  Total
1           14.0     12.0  13.0     10.0     13.0   62.0
2           13.0     14.0  11.0     10.0     15.0   63.0
3           15.0      9.0  12.0      8.0     15.0   59.0
4           15.0     10.0  13.0     10.0     15.0   63.0
5           12.0     11.0  14.0      9.0     14.0   60.0
Average     13.8     11.2  12.6      9.4     14.4   61.4
```

20-3-10　刪除 index

若是想刪除 index 是 Average，可以使用 drop( )，可以參考下列實例。

程式實例 ch20_45.py：刪除 Average。

```
1   # ch20_45.py
2   import pandas as pd
3
4   course = ['Chinese','English','Math','Natural','Society']
5   chinese = [14, 12, 13, 10, 13]
6   eng = [13, 14, 11, 10, 15]
7   math = [15, 9, 12, 8, 15]
8   nature = [15, 10, 13, 10, 15]
9   social = [12, 11, 14, 9, 14]
10
11  df = pd.DataFrame([chinese, eng, math, nature, social],
12                    columns = course,
13                    index = range(1,6))
14  total = [df.iloc[i].sum() for i in range(0, 5)]
15  df['Total'] = total
16
17  ave = df.mean()
18  df.loc['Average'] = ave
19  df = df.drop(index=['Average'])
20  print(df)
```

執行結果

```
=================== RESTART: D:\Python_Excel\ch20\ch20_45.py ===================
   Chinese  English  Math  Natural  Society  Total
1     14.0     12.0  13.0     10.0     13.0   62.0
2     13.0     14.0  11.0     10.0     15.0   63.0
3     15.0      9.0  12.0      8.0     15.0   59.0
4     15.0     10.0  13.0     10.0     15.0   63.0
5     12.0     11.0  14.0      9.0     14.0   60.0
```

20-3-11　排序

排序可以使用 sort_values( ) 可以參考下列實例。

程式實例 ch20_46.py：將 DataFrame 物件 Total 欄位從大排到小。

```
1   # ch20_46.py
2   import pandas as pd
3
4   course = ['Chinese','English','Math','Natural','Society']
5   chinese = [14, 12, 13, 10, 13]
6   eng = [13, 14, 11, 10, 15]
7   math = [15, 9, 12, 8, 15]
8   nature = [15, 10, 13, 10, 15]
9   social = [12, 11, 14, 9, 14]
10
11  df = pd.DataFrame([chinese, eng, math, nature, social],
12                    columns = course,
13                    index = range(1,6))
14  total = [df.iloc[i].sum() for i in range(0, 5)]
15  df['Total'] = total
16
```

```
17  df = df.sort_values(by='Total', ascending=False)
18  print(df)
```

執行結果
```
================= RESTART: D:\Python_Excel\ch20\ch20_46.py =================
    Chinese  English  Math  Natural  Society  Total
2        13       14    11       10       15     63
4        15       10    13       10       15     63
1        14       12    13       10       13     62
5        12       11    14        9       14     60
3        15        9    12        8       15     59
```

　　上述預設是從小排到大，所以 sort_values( ) 增加參數 ascending=False，改為從大排到小。

程式實例 ch20_47.py：增加名次欄位，然後填入名次 (Ranking)。

```
1   # ch20_47.py
2   import pandas as pd
3
4   course = ['Chinese','English','Math','Natural','Society']
5   chinese = [14, 12, 13, 10, 13]
6   eng = [13, 14, 11, 10, 15]
7   math = [15, 9, 12, 8, 15]
8   nature = [15, 10, 13, 10, 15]
9   social = [12, 11, 14, 9, 14]
10
11  df = pd.DataFrame([chinese, eng, math, nature, social],
12                    columns = course,
13                    index = range(1,6))
14  total = [df.iloc[i].sum() for i in range(0, 5)]
15  df['Total'] = total
16
17  df = df.sort_values(by='Total', ascending=False)
18  rank = range(1, 6)
19  df['Ranking'] = rank
20  print(df)
```

執行結果
```
================= RESTART: D:\Python_Excel\ch20\ch20_47.py =================
    Chinese  English  Math  Natural  Society  Total  Ranking
2        13       14    11       10       15     63        1
4        15       10    13       10       15     63        2
1        14       12    13       10       13     62        3
5        12       11    14        9       14     60        4
3        15        9    12        8       15     59        5
```

　　上述有一個不完美，上述第 2 row 與第 1 row，一樣是 63 分，但是名次是第 2 名，我們可以使用下列方式解決。

程式實例 ch20_48.py：設定同分數應該有相同名次。

```
1   # ch20_48.py
2   import pandas as pd
3
4   course = ['Chinese','English','Math','Natural','Society']
5   chinese = [14, 12, 13, 10, 13]
6   eng = [13, 14, 11, 10, 15]
7   math = [15, 9, 12, 8, 15]
8   nature = [15, 10, 13, 10, 15]
9   social = [12, 11, 14, 9, 14]
10
11  df = pd.DataFrame([chinese, eng, math, nature, social],
12                    columns = course,
13                    index = range(1,6))
14  total = [df.iloc[i].sum() for i in range(0, 5)]
15  df['Total'] = total
16
17  df = df.sort_values(by='Total', ascending=False)
18  rank = range(1, 6)
19  df['Ranking'] = rank
20
21  for i in range(1, 5):
22      if df.iat[i, 5] == df.iat[i-1, 5]:
23          df.iat[i, 6] = df.iat[i-1, 6]
24  print(df)
```

執行結果

```
=================== RESTART: D:\Python_Excel\ch20\ch20_48.py ===================
    Chinese  English  Math  Natural  Society  Total  Ranking
2        13       14    11       10       15     63        1
4        15       10    13       10       15     63        1
1        14       12    13       10       13     62        3
5        12       11    14        9       14     60        4
3        15        9    12        8       15     59        5
```

程式實例 ch20_49.py：依 index 重新排序，這時可以使用 sort_index( )。

```
1   # ch20_49.py
2   import pandas as pd
3
4   course = ['Chinese','English','Math','Natural','Society']
5   chinese = [14, 12, 13, 10, 13]
6   eng = [13, 14, 11, 10, 15]
7   math = [15, 9, 12, 8, 15]
8   nature = [15, 10, 13, 10, 15]
9   social = [12, 11, 14, 9, 14]
10
11  df = pd.DataFrame([chinese, eng, math, nature, social],
12                    columns = course,
13                    index = range(1,6))
14  total = [df.iloc[i].sum() for i in range(0, 5)]
15  df['Total'] = total
16
17  df = df.sort_values(by='Total', ascending=False)
```

```
18   rank = range(1, 6)
19   df['Ranking'] = rank
20
21   for i in range(1, 5):
22       if df.iat[i, 5] == df.iat[i-1, 5]:
23           df.iat[i, 6] = df.iat[i-1, 6]
24
25   df = df.sort_index()
26   print(df)
```

執行結果

```
================== RESTART: D:\Python_Excel\ch20\ch20_49.py ==================
    Chinese  English  Math  Natural  Society  Total  Ranking
1        14       12    13       10       13     62        3
2        13       14    11       10       15     63        1
3        15        9    12        8       15     59        5
4        15       10    13       10       15     63        1
5        12       11    14        9       14     60        4
```

20-4　讀取與輸出 Excel 檔案

Pandas 可以讀取的檔案有許多，例如：TXT、CSV、Json、Excel，… 等，也可以將文件以上述資料格式寫入文件，本節將說明讀寫 Excel 格式的文件。

20-4-1　寫入 Excel 格式檔案

Pandas 可以使用 to_excel( ) 將 DataFrame 物件寫入 Excel 檔案，它的語法如下：

> to_excel(path=None, header=True, index=True, encoding=None,
>   startrow=n, startcol=n, …)

❑ path：檔案路徑 (名稱)。

❑ header：是否保留 columns，預設是 True。

❑ index：是否保留 index，預設是 True。

❑ encoding：檔案編碼方式。

❑ startrow：起始列。

❑ startcol：起始欄。

程式實例 ch20_50.py：延續 ch20_40.py 所建立的 DataFrame 物件觀念，用有保留 header 和 index 方式儲存至 out20_50a.excel，然後也用沒有保留方式存入 out20_50b. excel。

```
1  # ch20_50.py
2  import pandas as pd
3
4  items = ['軟體','書籍','國際證照']
5  Jan = [200, 150, 80]
6  Feb = [220, 180, 100]
7  March = [160, 200, 110]
8  April = [100, 120, 150]
9  df = pd.DataFrame([Jan, Feb, March, April],
10                   columns = items,
11                   index = range(1,5))
12 df.to_excel("out20_50a.xlsx")
13 df.to_excel("out20_50b.xlsx", header=False, index=False)
```

執行結果 下列是 out20_50a.csv 與 out20_50b.csv 的結果。

20-4-2　讀取 Excel 格式檔案

Pandas 可以使用 read_excel( ) 讀取 Excel 檔案，它的語法如下：

```
read_excel(excel_writer=None, sheet_name=None, names=None, header=True,
           index_col=None, names=None, encoding=None,
           userows=None, usecols=None, … )
```

❑ excel_writer：檔案路徑 (名稱)。

❑ sheet_name：工作表名稱。

❑ header：設定哪一 row 為欄位標籤，預設是 0。當參數有 names 時，此為 None。如果所讀取的檔案有欄位標籤時，就需設定此 header 值。

❑ index_col：指出第幾欄位 column 是索引，預設是 None。

❑ names：如果 header=0 時，可以設定欄位標籤。

❑ encoding：檔案編碼方式。

❑ nrows：設定讀取前幾 row。

❑ skiprows：跳過幾列。

❑ usecols：設定讀取那幾欄位，例如："B:E"。

程式實例 ch20_51.py：分別讀取 ch20_50.py 所建立的 Excel 檔案，然後列印。

```
1  # ch20_51.py
2  import pandas as pd
3
4  x = pd.read_excel("out20_50a.xlsx",index_col=0)
5  items = ['軟體','書籍','國際證照']
6  y = pd.read_excel("out20_50b.xlsx",names=items)
7  print(x)
8  print("-"*70)
9  print(y)
```

執行結果

```
================== RESTART: D:\Python_Excel\ch20\ch20_51.py ==================
    軟體    書籍   國際證照
1   200   150     80
2   220   180    100
3   160   200    110
4   100   120    150
----------------------------------------------------------------------
    軟體    書籍   國際證照
0   220   180    100
1   160   200    110
2   100   120    150
```

註1 使用 read_excel( ) 讀取活頁簿工作表時，會自行判斷有資料的最後一列和最後一欄。

註2 上述含 pandas 模組的程式，最大的困擾是中文標籤欄位和數據內容沒有對齊，可以使用下列 set_option( ) 函數解決。

　　pd.set_option('display.unicode.east_asian_width', True)

上述主要功能是設定 unicode 的亞洲文字寬度為 True。

程式實例 ch20_51_1.py：使用 pd.set_option( ) 函數重新設計 ch20_50.py。

```
1   # ch20_51.py
2   import pandas as pd
3
4   pd.set_option('display.unicode.east_asian_width', True)
5   x = pd.read_excel("out20_50a.xlsx",index_col=0)
6   items = ['軟體','書籍','國際證照']
7   y = pd.read_excel("out20_50b.xlsx",names=items)
8   print(x)
9   print("-"*70)
10  print(y)
```

執行結果

```
================= RESTART: D:/Python_Excel/ch20/ch20_51_1.py =================
    軟體   書籍   國際證照
1   200   150      80
2   220   180     100
3   160   200     110
4   100   120     150
---------------------------------------------------------------------
    軟體   書籍   國際證照
0   220   180     100
1   160   200     110
2   100   120     150
```

20-4-3　讀取 Excel 檔案的系列實例

有一個 data20_52.xlsx 活頁簿有台北店和高雄店工作表，內容如下：

程式實例 ch20_52.py：讀取台北店工作表，然後輸出，同時觀察執行結果。

```
1  # ch20_52.py
2  import pandas as pd
3
4  pd.set_option('display.unicode.east_asian_width', True)
5  x = pd.read_excel("data20_52.xlsx",sheet_name="台北店")
6  print(x)
```

執行結果

```
================= RESTART: D:\Python_Excel\ch20\ch20_52.py =================
   Unnamed: 0      Unnamed: 1 Unnamed: 2 Unnamed: 3 Unnamed: 4 Unnamed: 5
0         NaN           單位：萬        NaN        NaN        NaN        NaN
1         NaN      3C連鎖賣場業績表        NaN        NaN        NaN        NaN
2         NaN             產品        第一季        第二季        第三季        第四季
3         NaN         iPhone      88000      78000      82000      92000
4         NaN           iPad      50000      52000      55000      60000
5         NaN        iWatch      50000      55000      53500      58000
```

　　從上述執行結果可以看到，第一列原先預設會是欄位標籤，因為沒有資料，結果是顯示 Unnamed：0 … 等。至於其他沒有資料的欄位則是顯示 NaN。此外，上述 data20_52.xlsx 有台北店和高雄店 2 個工作表，參數 sheet_name=" 台北店 " 指名讀取台北店工作表，如果省略則會讀取第一個工作表所以也是顯示上述結果，讀者可以自行練習，本書 ch20 資料夾的 data20_52_1.py 是此練習的程式，可以得到與 ch20_52.py 相同的結果。

　　對於 data20_52.xlsx 而言，假設只想讀取 B4:F7 儲存格區間，可以參考下列實例。

程式實例 ch20_53.py：讀取 B4:F7 儲存格區間。

```
1  # ch20_53.py
2  import pandas as pd
3
4  pd.set_option('display.unicode.east_asian_width', True)
5  x = pd.read_excel("data20_52.xlsx",skiprows=3,usecols="B:F")
6  print(x)
```

執行結果

```
================= RESTART: D:\Python_Excel\ch20\ch20_53.py =================
     產品    第一季    第二季    第三季    第四季
0  iPhone  88000  78000  82000  92000
1    iPad  50000  52000  55000  60000
2  iWatch  50000  55000  53500  58000
```

　　上述第 5 列使用了 skiprows=3 參數，表示跳過前 3 列。usecols="B:F" 參數表示使用 B 欄至 F 欄的區間。在 read_excel( ) 函數內也可以使用 header 設定從第幾列開始讀取，若是設定 header=3，也表示跳過前 3 列，讀者可以自行練習，本書 ch20 資料夾的 data20_53_1.py 是此練習的程式，可以得到與 ch20_53.py 相同的結果。

第 21 章
用 Pandas 操作 Excel

21-1　認識與輸出部分 Excel 資料

21-2　缺失值處理

21-3　重複資料的處理

21-4　Pandas 的索引操作

21-5　篩選欄或列資料

21-6　儲存格運算的應用

21-7　水平合併工作表內容

21-8　垂直合併

這一章主要是講解使用 Python + Pandas 觀念操作 Excel。

21-1　認識與輸出部分 Excel 資料

這一節將使用 customer.xlsx 檔案當作實例，此檔案有 150 個客戶資料，內容如下：

	A	B	C	D	E	F
1	客戶編號	性別	學歷	年收入	年齡	
2	A1	男	大學	120	35	
3	A4	男	碩士	88	28	
4	A7	女	大學	59	29	
5	A10	女	大學	105	37	
6	A13	男	高中	65	43	
7	A16	女	碩士	70	27	
8	A19	女	大學	88	39	
9	A22	男	博士	150	52	

客戶資料 ｜ 工作表2 ｜ 工作表3 ｜ ⊕

21-1-1　認識 Excel 檔案使用 info( )

函數 info( ) 可以列出工作表的欄位名稱、資料類別、資料數和所佔的記憶體空間。

程式實例 ch21_1.py：列出 customer.xlsx 活頁簿客戶資料工作表的相關資料。

```
1  # ch21_1.py
2  import pandas as pd
3
4  pd.set_option('display.unicode.east_asian_width', True)
5  df = pd.read_excel("customer.xlsx",index_col=0)
6  print(df.info())
```

執行結果　下列可以看到有 4 個欄位和 150 筆資料，佔據約 5.94KB 記憶體空間。

```
=================== RESTART: D:\Python_Excel\ch21\ch21_1.py ===================
<class 'pandas.core.frame.DataFrame'>
Index: 150 entries, A1 to A448
Data columns (total 4 columns):
 #   Column  Non-Null Count  Dtype
---  ------  --------------  -----
 0   性別      150 non-null    object
 1   學歷      150 non-null    object
 2   年收入     150 non-null     int64
 3   年齡      150 non-null     int64
dtypes: int64(2), object(2)
memory usage: 5.9+ KB
```

21-1-2　輸出前後資料

函數 head(n) 可以輸出前 n 筆資料，如果省略 n 則是輸出前 5 筆資料。函數 tail(n) 可以輸出後 n 筆資料，如果省略 n 則是輸出後 5 筆資料。

程式實例 ch21_2.py：輸出前 3 筆資料和前 5 筆資料，同時輸出後 5 筆資料。

```
1   # ch21_2.py
2   import pandas as pd
3
4   pd.set_option('display.unicode.east_asian_width', True)
5   df = pd.read_excel("customer.xlsx",index_col=0)
6   print("輸出前 3 筆資料")
7   print(df.head(3))
8   print("-"*70)
9   print("輸出前 5 筆資料")
10  print(df.head())
11  print("-"*70)
12  print("輸出後 5 筆資料")
13  print(df.tail())
```

執行結果

```
==================== RESTART: D:/Python_Excel/ch21/ch21_2.py ====================
輸出前 3 筆資料
       性別   學歷   年收入   年齡
客戶編號
A1      男   大學    120    35
A4      男   碩士     88    28
A7      女   大學     59    29
----------------------------------------------------------------------
輸出前 5 筆資料
       性別   學歷   年收入   年齡
客戶編號
A1      男   大學    120    35
A4      男   碩士     88    28
A7      女   大學     59    29
A10     女   大學    105    37
A13     男   高中     65    43
----------------------------------------------------------------------
輸出後 5 筆資料
       性別   學歷   年收入   年齡
客戶編號
A436    女   大學     50    32
A439    女   大學     48    30
A442    男   碩士     65    37
A445    女   大學     70    41
A448    女   大學     90    48
```

21-1-3　了解工作表的列數和欄數

屬性 shape 可以了解工作表的列數和欄 (行) 數。

程式實例 ch21_3.py：輸出工作表的列數和欄數。

```
1   # ch21_3.py
2   import pandas as pd
3
4   df = pd.read_excel("customer.xlsx",index_col=0)
5   print(f"(列數, 欄數) = {df.shape}")
```

執行結果

```
==================== RESTART: D:/Python_Excel/ch21/ch21_3.py ====================
(列數, 欄數) = (150, 4)
```

21-1-4　輸出欄位標籤的計數

　　函數 value_counts( ) 可以輸出欄位的計數，回傳的資料型態是 Series，同時使用從大到小輸出，這個函數常用的參數如下：

❑ ascending：預設是 False，如果設為 True 將改為從小到大輸出。

❑ normalize：若是設為 True 可以列出佔比。

程式實例 ch21_4.py：列出各學歷的人數，同時列出所佔比例。

```
1   # ch21_4.py
2   import pandas as pd
3
4   df = pd.read_excel("customer.xlsx",index_col=0)
5   print("輸出各學歷人數")
6   print(df['學歷'].value_counts())
7   print("輸出各學歷占比")
8   print(df['學歷'].value_counts(normalize=True))
```

執行結果

```
==================== RESTART: D:/Python_Excel/ch21/ch21_4.py ====================
輸出各學歷人數
大學     84
碩士     34
高中     16
博士     16
Name: 學歷, dtype: int64
輸出各學歷占比
大學     0.560000
碩士     0.226667
高中     0.106667
博士     0.106667
Name: 學歷, dtype: float64
```

21-2 缺失值處理

在企業運作時可能有員工會疏忽造成資料漏輸入，這一節將使用活頁簿 data21_5. xlsx 的業績表工作表講解這方面的應用。

	A	B	C	D	E	F
1						
2		深智數位業務員銷售業績表				
3		姓名	一月	二月	三月	總計
4		李生時	4560	5152	6014	15726
5		章藝文	8864		7842	16706
6		張鐵橋	4234	8045	7098	19377
7		王終生	7799	5435		13234
8		周華元	9040	8048	5098	22186

業績表 ⊕

21-2-1 找出漏輸入的儲存格

Pandas 在讀取 Excel 工作表時，如果碰上漏輸入資料的儲存格會顯示 NaN，此外，也可以用 isnull( ) 函數測試，漏輸入儲存格的地方會顯示 True。

程式實例 ch21_5.py：列出漏輸入資料的儲存格。

```
1  # ch21_5.py
2  import pandas as pd
3
4  pd.set_option('display.unicode.east_asian_width', True)
5  df = pd.read_excel("data21_5.xlsx",skiprows=2,usecols="B:F")
6  print(df)
7  print("-"*70)
8  print(df.isnull())
```

執行結果

```
==================== RESTART: D:/Python_Excel/ch21/ch21_5.py ====================
    姓名    一月    二月    三月    總計
0  李生時  4560  5152.0  6014.0  15726
1  章藝文  8864    NaN   7842.0  16706
2  張鐵橋  4234  8045.0  7098.0  19377
3  王終生  7799  5435.0    NaN   13234
4  周華元  9040  8048.0  5098.0  22186
----------------------------------------------------------------------
    姓名    一月    二月    三月    總計
0  False  False  False  False  False
1  False  False   True  False  False
2  False  False  False  False  False
3  False  False  False   True  False
4  False  False  False  False  False
```

21-2-2　填入 0.0

函數 fillna(n) 可以在缺失值的儲存格填入值，例如：fillna(0.0) 可以填入 0.0。

程式實例 ch21_6.py：將缺失值的儲存格填入 0.0。

```
1  # ch21_6.py
2  import pandas as pd
3
4  pd.set_option('display.unicode.east_asian_width', True)
5  df = pd.read_excel("data21_5.xlsx",skiprows=2,usecols="B:F")
6  df1 = df.fillna(0.0)
7  print(df1)
8  df1.to_excel(excel_writer="out21_6.xlsx",index=False)
```

執行結果　下列是 Python Shell 視窗的執行結果與 out21_6.xlsx 的結果。

```
=================== RESTART: D:/Python_Excel/ch21/ch21_6.py ===================
    姓名    一月    二月    三月   總計
0  李生時  4560  5152.0  6014.0  15726
1  章藝文  8864     0.0  7842.0  16706
2  張鐵橋  4234  8045.0  7098.0  19377
3  王終生  7799  5435.0     0.0  13234
4  周華元  9040  8048.0  5098.0  22186
```

	A	B	C	D	E
1	姓名	一月	二月	三月	總計
2	李生時	4560	5152	6014	15726
3	章藝文	8864	0	7842	16706
4	張鐵橋	4234	8045	7098	19377
5	王終生	7799	5435	0	13234
6	周華元	9040	8048	5098	22186

Sheet1　⊕

21-2-3　刪除缺失值的列資料

在 data21_5.xlsx 的工作表中，因為只有總計欄位，所以有缺失值存在沒有太大的影響，但是如果要計算每個月的平均業績，就會有很大的差異，這時可以思考刪除含有缺失值的列。

函數 dropna(axis=0) 可以刪除缺失值的列，這個函數如果省略 axis=0 或是設定 axis=0 則可以刪除含有缺失值的列。如果參數是 axis=1，可以刪除含有缺失值的欄。

程式實例 ch21_7.py：刪除含有缺失值的列。

```
1   # ch21_7.py
2   import pandas as pd
3
4   pd.set_option('display.unicode.east_asian_width', True)
5   df = pd.read_excel("data21_5.xlsx",skiprows=2,usecols="B:F")
6   print(df.dropna())
```

執行結果

```
================== RESTART: D:/Python_Excel/ch21/ch21_7.py ==================
    姓名    一月    二月    三月    總計
0  李生時   4560  5152.0  6014.0  15726
2  張鐵橋   4234  8045.0  7098.0  19377
4  周華元   9040  8048.0  5098.0  22186
```

21-3 重複資料的處理

函數 drop_duplicates( ) 可以刪除重複的資料列，此函數語法如下：

drop_duplicates(subset=None, keep='first', inplace=False)

上述個參數意義如下：

❑ subset：只考慮處理某些列。

❑ keep：預設是 first，表示保存第一個出現的列項目，其他刪除。

❑ implace：是否將重複像放在適當位置或是回傳副本。

有一個 data21_8.xlsx 檔案內容如下：

	A	B	C	D	E	F
1						
2		深智數位業務員銷售業績表				
3		姓名	一月	二月	三月	總計
4		李生時	4560	5152	6014	15726
5		周華元	9040	8048	5098	22186
6		章藝文	8864		7842	16706
7		李生時	4560	5152	6014	15726
8		張鐵橋	4234	8045	7098	19377
9		王終生	7799	5435		13234
10		周華元	9040	8048	5098	22186

業績表

程式實例 ch21_8.py：刪除重複的資料列。

```
1  # ch21_8.py
2  import pandas as pd
3
4  pd.set_option('display.unicode.east_asian_width', True)
5  df = pd.read_excel("data21_8.xlsx",skiprows=2,usecols="B:F")
6  print(df.drop_duplicates())
```

執行結果

```
==================== RESTART: D:/Python_Excel/ch21/ch21_8.py ====================
     姓名    一月    二月    三月   總計
0   李生時   4560  5152.0  6014.0  15726
1   周華元   9040  8048.0  5098.0  22186
2   章藝文   8864    NaN   7842.0  16706
4   張鐵橋   4234  8045.0  7098.0  19377
5   王終生   7799  5435.0    NaN   13234
```

21-4　Pandas 的索引操作

這一節將使用下列 data21_9.xlsx 活頁簿當作實例。

	A	B	C	D	E	F
1						
2		姓名	一月	二月	三月	總計
3		李生時	4560	5152	6014	15726
4		章藝文	8864		7842	16706
5		張鐵橋	4234	8045	7098	19377
6		王終生	7799	5435		13234
7		周華元	9040	8048	5098	22186

業績表 ⊕

21-4-1　更改列索引

使用 Pandas 讀取 Excel 檔案後，會自動配置 0 ~ n 的列索引，不過可以使用 index 屬性更改此列索引。

程式實例 ch21_9.py：將列索引改成 1 開始，

```
1  # ch21_9.py
2  import pandas as pd
3
4  pd.set_option('display.unicode.east_asian_width', True)
5  df = pd.read_excel("data21_9.xlsx",
6              skiprows=1,usecols="B:F")
```

```
 7   print(df)
 8   print("-"*70)
 9   df.index = [i for i in range(1,6)]
10   print(df)
```

執行結果

```
=================== RESTART: D:/Python_Excel/ch21/ch21_9.py ===================
      姓名   一月     二月     三月     總計
0   李生時   4560   5152.0   6014.0   15726
1   章藝文   8864      NaN   7842.0   16706
2   張鐵橋   4234   8045.0   7098.0   19377
3   王終生   7799   5435.0      NaN   13234
4   周華元   9040   8048.0   5098.0   22186
-----------------------------------------------------------------------
      姓名   一月     二月     三月     總計
1   李生時   4560   5152.0   6014.0   15726
2   章藝文   8864      NaN   7842.0   16706
3   張鐵橋   4234   8045.0   7098.0   19377
4   王終生   7799   5435.0      NaN   13234
5   周華元   9040   8048.0   5098.0   22186
```

21-4-2 更改欄索引

使用 Pandas 讀取 Excel 檔案後，可以使用 column 屬性更改此欄索引。

程式實例 ch21_10.py：擴充 ch21_9.py，增加將欄索引改成第一季、第二季和第三季。

```
 1   # ch21_10.py
 2   import pandas as pd
 3
 4   pd.set_option('display.unicode.east_asian_width', True)
 5   df = pd.read_excel("data21_9.xlsx",
 6                      skiprows=1,usecols="B:F")
 7   print(df)
 8   print("-"*70)
 9   df.columns = ['姓名','第一季','第二季','第三季','總計']
10   df.index = [i for i in range(1,6)]
11   print(df)
```

執行結果

```
=================== RESTART: D:/Python_Excel/ch21/ch21_10.py ==================
      姓名   一月     二月     三月     總計
0   李生時   4560   5152.0   6014.0   15726
1   章藝文   8864      NaN   7842.0   16706
2   張鐵橋   4234   8045.0   7098.0   19377
3   王終生   7799   5435.0      NaN   13234
4   周華元   9040   8048.0   5098.0   22186
-----------------------------------------------------------------------
      姓名   第一季   第二季   第三季     總計
1   李生時   4560   5152.0   6014.0   15726
2   章藝文   8864      NaN   7842.0   16706
3   張鐵橋   4234   8045.0   7098.0   19377
4   王終生   7799   5435.0      NaN   13234
5   周華元   9040   8048.0   5098.0   22186
```

21-5 篩選欄或列資料

這一節將講解資料的篩選，主要是使用下列 data21_1.xlsx 檔案的員工表工作表。

註：讀者也可以參考 20-3-1 節，只是這一小節使用 Excel 檔案做實例。

	A	B	C	D	E	F	G	H
1								
2		飛馬傳播公司員工表						
3		員工代號	姓名	出生日期	到職日期	部門	職位	月薪
4		1001	陳二郎	1950/5/2	1991/1/1	行政	總經理	86000
5		1002	周海媚	1966/7/1	1991/1/1	表演組	演員	65000
6		1010	劉德華	1964/8/20	1991/3/1	表演組	歌星	77000
7		1018	張學友	1965/10/13	1991/6/1	行政	專員	55000
8		1025	林憶蓮	1972/3/12	1991/8/15	表演組	歌星	48000
9		1043	張清芳	1970/4/3	1992/3/7	宣傳組	專員	55000
10		1056	蘇有朋	1974/7/9	1992/5/10	表演組	演員	72000
11		1079	吳奇隆	1974/1/20	1993/2/1	宣傳組	助理專員	42000
12		1091	林慧萍	1969/3/25	1993/7/10	表演組	歌星	66000
13		1096	張曼玉	1976/7/22	1994/9/18	表演組	演員	83000
14		1103	陳亞倫	1973/12/8	1994/12/20	表演組	歌星	63000

員工表

21-5-1 篩選特定欄資料

程式實例 ch21_11.py：篩選只顯示姓名欄，和顯示姓名與部門欄。

```
1  # ch21_11.py
2  import pandas as pd
3
4  pd.set_option('display.unicode.east_asian_width', True)
5  df = pd.read_excel("data21_11.xlsx",
6                     skiprows=2,usecols="B:H")
7
8  print(df['姓名'])
9  print("-"*70)
10 print(df[['姓名','部門']])
```

執行結果

```
================== RESTART: D:/Python_Excel/ch21/ch21_11.py ==================
0        陳二郎
1        周海媚
2        劉德華
3        張學友
4        林憶蓮
5        張清芳
6        蘇有朋
7        吳奇隆
8        林慧萍
9        張曼玉
10       陳亞倫
Name: 姓名, dtype: object
-------------------------------------------------------------------------
      姓名      部門
0    陳二郎      行政
1    周海媚    表演組
2    劉德華    表演組
3    張學友      行政
4    林憶蓮    表演組
5    張清芳    宣傳組
6    蘇有朋    表演組
7    吳奇隆    宣傳組
8    林慧萍    表演組
9    張曼玉    表演組
10   陳亞倫    表演組
```

21-5-2 篩選特定列

要篩選特定列可以使用 loc 和 iloc 屬性屬性。

程式實例 ch21_12.py：用 loc 屬性篩選第 2 列，分別用 loc 和 iloc 屬性篩選 3 ~ 5 列。

```python
1   # ch21_12.py
2   import pandas as pd
3
4   pd.set_option('display.unicode.east_asian_width', True)
5   df = pd.read_excel("data21_11.xlsx",
6                   skiprows=2,usecols="B:H")
7
8   print(df.loc[[2]])
9   print("-"*70)
10  print(df.loc[[3, 4, 5]])
11  print("-"*70)
12  print(df.iloc[3:6])
```

執行結果

```
================== RESTART: D:/Python_Excel/ch21/ch21_12.py ==================
    員工代號      姓名      出生日期      到職日期      部門    職位    月薪
2     1010    劉德華  1964-08-20  1991-03-01  表演組    歌星  77000
----------------------------------------------------------------------
    員工代號      姓名      出生日期      到職日期      部門    職位    月薪
3     1018    張學友  1965-10-13  1991-06-01    行政    專員  55000
4     1025    林憶蓮  1972-03-12  1991-08-15  表演組    歌星  48000
5     1043    張清芳  1970-04-03  1992-03-07  宣傳組    專員  55000
----------------------------------------------------------------------
    員工代號      姓名      出生日期      到職日期      部門    職位    月薪
3     1018    張學友  1965-10-13  1991-06-01    行政    專員  55000
4     1025    林憶蓮  1972-03-12  1991-08-15  表演組    歌星  48000
5     1043    張清芳  1970-04-03  1992-03-07  宣傳組    專員  55000
```

21-5-3　篩選符合條件的資料

程式實例 ch21_13.py：篩選下列 3 組資料。

1：　表演組。

2：　月薪大於 75000。

3：　到職日期 1993 年 6 月 1 日以後。

```
1  # ch21_13.py
2  import pandas as pd
3  import datetime
4
5  pd.set_option('display.unicode.east_asian_width', True)
6  df = pd.read_excel("data21_11.xlsx",
7                     skiprows=2,usecols="B:H")
8
9  print(df[df['部門'] == '表演組'])
10 print("-"*70)
11 print(df[df['月薪'] > 75000])
12 print("-"*70)
13 print(df[df['到職日期'] > datetime.datetime(1993,6,1)])
```

執行結果

```
==================== RESTART: D:/Python_Excel/ch21/ch21_13.py ====================
    員工代號    姓名    出生日期      到職日期      部門    職位    月薪
1   1002   周海媚  1966-07-01  1991-01-01  表演組  演員  65000
2   1010   劉德華  1964-08-20  1991-03-01  表演組  歌星  77000
4   1025   林憶蓮  1972-03-12  1991-08-15  表演組  歌星  48000
6   1056   蘇有朋  1974-07-09  1992-05-10  表演組  演員  72000
8   1091   林慧萍  1969-03-25  1993-07-10  表演組  歌星  66000
9   1096   張曼玉  1976-07-22  1994-09-18  表演組  演員  83000
10  1103   陳亞倫  1973-12-08  1994-12-20  表演組  歌星  63000
--------------------------------------------------------------------
    員工代號    姓名    出生日期      到職日期      部門    職位    月薪
0   1001   陳二郎  1950-05-02  1991-01-01  行政  總經理  86000
2   1010   劉德華  1964-08-20  1991-03-01  表演組  歌星  77000
9   1096   張曼玉  1976-07-22  1994-09-18  表演組  演員  83000
--------------------------------------------------------------------
    員工代號    姓名    出生日期      到職日期      部門    職位    月薪
8   1091   林慧萍  1969-03-25  1993-07-10  表演組  歌星  66000
9   1096   張曼玉  1976-07-22  1994-09-18  表演組  演員  83000
10  1103   陳亞倫  1973-12-08  1994-12-20  表演組  歌星  63000
```

21-6　儲存格運算的應用

21-6-1　國人旅遊統計

活頁簿 data21_14.xlsx 旅遊工作表內容如下：

程式實例 ch21_14.py：列出各地區旅遊是否增長。

```
1   # ch21_14.py
2   import pandas as pd
3
4   pd.set_option('display.unicode.east_asian_width', True)
5   df = pd.read_excel("data21_14.xlsx",
6                      skiprows=2,usecols="B:E")
7
8   df['增長'] = df['2022年'] > df['2021年']
9   print(df)
```

執行結果

```
==================== RESTART: D:/Python_Excel/ch21/ch21_14.py ====================
    地區    2021年    2022年    增長
0   日本   2005400  2100008   True
1   韓國    860089   900886   True
2   香港   1280231  1120334  False
3  新加坡   1780075  1800931   True
```

21-6-2　高血壓檢測

活頁簿 data21_15.xlsx 血壓工作表內容如下：

程式實例 ch21_15.py：正常高血壓定義是收縮壓大於 140，舒張壓大於 90，這個題目是列出測試者的收縮壓與舒張壓，然後列出是否有高血壓。

```
1  # ch21_15.py
2  import pandas as pd
3
4  pd.set_option('display.unicode.east_asian_width', True)
5  df = pd.read_excel("data21_15.xlsx",
6                     skiprows=2,usecols="B:E")
7
8
9  data1 = df['收縮壓'] > 140
10 print(data1)
11 data2 = df['舒張壓'] > 90
12 print(data2)
13 df['高血壓'] = data1 & data2
14 print(df)
```

執行結果

```
=================== RESTART: D:/Python_Excel/ch21/ch21_15.py ===================
0    False
1    False
2     True
3    False
4     True
Name: 收縮壓, dtype: bool
0    False
1    False
2     True
3    False
4    False
Name: 舒張壓, dtype: bool
   考生姓名  收縮壓  舒張壓   高血壓
0   陳嘉文   120   80  False
1   李欣欣    98   60  False
2   張家宜   150  100   True
3    陳浩   130   90  False
4   王鐵牛   170   85  False
```

21-6-3　業績統計

活頁簿 data21_16.xlsx 業績表工作表內容如下：

	A	B	C	D	E	F
1						
2		深智數位業務員銷售業績表				
3		姓名	一月	二月	總計	月平均
4		李生時	4560	5152		
5		章藝文	8864	3728		
6		張鐵橋	4234	8045		
7		王終生	7799	5435		
8		周華元	9040	8048		

業績表　⊕

程式實例 ch21_16.py：計算業績總計和月平均。

```
1   # ch21_16.py
2   import pandas as pd
3
4   pd.set_option('display.unicode.east_asian_width', True)
5   df = pd.read_excel("data21_16.xlsx",
6                      skiprows=2,usecols="B:E")
7
8   df['總計'] = df['一月'] + df['二月']
9   df['月平均'] = df['總計'] / 2.0
10  print(df)
```

執行結果

```
==================== RESTART: D:/Python_Excel/ch21/ch21_16.py ====================
     姓名   一月   二月    總計    月平均
0   李生時   4560  5152   9712   4856.0
1   章藝文   8864  3728  12592   6296.0
2   張鐵橋   4234  8045  12279   6139.5
3   王終生   7799  5435  13234   6617.0
4   周華元   9040  8048  17088   8544.0
```

21-6-4 計算銷售排名

在 9-4-2 節有說明百貨公司產品銷售排名，這一節將用 Pandas 解析計算銷售排名的方法，活頁簿 data21_17.xlsx 的銷售工作表內容如下：

	A	B	C	D	E	F
1						
2		百貨公司產品銷售報表				
3		產品編號	名稱	銷售數量	排名	
4		A001	香水	56		
5		A003	口紅	72		
6		B004	皮鞋	27		
7		C001	襯衫	32		
8		C003	西裝褲	41		
9		D002	領帶	50		
10						

銷售

程式實例 ch21_17.py：計算銷售排名，這個程式會先用銷售數量由高往低排，再重新依照索引排列。

```
1   # ch21_17.py
2   import pandas as pd
3
4   pd.set_option('display.unicode.east_asian_width', True)
```

```
 5  df = pd.read_excel("data21_17.xlsx",
 6                      skiprows=2,usecols="B:E")
 7
 8  df = df.sort_values(by='銷售數量',ascending=False)
 9  rank = range(1,7)
10  df['排名'] = rank
11  print(df)
12  print("-"*70)
13  df = df.sort_index()
14  print(df)
```

執行結果

```
================== RESTART: D:/Python_Excel/ch21/ch21_17.py ==================
   產品編號     名稱   銷售數量   排名
1   A003     口紅      72     1
0   A001     香水      56     2
5   D002     領帶      50     3
4   C003    西裝褲     41     4
3   C001     襯衫      32     5
2   B004     皮鞋      27     6
----------------------------------------------------------------------
   產品編號     名稱   銷售數量   排名
0   A001     香水      56     2
1   A003     口紅      72     1
2   B004     皮鞋      27     6
3   C001     襯衫      32     5
4   C003    西裝褲     41     4
5   D002     領帶      50     3
```

21-6-5　累計來客數

活頁簿 data21_18.xlsx 的來客數工作表內容如下：

	A	B	C	D
1				
2		超商來客數統計		
3		日期	來客數	累計來客數
4		2022/1/1	113	
5		2022/1/2	121	
6		2022/1/3	98	
7		2022/1/4	109	
8		2022/1/5	144	

來客數　⊕

程式實例 ch21_18.py：這個程式會使用 D 欄累計來客數。

```
1  # ch21_18.py
2  import pandas as pd
3
4  pd.set_option('display.unicode.east_asian_width', True)
5  df = pd.read_excel("data21_18.xlsx",
6                     skiprows=2,usecols="B:D")
7
8  df['累計來客數'] = df['來客數'].cumsum()
9  print(df)
```

執行結果

```
=================== RESTART: D:/Python_Excel/ch21/ch21_18.py ===================
          日期   來客數   累計來客數
0 2022-01-01   113        113
1 2022-01-02   121        234
2 2022-01-03    98        332
3 2022-01-04   109        441
4 2022-01-05   144        585
```

21-7 水平合併工作表內容

Pandas 合併的函數是 merge( )，此函數語法如下：

merge(right, how, on, left_on, right_on)

❑ right：這是必要，要合併的 DataFrame。

❑ how：這是選項，可以是 'left'、'right'、'outer'、'inner'、'cross'，主要是設定合併方式。

❑ on：這是選項，可以設定共同的欄位。

❑ left_on：可以設定左邊 DataFrame 的欄位。

❑ right_on：可以設定右邊 DataFrame 的欄位。

註 簡單的水平合併也可以參考 20-2-2 節。

21-7-1 有共同欄位的水平合併

活頁簿 data21_19a.xlsx 含有員工資料工作表，data21_19b.xlsx 含有業績工作表，內容分別如下：

	A	B	C	D
1				
2		員工ID	性別	出生日期
3		A1	男	2000/5/5
4		A4	男	1998/7/9
5		A7	女	1993/3/5
6		A10	女	1999/6/10
7		A13	男	1985/10/2

員工資料　工作表2　工作表3

	A	B	C
1			
2		員工ID	業績
3		A1	81110
4		A4	92000
5		A7	69000
6		A10	72000
7		A13	88000

業績表　工作表2　工作

ch21_19a.xlsx　　　　　　**ch21_19b.xlsx**

程式實例 ch21_19.py：將 data21_19a.xlsx 的員工資料與 data21_19b.xlsx 的業績資料執行水平合併。

```python
1   # ch21_19.py
2   import pandas as pd
3
4   pd.set_option('display.unicode.east_asian_width', True)
5   # 讀取員工資料
6   left = pd.read_excel("data21_19a.xlsx",
7                   skiprows=1,usecols="B:D")
8   # 讀取員工業績
9   right = pd.read_excel("data21_19b.xlsx",
10                  skiprows=1,usecols="B:C")
11  df = pd.merge(left,right,on='員工ID')     # 執行水平合併
12  print("員工資料")
13  print(left)
14  print("-"*70)
15  print("業績表")
16  print(right)
17  print("-"*70)
18  print("合併結果")
19  print(df)
```

執行結果

```
==================== RESTART: D:/Python_Excel/ch21/ch21_19.py ====================
員工資料
   員工ID  性別    出生日期
0    A1    男   2000-05-05
1    A4    男   1998-07-09
2    A7    女   1993-03-05
3    A10   女   1999-06-10
4    A13   男   1985-10-02
-----------------------------------------------------
業績表
   員工ID  業績
0    A1   81110
1    A4   92000
2    A7   69000
3    A10  72000
4    A13  88000
-----------------------------------------------------
合併結果
   員工ID  性別    出生日期      業績
0    A1    男   2000-05-05  81110
1    A4    男   1998-07-09  92000
2    A7    女   1993-03-05  69000
3    A10   女   1999-06-10  72000
4    A13   男   1985-10-02  88000
```

上述第 11 列使用了參數 on=' 員工 ID'，如果省略此參數也可以得到一樣的結果，讀者可以自行練習，ch21 資料夾的 ch21_19_1.py 則是此觀念設計的結果，讀者可以參考。

21-7-2　沒有共同欄位的水平合併

如果兩個工作表的表單沒有共同的欄位，也可以合併，活頁簿 data21_20a.xlsx 含有員工資料工作表，data21_20b.xlsx 含有業績工作表，內容分別如下：

	A	B	C	D	E
1					
2		員工ID	姓名	性別	出生日期
3		A1	洪錦魁	男	2000/5/5
4		A4	洪冰儒	男	1998/7/9
5		A7	洪雨星	女	1993/3/5
6		A10	洪星宇	女	1999/6/10
7		A13	洪冰雨	男	1985/10/2

員工資料 | 工作表2 | 工作表3

ch21_20a.xlsx

	A	B	C
1			
2		業績ID	業績
3		A1	81110
4		A4	92000
5		A10	69000
6		A20	72000
7		A30	88000

業績表 | 工作表2 | 工作

ch21_20b.xlsx

上述兩個表單雖然沒有共同的欄位，但是員工資料工作表的員工 ID 和業績工作表的業績 ID，彼此的意義相同，這時會將有相同內容的資料合併。

程式實例 ch21_20.py：沒有相同欄位的工作表合併，合併時只有不同欄位有相同內容的資料才可以合併。

```
1   # ch21_20.py
2   import pandas as pd
3
4   pd.set_option('display.unicode.east_asian_width', True)
5   # 讀取員工資料
6   left = pd.read_excel("data21_20a.xlsx",
7                        skiprows=1,usecols="B:E")
8   # 讀取員工業績
9   right = pd.read_excel("data21_20b.xlsx",
10                        skiprows=1,usecols="B:C")
11  df = pd.merge(left,right,left_on='員工ID',right_on='業績ID')
12  print("員工資料")
13  print(left)
14  print("-"*70)
15  print("業績表")
16  print(right)
17  print("-"*70)
18  print("合併結果")
19  print(df)
```

執行結果

```
==================== RESTART: D:/Python_Excel/ch21/ch21_20.py ====================
員工資料
   員工ID     姓名  性別    出生日期
0    A1   洪錦魁    男  2000-05-05
1    A4   洪冰儒    男  1998-07-09
2    A7   洪雨星    女  1993-03-05
3   A10   洪星宇    女  1999-06-10
4   A13   洪冰雨    男  1985-10-02
----------------------------------------------------------------------
業績表
   業績ID    業績
0    A1  81110
1    A4  92000
2   A10  69000
3   A20  72000
4   A30  88000
----------------------------------------------------------------------
合併結果
   員工ID     姓名  性別    出生日期  業績ID    業績
0    A1   洪錦魁    男  2000-05-05    A1  81110
1    A4   洪冰儒    男  1998-07-09    A4  92000
2   A10   洪星宇    女  1999-06-10   A10  69000
```

由上述執行結果可以得到，A1、A4 和 A10 因為兩個工作表的員工 ID 和業績 ID 皆有出現，所以只有合併這些資料。

21-7-3　更新內容的合併

一個企業可能有多個分公司，當分公司建立員工資料時，必需定期和總公司的員工做更新資料合併，這時就可以使用本節的功能。活頁簿 data21_21a.xlsx 是總公司員工資料工作表，data21_21b.xlsx 是分公司員工資料工作表，如下所示：

ch21_21a.xlsx　　　　　　　ch21_21b.xlsx

程式實例 ch21_21.py：請將總公司和分公司的員工資料合併。

```
1   # ch21_21.py
2   import pandas as pd
3
4   pd.set_option('display.unicode.east_asian_width', True)
5   # 讀取總公司員工資料
6   left = pd.read_excel("data21_21a.xlsx",
7                        skiprows=1,usecols="B:E")
8   # 讀取分公司員工資料
9   right = pd.read_excel("data21_21b.xlsx",
10                         skiprows=1,usecols="B:E")
11  df = left.merge(right,how='outer')
12  print("總公司員工資料")
13  print(left)
14  print("-"*70)
15  print("分公司員工資料")
16  print(right)
17  print("-"*70)
18  print("合併結果")
19  print(df)
```

執行結果

```
================== RESTART: D:/Python_Excel/ch21/ch21_21.py ==================
總公司員工資料
   員工ID   姓名 性別     出生日期
0    A1  洪錦魁   男  2000-05-05
1    A4  洪冰儒   男  1998-07-09
2    A7  洪雨星   女  1993-03-05
3   A10  洪星宇   女  1999-06-10
4   A13  洪冰雨   男  1985-10-02
----------------------------------------------------------------------
分公司員工資料
   員工ID   姓名 性別     出生日期
0    A8  陳金郎   男  1985-05-05
1   A21  李小飛   男  1988-07-09
2   A31  許冰冰   女  1995-10-02
----------------------------------------------------------------------
合併結果
   員工ID   姓名 性別     出生日期
0    A1  洪錦魁   男  2000-05-05
1    A4  洪冰儒   男  1998-07-09
2    A7  洪雨星   女  1993-03-05
3   A10  洪星宇   女  1999-06-10
4   A13  洪冰雨   男  1985-10-02
5    A8  陳金郎   男  1985-05-05
6   A21  李小飛   男  1988-07-09
7   A31  許冰冰   女  1995-10-02
```

21-8 垂直合併

簡單數據的縱向合併可以使用 concat( ) 函數，可以參考 20-2-1 節，這一節將用實際的工作表表單做解說。

21-8-1　使用 concat( ) 函數執行員工資料的垂直合併

程式實例 ch21_22.py：使用 21-7-3 節的資料，然後使用 concat( ) 函數執行垂直合併。

```python
1  # ch21_22.py
2  import pandas as pd
3
4  pd.set_option('display.unicode.east_asian_width', True)
5  # 讀取總公司員工資料
6  top = pd.read_excel("data21_21a.xlsx",
7                     skiprows=1,usecols="B:E")
8  # 讀取分公司員工資料
9  bottom = pd.read_excel("data21_21b.xlsx",
10                    skiprows=1,usecols="B:E")
11 df = pd.concat([top,bottom])
12 print("總公司員工資料")
13 print(top)
14 print("-"*70)
15 print("分公司員工資料")
16 print(bottom)
17 print("-"*70)
18 print("合併結果")
19 print(df)
```

執行結果

```
=============== RESTART: D:/Python_Excel/ch21/ch21_22.py ==================
總公司員工資料
   員工ID    姓名 性別    出生日期
0    A1  洪錦魁   男  2000-05-05
1    A4  洪冰儒   男  1998-07-09
2    A7  洪雨星   女  1993-03-05
3   A10  洪星宇   女  1999-06-10
4   A13  洪冰雨   男  1985-10-02
----------------------------------------------------------------------
分公司員工資料
   員工ID    姓名 性別    出生日期
0    A8  陳金郎   男  1985-05-05
1   A21  李小飛   男  1988-07-09
2   A31  許冰冰   女  1995-10-02
----------------------------------------------------------------------
合併結果
   員工ID    姓名 性別    出生日期
0    A1  洪錦魁   男  2000-05-05
1    A4  洪冰儒   男  1998-07-09
2    A7  洪雨星   女  1993-03-05
3   A10  洪星宇   女  1999-06-10
4   A13  洪冰雨   男  1985-10-02
0    A8  陳金郎   男  1985-05-05
1   A21  李小飛   男  1988-07-09
2   A31  許冰冰   女  1995-10-02
```

上述的缺點是索引是舊的，可能會有重複出現。

21-8-2 垂直合併同時更新索引

如果希望垂直合併時可以更新索引，可以在 concat( ) 函數內增加下列參數。

ignore_index = True

程式實例 ch21_23.py：增加 ignore_index=True，重新設計 ch21_22.py。

```
11   df = pd.concat([top,bottom],ignore_index=True)
```

執行結果

```
==================== RESTART: D:/Python_Excel/ch21/ch21_23.py ====================
總公司員工資料
   員工ID    姓名  性別    出生日期
0     A1   洪錦魁   男  2000-05-05
1     A4   洪冰儒   男  1998-07-09
2     A7   洪雨星   女  1993-03-05
3    A10   洪星宇   女  1999-06-10
4    A13   洪冰雨   男  1985-10-02
--------------------------------------------
分公司員工資料
   員工ID    姓名  性別    出生日期
0     A8   陳金郎   男  1985-05-05
1    A21   李小飛   男  1988-07-09
2    A31   許冰冰   女  1995-10-02
--------------------------------------------
合併結果
   員工ID    姓名  性別    出生日期
0     A1   洪錦魁   男  2000-05-05
1     A4   洪冰儒   男  1998-07-09
2     A7   洪雨星   女  1993-03-05
3    A10   洪星宇   女  1999-06-10
4    A13   洪冰雨   男  1985-10-02
5     A8   陳金郎   男  1985-05-05
6    A21   李小飛   男  1988-07-09
7    A31   許冰冰   女  1995-10-02
```

21-8-3 垂直合併同時自動刪除重複項目

使用 concat( ) 函數執行工作標資料合併時，可能會有資料重複，這時可以使用 21-3 節所述的 drop_duplicates( ) 函數刪除重複的項目。在實務中可能分公司的員工資料沒有更新，因此合併員工資料時，會產生員工資料重複，例如：活頁簿 data21_24a.xlsx 是總公司員工資料工作表，data21_24b.xlsx 是分公司員工資料工作表，如下所示：

	A	B	C	D	E
1					
2		員工ID	姓名	性別	出生日期
3		A1	洪錦魁	男	2000/5/5
4		A4	洪冰儒	男	1998/7/9
5		A7	洪雨星	女	1993/3/5
6		A10	洪星宇	女	1999/6/10
7		A13	洪冰雨	男	1985/10/2

員工資料 | 工作表2 | 工作表3

	A	B	C	D	E
1					
2		員工ID	姓名	性別	出生日期
3		A8	陳金郎	男	1985/5/5
4		A21	李小飛	男	1988/7/9
5		A1	洪錦魁	男	2000/5/5
6		A4	洪冰儒	男	1998/7/9
7		A31	許冰冰	女	1995/10/2

員工資料 | 工作表2 | 工作表3

ch21_24a.xlsx   ch21_24b.xlsx

程式實例 ch21_24.py：垂直合併，同時刪除重複的員工資料。

```
1   # ch21_24.py
2   import pandas as pd
3
4   pd.set_option('display.unicode.east_asian_width', True)
5   # 讀取總公司員工資料
6   top = pd.read_excel("data21_24a.xlsx",
7                       skiprows=1,usecols="B:E")
8   # 讀取分公司員工資料
9   bottom = pd.read_excel("data21_24b.xlsx",
10                         skiprows=1,usecols="B:E")
11  df = pd.concat([top,bottom],ignore_index=True).drop_duplicates()
12  print("總公司員工資料")
13  print(top)
14  print("-"*70)
15  print("分公司員工資料")
16  print(bottom)
17  print("-"*70)
18  print("合併結果")
19  print(df)
```

執行結果

```
================== RESTART: D:/Python_Excel/ch21/ch21_24.py ==================
總公司員工資料
   員工ID     姓名 性別    出生日期
0     A1  洪錦魁    男  2000-05-05
1     A4  洪冰儒    男  1998-07-09
2     A7  洪雨星    女  1993-03-05
3    A10  洪星宇    女  1999-06-10
4    A13  洪冰雨    男  1985-10-02
----------------------------------------------------------------------
分公司員工資料
   員工ID     姓名 性別    出生日期
0     A8  陳金郎    男  1985-05-05
1    A21  李小飛    男  1988-07-09
2     A1  洪錦魁    男  2000-05-05
3     A4  洪冰儒    男  1998-07-09
4    A31  許冰冰    女  1995-10-02
----------------------------------------------------------------------
合併結果
   員工ID     姓名 性別    出生日期
0     A1  洪錦魁    男  2000-05-05
1     A4  洪冰儒    男  1998-07-09
2     A7  洪雨星    女  1993-03-05
3    A10  洪星宇    女  1999-06-10
4    A13  洪冰雨    男  1985-10-02
5     A8  陳金郎    男  1985-05-05
6    A21  李小飛    男  1988-07-09
9    A31  許冰冰    女  1995-10-02
```

第 22 章

建立樞紐分析表

22-1　資料統計分析

22-2　建立樞紐分析表

22-3　列欄位有多組資料的應用

在講解樞紐分析表前，這一章將從資料統計開始解說。

22-1 資料統計分析

使用 Pandas 做資料統計常使用的方法如下：

❑ value_counts( )：統計欄位計數方法。

❑ groupby( )：群組欄位資料。

❑ aggregate( )：匯總資料方法。

這一節將使用 saleReport.xlsx 活頁簿作解說，這個銷售資料表有 227 筆銷售資料。

	A	B	C	D	E	F	G	H
1	客戶編號	性別	職業類別	年齡	交易日期	商品類別	金額	毛利
2	A1	男	軟體設計	35	2019年1月3日	生活用品	1200	600
3	A4	男	金融業	28	2019年1月4日	家電	800	400
4	A7	女	硬體設計	29	2019年1月5日	家電	800	400
5	A10	女	家管	37	2019年2月13日	娛樂CD	1500	750
6	A13	男	金融業	43	2019年2月14日	文具	600	300
7	A16	女	軟體設計	27	2019年2月15日	家電	800	400
8	A19	女	業務行銷	39	2019年2月16日	3C商品	7000	700
9	A4	男	金融業	28	2019年3月11日	家電	800	400
10	A7	女	硬體設計	29	2019年3月11日	家電	800	400

銷售資料表　工作表2　工作表3　⊕

22-1-1 計算客戶數

雖然 salesReport.xlsx 活頁簿有 227 筆銷售資料，但是有些客戶可能有多次交易，這時可以使用 value_counts( ) 函數統計客戶數、商品類別數、和客戶職業類別數，

程式實例 ch22_1.py：使用 value_counts( ) 函數統計客戶數。

```
1  # ch22_1.py
2  import pandas as pd
3
4  pd.set_option('display.unicode.east_asian_width',True)
5  # 讀取銷售資料
6  df = pd.read_excel("salesReport.xlsx")
7  # 輸出原始資料
8  print(df)
9  # 統計客戶數
```

```
10   print("-"*70)
11   customer_count = df.value_counts("客戶編號")
12   print(customer_count)
```

執行結果

```
================== RESTART: D:\Python_Excel\ch22\ch22_1.py ==================
     客戶編號 性別 職業類別  年齡  交易日期  商品類別   金額   毛利
0       A1   男  軟體設計   35   43468  生活用品   1200   600
1       A4   男  金融業    28   43469    家電    800   400
2       A7   女  硬體設計   29   43470    家電    800   400
3      A10   女  家管     37   43509  娛樂CD   1500   750
4      A13   男  金融業    43   43510    文具    600   300
..     ...  ..   ...   ..    ...    ...    ...   ...
222   A379   女  硬體設計   35   44546  娛樂CD   1500   750
223   A382   女  金融業    28   44547  娛樂CD   1500   750
224   A385   女  業務行銷   41   44548    家電    800   400
225   A388   男  業務行銷   40   44549    家電    800   400
226   A391   女  軟體設計   31   44550  娛樂CD   1500   750

[227 rows x 8 columns]
-----------------------------------------------------------------------
客戶編號
A406    4
A367    4
A427    4
A424    4
A421    4
       ..
A238    1
A241    1
A244    1
A247    1
A97     1
Length: 150, dtype: int64
```

22-1-2　統計客戶性別、職業與商品類別數

程式實例 ch22_2.py：使用 value_counts( ) 函數統計客戶性別數、客戶職業類別數、和商品類別數。

```
1    # ch22_2.py
2    import pandas as pd
3
4    pd.set_option('display.unicode.east_asian_width',True)
5    # 讀取銷售資料
6    df = pd.read_excel("salesReport.xlsx")
7    # 統計客戶性別
8    sex_count = df.value_counts("性別")
9    print(sex_count)
10   print("-"*70)
11   # 統計客戶職業類別
12   job_count = df.value_counts("職業類別")
13   print(job_count)
14   print("-"*70)
15   # 統計商品類別
16   product_count = df.value_counts("商品類別")
17   print(product_count)
```

執行結果

```
==================== RESTART: D:/Python_Excel/ch22/ch22_2.py ====================
性別
女     149
男      78
dtype: int64
----------------------------------------------------------------------
職業類別
業務行銷    81
硬體設計    50
金融業     46
軟體設計    39
家管      11
dtype: int64
----------------------------------------------------------------------
商品類別
家電      87
娛樂CD    76
生活用品    27
文具      22
3C商品    15
dtype: int64
```

22-1-3　先做分類再做統計

前一小節的程式設計是在做各類別的計數，其實我們可以先做分類在做計數。分類的函數是 groupby( )，當獲得分類物件後，就可以使用這個物件配合前一小節所述的 value_counts( ) 函數執行統計計數。

程式實例 ch22_3.py：了解男性與女性客戶的職業類別，和購買商品類別數。

```
1   # ch22_3.py
2   import pandas as pd
3
4   pd.set_option('display.unicode.east_asian_width',True)
5   # 讀取銷售資料
6   df = pd.read_excel("salesReport.xlsx")
7   # 統計男與女的職業類別數
8   sex_group = df.groupby(['性別'])
9   print(sex_group['職業類別'].value_counts())
10  print("-"*70)
11  # 統計男與女的購買商品類別數
12  print(sex_group['商品類別'].value_counts())
```

執行結果

```
==================== RESTART: D:\Python_Excel\ch22\ch22_3.py ====================
性別  職業類別
女    業務行銷      54
      硬體設計      34
      金融業        28
      軟體設計      22
      家管          11
男    業務行銷      27
      金融業        18
      軟體設計      17
      硬體設計      16
Name: 職業類別, dtype: int64
-----------------------------------------------------------------
性別  商品類別
女    家電          56
      娛樂CD        53
      文具          19
      生活用品      13
      3C商品         8
男    家電          31
      娛樂CD        23
      生活用品      14
      3C商品         7
      文具           3
Name: 商品類別, dtype: int64
```

22-1-4 資料匯總

資料匯總的函數是 aggregate( )，常用的匯總項目有下列幾種。

❑ max：最高值。

❑ min：最低值。

❑ mean：平均值。

❑ median：中位數。

程式實例 ch22_4.py：統計不同職業類別者購買商品的最高值、最低值、平均數和中位數。

```
1   # ch22_4.py
2   import pandas as pd
3
4   pd.set_option('display.unicode.east_asian_width',True)
5   # 讀取銷售資料
6   df = pd.read_excel("salesReport.xlsx")
7   # 分類統計
8   job_group = df.groupby(['性別'])
9   print(job_group['金額'].aggregate(['max','min','mean','median']))
10  print("-"*70)
11  job_group = df.groupby(['職業類別'])
12  print(job_group['金額'].aggregate(['max','min','mean','median']))
```

執行結果

```
==================== RESTART: D:\Python_Excel\ch22\ch22_4.py ====================
            max   min            mean   median
性別
女         7000   600   1391.275168    800.0
男         7000   600   1626.923077   1200.0
--------------------------------------------------
            max   min            mean   median
職業類別
家管        1500   600   1036.363636    800.0
業務行銷    7000   600   1492.592593   1200.0
硬體設計    7000   600   1340.000000   1200.0
軟體設計    7000   600   1584.615385   1200.0
金融業      7000   600   1589.130435   1200.0
```

22-2　建立樞紐分析表

22-2-1　認識 pivot_table( ) 函數

在閱讀樞紐分析表時建議讀者要熟悉 Excel 建立樞鈕分析表的觀念，這樣對於專有名詞會比較容易了解。Pandas 提供建立樞紐分析表函數是 pivot_table( )，此函數語法如下：

> pivot_table(data, value, index, columns, aggfunc, fill_value, margins,
> dropna, margins_name, observed, sort)

上述個參數意義如下：

❑ data：這是 DataFrame。

❑ value：這是 Excel 樞紐分系表的值欄位。

❑ index：這是 Excel 樞紐分析表的列欄位。

❑ columns：這是 Excel 樞紐分析表的欄欄位。

❑ aggfunc：這是匯整參數，主要是統計方式，例如：'mean'、'sum'。預設是 numpy.mean。

❑ fill_value：若是有缺失值時，設定取代的值，預設是 False。

❑ margins：預設是 False，如果是 True 會加總所有列或欄。

❑ dropna：預設是 True，也就是當整欄是 NaN 時不要處理。

❑ margins_name：預設是 False，當設為 True 時，將包含總計的欄 / 列名稱。

❑ ovserved：預設是 False，如果是 True 則只顯示分類的觀察值。

這一節將以 data22_5.xlsx 的業績表工作表為實例解說,請參考下列工作表實例:

	A	B	C	D	E	F	G
1	業務員	年度	產品	單價	數量	銷售額	地區
2	白冰冰	2021年	白松沙士	10	200	2000	台北市
3	白冰冰	2021年	白松綠茶	8	220	1760	台北市
4	白冰冰	2022年	白松沙士	10	250	2500	台北市
5	白冰冰	2022年	白松綠茶	8	300	2400	台北市
6	周慧敏	2021年	白松沙士	10	400	4000	台北市
7	周慧敏	2022年	白松沙士	10	420	4200	台北市
8	豬哥亮	2021年	白松沙士	10	390	3900	高雄市
9	豬哥亮	2021年	白松綠茶	8	420	3360	高雄市
10	豬哥亮	2022年	白松沙士	10	450	4500	高雄市
11	豬哥亮	2022年	白松綠茶	8	480	3840	高雄市

業績表 | 工作表2 | 工作表3 | ⊕

這時若是使用 Excel 建立樞紐分系表,步驟如下:

1: 將作用儲存格移至欲建樞紐分析表的表單上。

2: 執行插入 / 表格 / 樞紐分析表。

3: 出現建立樞紐分析表對話方塊,須執行相關設定,Excel 會自行判斷所選取的表格和範圍同時顯示在表格 / 範圍欄位,如果這不是你要的儲存格區間,也可按此欄位右邊的 ▲ 鈕,自行選擇儲存格區間。

4： 按確定鈕。

含清單所有欄位

5： 接下來只要將原先所選的資料清單項目欄位拖曳至報表篩選、欄、列及 Σ 值，很
輕鬆的就可建立樞紐分析表。

　　上述關鍵點就是如何將指定的欄位拖曳至適當的位置，上述視窗欄位相對 Pandas
的 pivot_table( ) 函數各參數說明如下：

有了上述觀念，只要設定上述幾個參數值，就可以設計樞紐分析表了。

22-2-2 使用樞紐分析表的數據分析實例

坦白說要熟悉樞紐分析表，重要是要先掌握所需呈現的資料，然後適當的設定下列參數：

values：相當於 Excel 的值欄位。

index：相當於 Excel 的列欄位。

columns：相當於 Excel 的欄欄位。

aggfunc：相當於統計資料方式，最常見的是 'sum'(加總)，或是使用 Numpy 模組的 np.sum。

程式實例 ch22_5.py：執行 2021 年和 2022 年，台北市和高雄市的銷售統計。

```
1   # ch22_5.py
2   import pandas as pd
3   import numpy as np
4
5   pd.set_option('display.unicode.east_asian_width',True)
6   # 讀取員工資料
7   df = pd.read_excel("data22_5.xlsx")
8   # 建立樞紐分析表
```

```
 9  pvt = df.pivot_table(values='銷售額',
10              index='年度',
11                  columns='地區',
12              aggfunc=np.sum)
13
14  print(pvt)
```

執行結果

```
==================== RESTART: D:/Python_Excel/ch22/ch22_5.py ====================
地區     台北市   高雄市
年度
2021年    7760    7260
2022年    9100    8340
```

22-2-3　加總列和欄資料

在 pivot_table( ) 函數內，如果增加設定下列參數可以執行加總功能。

❏ margins = True

❏ margins_name = ' 總計 '　　　　　　# ' 總計 ' 是設定欄位名稱

程式實例 ch22_6.py：擴充 ch22_5.py，增加總計功能。

```
 1  # ch22_6.py
 2  import pandas as pd
 3  import numpy as np
 4
 5  pd.set_option('display.unicode.east_asian_width',True)
 6  # 讀取員工資料
 7  df = pd.read_excel("data22_5.xlsx")
 8  # 建立樞紐分析表
 9  pvt = df.pivot_table(values='銷售額',
10                  index='年度',
11                  columns='地區',
12                  aggfunc=np.sum,
13                  margins=True,
14                  margins_name='總計')
15
16  print(pvt)
```

執行結果

```
==================== RESTART: D:/Python_Excel/ch22/ch22_6.py ====================
地區     台北市   高雄市   總計
年度
2021年    7760    7260   15020
2022年    9100    8340   17440
總計      16860   15600   32460
```

22-2-4　針對產品銷售的統計

程式實例 ch22_7.py：執行 2021 年和 2022 年，白松沙士和白松綠茶的銷售統計。

```
1   # ch22_7.py
2   import pandas as pd
3   import numpy as np
4
5   pd.set_option('display.unicode.east_asian_width',True)
6   # 讀取員工資料
7   df = pd.read_excel("data22_5.xlsx")
8   # 建立樞紐分析表
9   pvt = df.pivot_table(values='銷售額',
10                        index='年度',
11                        columns='產品',
12                        aggfunc=np.sum,
13                        margins=True,
14                        margins_name='總計')
15
16  print(pvt)
```

執行結果

```
==================== RESTART: D:/Python_Excel/ch22/ch22_7.py ====================
產品      白松沙士  白松綠茶  總計
年度
2021年      9900    5120  15020
2022年     11200    6240  17440
總計        21100   11360  32460
```

22-3　列欄位有多組資料的應用

在建立樞紐分析表時，可以讓一個欄位有多組資料，這可以執行更進一步的分析。

程式實例 ch22_8.py：在年度銷售的列欄位增加業務員，這樣可以看到每個業務員在特定年度和特定產品的銷售分析。

```
1   # ch22_8.py
2   import pandas as pd
3   import numpy as np
4
5   pd.set_option('display.unicode.east_asian_width',True)
6   # 讀取員工資料
7   df = pd.read_excel("data22_5.xlsx")
8   # 建立樞紐分析表
9   pvt = df.pivot_table(values='銷售額',
10                        index=['年度','業務員'],
11                        columns='產品',
12                        aggfunc=np.sum,
13                        margins=True,
14                        margins_name='總計')
15
16  print(pvt)
```

執行結果

```
==================== RESTART: D:/Python_Excel/ch22/ch22_8.py ====================
產品                  白松沙士    白松綠茶    總計
年度    業務員
2021年  周慧敏      4000.0      NaN       4000
        白冰冰      2000.0     1760.0     3760
        豬哥亮      3900.0     3360.0     7260
2022年  周慧敏      4200.0      NaN       4200
        白冰冰      2500.0     2400.0     4900
        豬哥亮      4500.0     3840.0     8340
總計                21100.0    11360.0    32460
```

當一個欄位有多組資料時，資料順序會造成不同的樞紐分析表效果。

程式實例 ch22_9.py：調整 index 欄位的年度與業務員順序，然後觀察執行結果。

```python
1   # ch22_9.py
2   import pandas as pd
3   import numpy as np
4
5   pd.set_option('display.unicode.east_asian_width',True)
6   # 讀取員工資料
7   df = pd.read_excel("data22_5.xlsx")
8   # 建立樞紐分析表
9   pvt = df.pivot_table(values='銷售額',
10                       index=['業務員','年度'],
11                       columns='產品',
12                       aggfunc=np.sum,
13                       margins=True,
14                       margins_name='總計')
15
16  print(pvt)
```

執行結果

```
==================== RESTART: D:/Python_Excel/ch22/ch22_9.py ====================
產品                  白松沙士    白松綠茶    總計
業務員  年度
周慧敏  2021年      4000.0      NaN       4000
        2022年      4200.0      NaN       4200
白冰冰  2021年      2000.0     1760.0     3760
        2022年      2500.0     2400.0     4900
豬哥亮  2021年      3900.0     3360.0     7260
        2022年      4500.0     3840.0     8340
總計                21100.0    11360.0    32460
```

第 23 章

Excel 檔案轉成 PDF

23-1   安裝模組

23-2   程式設計

23-1　安裝模組

要將 Excel 的工作表轉成 PDF 文件，需要安裝 pywin32 模組，安裝方式如下：

```
pip install pywin32
```

23-2　程式設計

將 data23_1.xlsx 的冰品銷售工作表轉成 PDF 檔案，此工作表內容如下：

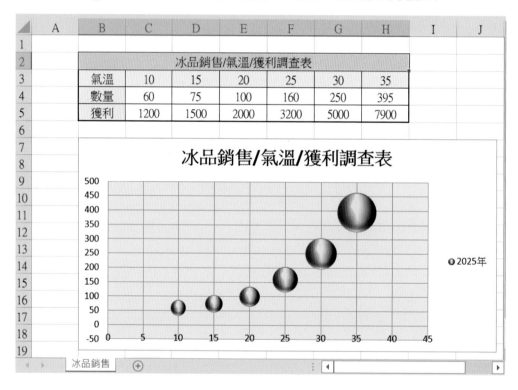

程式實例 ch23_1.py：將上述工作表內容轉成 PDF 檔案。

```
1  # ch23_1.py
2  from win32com.client import DispatchEx
3
4  myexcel = "D:\Python_Excel\ch23\data23_1.xlsx"
5  mypdf = "D:\Python_Excel\ch23\out23_1.pdf"
6
7  # 建立COM應用物件
8  obj = DispatchEx("Excel.Application")
9  # 讀取Excel文件
10 books = obj.Workbooks.Open(myexcel,False)
11 # 將文件轉成PDF
12 books.ExportAsFixedFormat(0, mypdf)
13 books.Close(False)   # 關閉
14 obj.Quit()           # 結束
```

執行結果 開啟 out23_1.pdf 可以得到下列結果。

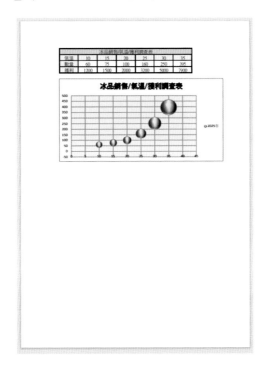

上述第 8 列的 DispatchEx( ) 函數是建立 COM 應用的物件，參數是放 Excel. Application，表示是應用在 Excel。第 12 列是使用 ExportAsFixedFormat( ) 函數將 Excel 文件轉成 PDF。瞭解上述程式後，未來在職場讀者可以將所有的 Excel 檔案轉成 PDF 保存。

附錄 A
模組、函數、屬性索引表

#	8-2	5ArrowsGray	10-4-1
&&	13-5	5Quarters	10-4-1
&[Date]	13-5	5Rating	10-4-1
&[File]	13-5	aboveAverage	11-7
&[Page]	13-5	active	1-4-2
&[Pages]	13-5	add( )	10-1, 12-1-1, 20-3-3
&[Path]	13-5	add_data( )	15-1, 15-1-3
&[Tab]	13-5	add_data_validation( )	12-1-1
&" fontname"	13-5	add_image( )	14-1
&A	13-5	add_named_style( )	6-8-2
&B	13-5	aggfunc	22-2-1
&D	13-5	aggregate( )	22-1, 22-1-4
&E	13-5	Alignment	6-1,6-5
&F	13-5	Alignment( )	6-5-1
&I	13-5	allow_blank	12-1-1
&N	13-5	anchor	14-3
&P	13-5	append( )	3-11
&S	13-5	AreaChart	16-7-1
&T	13-5	AreaChart( )	16-7-1
&U	13-5	AreaChart3D	16-8-1
&X	13-5	AreaChart3D( )	16-8-1
&Y	13-5	ascending	20-3-11, 21-1-4
.	8-2	at	20-3-1
?	8-2	author	7-4-1
@	8-3	axis	21-2-3
3Arrows	10-4-1	bar	15-3
3ArrowsGray	10-4-1	BarChart	15
3Flags	10-4-1	BarChart( )	15-1, 15-1-2
3Signs	10-4-1	BarChart3D	15
3Symbols	10-4-1	BarChart3D	15-5-1
3Symbols2	10-4-1	BarChart3D( )	15-5-1
3TrafficLIghts1	10-4-1	beginsWith	11-1-2, 11-2
3TrafficLights2	10-4-1	between	11-1-2
4Arrows	10-4-1	bgColor	6-4-1
4ArrowsGray	10-4-1	blackAndWhite	13-2
4Rating	10-4-1	bold	6-2-1
4RedToBlack	10-4-1	BOM	19-4-2
4TrafficLights	10-4-1	Border	6-1,6-3
5Arrows	10-4-1	border	6-3-1

Border( )	6-3-1
border_style	6-3-1
bottom	6-3-1, 6-4-4, 6-5-1, 11-6-2
box	15-5-2
bubble3D	17-2-2
BubbleChart	17-2-1
BubbleChart( )	17-2-1
builtin_format_code( )	8-3
builtin_format_id	8-5
builtin_format_id( )	8-5
Byte Order Mark	19-4-2
cell( )	3-1-2
cells	11-1-2
center	6-5-1, 13-4-1
centerContinuous	6-5-1
close( )	1-7, 19-5-1
col	15-3
col_idx	6-4-1
color	6-2-1, 13-4-1
Color	6-7
Color( )	6-7
ColorChoice	15-2-4
ColorChoice( )	15-2-4
ColorObject	10-2-2
ColorScale	10-2-2
colorScale	10-2-2
ColorScale( )	10-2-2
ColorScaleRule	10-2-1
ColorScaleRule( )	10-2-1
column	3-2-1, 21-4-2
column_dimension.group( )	7-5
column_dimensions[ ].width	5-6
column_index_from_string( )	3-12
columns	3-6-1, 20-2-2, 22-2-1
comment	7-4-1
Comment( )	7-4-1
Common-Seperated Value	19
concat( )	20-2-1
conditional_formatting.add( )	10 1

cone	15-5-2
coneToMax	15-5-2
containsBlanks	11-1-2, 11-3
containsText	11-1-2, 11-3
coordinate	3-3
copy( )	6-6
copy_worksheet( )	2-2
create_sheet( )	2-1
cross	21-7
CSV	19
cummax( )	20-3-8
cummin( )	20-3-8
cumsum( )	20-3-8
custom	12-1-1
cylinder	15-5-2
d	8-2
darkDown	6-4-1
darkGray	6-4-1
darkGrid	6-4-1
darkHorizontal	6-4-1
darkTrellis	6-4-1
darkUp	6-4-1
darkVertical	6-4-1
data_only	3-2-1
data_points	18-1-3
DataBar( )	10-3-2
DataBarRule	10-3-1
DataBarRule( )	10-3-1
DataFrame	20, 20-2
DataLabelList	18-1-4
DataPoint( )	18-1-2
DataValidation	12-1-1
DataValidation( )	12-1-1
date	12-1-1
DATEDIF( )	9-4-1
datetime	8-7
ddd	8-2
decimal	12-1-1
degree	6-4-4

del	2-4-1	fill_type	6-4-1
diagonal	6-3-1	fill_value	22-2-1
diagonalDown	6-3-1	fillna( )	20-3-7, 21-2-2
diagonalUp	6-3-1	firstFooter	13-4-2
DifferentialStyle	11-1-1	firstPageNumber	13-2
differentialStyle( )	11-1	font	13-4-1
dimensions	3-10	Font	6-1,6-2
disable( )	2-8	font	6-2-1
DispatchEx	23-2	Font( )	6-2-1
display.unicode.east_asian_width	20-4-2	format( )	9-5
distributed	6-5-1	formula	10-2-1, 11-1-2
div( )	20-3-3	FORMULAE	9-1-1
DoughnutChart	18-4-1	formulas	9
DoughnutChart( )	18-4-1	freeze_panes	7-3
drop( )	20-3-10	frozenset	9-1-1
drop_duplicates( )	21-3	gapDepth	15-5-1
dropna	22-2-1	gapWith	15-2-3
dropna( )	20-3-7	ge( )	20-3-4
dropna( )	21-2-3	general	6-5-1
duplicateValues	11-4	General	8-3
enable( )	2-8	generators	3-6-1
encoding	19-4-1, 20-4-1	get_column_letter( )	3-12
end_color	6-4-1, 10-2-1	glob	1-8
end_column	7-1-1	glob( )	1-8
end_row	7-1-1	gradFill	17-3
end_type	10-2-1	GradienFillProperties	17-3
end_value	10-2-1	GradienFillProperties( )	17-3
endsWith	11-1-2, 11-2	GradienStop	17-3
eq( )	20-3-4	GradienStop( )	17-3
equal	11-1-2	GradientFill	6-4-4
error	12-4	GradientFill( )	6-4-4
errorTitle	12-4	graphicalProperties.line.dashStyle	16-5
evenFooter	13-4-2	graphicalProperties.line.solidFill	16-4
evenHeader	13-4-1	graphicalProperties.line.width	16-5
Excel.Application	23-2	GraphicalProperties.solid	16-6
explosion	18-1-2	graphicalProperties.solidFill	15-2-4, 16-4
ExportAsFixedFormat	23-2	gray0625	6-4-1
fgColor	6-4-1	gray125	6-4-1
fill	6-4-1	greaterThan	11-1-2

greaterThanOrEqual	11-1-2	iter_rows( )	3-7-2
groupby( )	22-1, 22-1-3	justify	6-5-1
grouping	16-2	keep	21-3
gt( )	20-3-4	landscape	13-2
h	8-2	last7Days	11-5
head( )	21-1-2	lastMonth	11-5
header	20-4-1	lastWeek	11-5
height	7-4-2	le( )	20-3-4
hidden	2-6-1, 7-5, 7-6-1	left	6-3-1, 6-4-4, 13-4-1
horizontal	6-5-1	LEFT( )	11-2
horizontalCentered	13-1	left_on	21-7
how	21-7	legend	15-2-2
iat	20-3-1	legend.position	15-2-2
icon_type	10-4-1	lessThan	11-1-2
iconSet	10-4-2	lessThanOrEqual	11-1-2
IconSet( )	10-4-2	lightDown	6-4-1
iconSetRule	10-4-1	lightGray	6-4-1
iconSetRule( )	10-4-1	lightGrid	6-4-1
ignore_index	21-8-2	lightHorizontal	6-4-1
iloc	20-3-1	lightTrellis	6-4-1
Image	14-1	lightUp	6-4-1
implace	21-3	lightVertical	6-4-1
in	9-1-2	LinearShadeProperties	17-3
index	2-1, 20-1-4, 20-2-6	LinearShadeProperties( )	17-3
index_col	20-4-2	LineChart	16-1
indexed	6-7	LineChart( )	16-1
indext	6-5-1	LineChart3D	16-6
info( )	21-1-1	LineChart3D( )	16-6
inner	21-7	list	12-1-1, 12-5
is_builtin	8-4-1	load_workbook( )	1-4-1
is_builtin( )	8-4-1	loc	20-3-1, 20-3-9
is_date_format	8-4-2	locked	7-6-1
is_date_format( )	8-4-2	lt( )	20-3-4
is_datetime	8-4-3	m	8-2
is_datetime( )	8-4-3	margins	22-2-1
isna( )	20-3-7	margins_name	22-2-1
isnull( )	21-2-1	marker.size	16-4
italic	6-2-1	marker.symbol	16-4
iter_cols( )	3-7-3	max	10-2-1, 22-1-4

max( )	20-3-8	notBetween	11-1-2
MAX( )	3-2-1, 9-4-3	notContainsText	11-1-2, 11-3
max_col	3-7-1	notcontaionsBlanks	11-1-2, 11-3
max_column	3-4	notEqual	11-1-2
max_row	3-4, 3-7-1	notna( )	20-3-7
maxLength	10-3-1	nrows	20-4-2
MD	9-4-1	num	10-2-1
mean	22-1-4	Number Formatting	11-1-1
mean( )	20-3-8	number_format	8-6-1
median	22-1-4	NumFmt	11-1-1
median( )	20-3-8	observed	22-2-1
mediumGray	6-4-1	oddFooter	13-4, 13-4-2
merge( )	21-7	oddHeader	13-4
merge_cells( )	7-1-1	on	21-7
mid	10-2-2	open( )	19-5-1
mid_color	10-2-1	openpyxl	1-2
mid_type	10-2-1	openpyxl.chart	15
mid_value	10-2-1	openpyxl.drawing.fill	15-2-4
min	10-2-1, 22-1-4	openpyxl.drawing.image	14-1
min( )	20-3-8	openpyxl.formula.translate	9-6
MIN( )	3-2-1, 9-4-3	openpyxl.styles.colors	6-7
min_col	3-7-1	openpyxl.utils	3-12, 9-1-1
min_row	3-7-1	openstyle.styles	6-1
minLength	10-3-1	operator	11-1-2
mul( )	20-3-3	orientation	13-2
name	20-2-3	origin	9-6
name	6-2-1	os	1-11-3
name	6-8-1	outer	21-7
NameStyle	6-8	outline	6-3-1
NameStyle( )	6-8-1	overlap	15-4-1
NaN	20-1-7, 21-2-1	page_setup.blackAndWhite	13-2
ne( )	20-3-4	page_setup.firstPageNumber	13-2
newline	19-5-1	page_setup.orientation	13-2
nextMonth	11-5	page_setup.paperHeight	13-2
nextWeek	11-5	page_setup.paperWidth	13-2
None	3-9-2	page_setup.PrinterDefaults	13-2
normalize	21-1-4	Pandas	20
Not a Number	20-1-7	Panel	20

paperHeight	13-2	RANK( )	9-4-2
paperWidth	13-2	Ranking	20-3-11
password	2-8	read_excel( )	20-4-2
Pattern( )	6-4-1	read_only	1-4-1
PatternFill	6-1,6-4	Reader	19-4-2
PDF	23-1	Reference( )	15-1, 15-1-1
percent	10-2-1, 11-6-1	remove( )	2-4-1
percentile	10-2-1	reverse	10-4-2
percentStacked	15-4, 15-4-1	right	6-3-1, 6-4-4, 13-4-1, 21-7
pie	18-2	right_on	21-7
PieChart	18-1-1	row	3-1-2
PieChart( )	18-1-1	row_diemnsions[ ].height	5-6
PieChart3D	18-3	row_dimension.group( )	7-5
PieChart3D( )	18-3	rows	3-6-1
pivot_table( )	22-2-1	s	8-2
pos	17-3, 18-2	save( )	1-6-2
position	15-2-2	ScatterChart	17-1
preClr	15-2-4	ScatterChart( )	17-1
print_area	13-3	Series	17-1, 20
print_options.horizontalCentered	13-1	Series( )	17-1, 20
print_options.verticalalCentered	13-1	series[ ]	15-2-4
PrinterDefaults	13-2	set	9-1-1
ProjectedChart( )	18-2	set_categories( )	15-1, 15-1-7
ProjectedPieChart	18-2	set_option( )	20-4-2
prompt	12-2	shape	21-1-3
promptTitle	12-2	sheet_name	20-4-2
Protection	6-1, 7-6-1	sheet_properties_tabColor	2-5
Protection( )	7-6-1	sheet_state	2-6-1
protection.disable( )	2-8	sheetsnames	1-4-2
protection.enable( )	2-8	showCatName	18-1-4
protection.password	2-8	showPercent	18-1-4
protection.sheet	2-8	showValue	10-3-1, 18-1-4
prstClr	17-3	shrink_to_fit	6-5-1
pyramid	15-5-2	Side	6-3
pyramidToMax	15-5-2	Side( )	6-3-1
pywin32	23-1	size	6-2-1, 13-4-1
randint( )	20-3-4	skiprows	20-4-2
rank	11-6-1	smooth	16-3

solid	6-4-1	top	6-3-1, 6-4-4, 6-5-1
sort_index( )	20-3-11	top10	11-6-1
sort_values( )	20-3-11	translate_formula( )	9-6
square( )	20-3-4	Translator( )	9-6
stacked	15-4, 15-4-1	type	10-2-2, 15-3
standard	15-4-1	underline	6-2-1
start_color	6-4-1, 10-2-1	uniqueValues	11-4
start_column	7-1-1	unmerge_cells( )	7-2
start_row	7-1-1	usecols	20-4-2
start_type	10-2-1	utf-8	19-4-1
start_value	10-2-1	val	18-2
std( )	20-3-8	value	3-1-1, 17-2-2, 22-2-1
stop	6-4-4	value_counts( )	21-1-4,22-1, 22-1-1
stop_list	17-3	values	20-1-6
strftime( )	3-1-4	vertAlign	6-2-1
strike	6-2-1	vertical	6-5-1
style	6-8-3 15-2-5	verticalalCentered	13-1
sub( )	20-3-3	visible	2-6-2
subset	21-3	w	19-5-1
sum( )	20-3-8	walk	1-11-3
SUM( )	9-4-3	whole	12-1-1
tail( )	21-1-2	width	7-4-2
text	7-4-1, 13-4-1	Workbook( )	1-6-1
text_rotation	6-5-1	worksheets	1-5-2
textLength	12-1-1	wrap_text	6-5-1
thisMonth	11-5	write_only	1-6-1
thisWeek	11-5	writer	19-5-2
time	3-1-4, 12-1-1, 12-3	writerow( )	19-5-3
timePeriod	11-1-2, 11-5	x_axis.title	15-1-5
title	1-4-2, 2-1	y	8-2
title_from_data	15-1-4	y_axis.title	15-1-5
to_excel( )	20-4-1	YD	9-4-1
today	11-5	yesterday	11-5
today( )	8-7	YM	9-4-1
TODAY( )	9-4-1	yvalue	17-2-1
tomorrow	11-5	zvalue	17-2-1

附錄 B
RGB 色彩表

色彩名稱	16 進位	色彩樣式
AliceBlue	#F0F8FF	
AntiqueWhite	#FAEBD7	
Aqua	#00FFFF	
Aquamarine	#7FFFD4	
Azure	#F0FFFF	
Beige	#F5F5DC	
Bisque	#FFE4C4	
Black	#000000	
BlanchedAlmond	#FFEBCD	
Blue	#0000FF	
BlueViolet	#8A2BE2	
Brown	#A52A2A	
BurlyWood	#DEB887	
CadetBlue	#5F9EA0	
Chartreuse	#7FFF00	
Chocolate	#D2691E	
Coral	#FF7F50	
CornflowerBlue	#6495ED	
Cornsilk	#FFF8DC	
Crimson	#DC143C	
Cyan	#00FFFF	
DarkBlue	#00008B	
DarkCyan	#008B8B	
DarkGoldenRod	#B8860B	
DarkGray	#A9A9A9	
DarkGrey	#A9A9A9	
DarkGreen	#006400	
DarkKhaki	#BDB76B	
DarkMagenta	#8B008B	

色彩名稱	16 進位	色彩樣式
DarkOliveGreen	#556B2F	
DarkOrange	#FF8C00	
DarkOrchid	#9932CC	
DarkRed	#8B0000	
DarkSalmon	#E9967A	
DarkSeaGreen	#8FBC8F	
DarkSlateBlue	#483D8B	
DarkSlateGray	#2F4F4F	
DarkSlateGrey	#2F4F4F	
DarkTurquoise	#00CED1	
DarkViolet	#9400D3	
DeepPink	#FF1493	
DeepSkyBlue	#00BFFF	
DimGray	#696969	
DimGrey	#696969	
DodgerBlue	#1E90FF	
FireBrick	#B22222	
FloralWhite	#FFFAF0	
ForestGreen	#228B22	
Fuchsia	#FF00FF	
Gainsboro	#DCDCDC	
GhostWhite	#F8F8FF	
Gold	#FFD700	
GoldenRod	#DAA520	
Gray	#808080	
Grey	#808080	
Green	#008000	
GreenYellow	#ADFF2F	
HoneyDew	#F0FFF0	

色彩名稱	16 進位	色彩樣式
HotPink	#FF69B4	
IndianRed	#CD5C5C	
Indigo	#4B0082	
Ivory	#FFFFF0	
Khaki	#F0E68C	
Lavender	#E6E6FA	
LavenderBlush	#FFF0F5	
LawnGreen	#7CFC00	
LemonChiffon	#FFFACD	
LightBlue	#ADD8E6	
LightCoral	#F08080	
LightCyan	#E0FFFF	
LightGoldenRodYellow	#FAFAD2	
LightGray	#D3D3D3	
LightGrey	#D3D3D3	
LightGreen	#90EE90	
LightPink	#FFB6C1	
LightSalmon	#FFA07A	
LightSeaGreen	#20B2AA	
LightSkyBlue	#87CEFA	
LightSlateGray	#778899	
LightSlateGrey	#778899	
LightSteelBlue	#B0C4DE	
LightYellow	#FFFFE0	
Lime	#00FF00	
LimeGreen	#32CD32	
Linen	#FAF0E6	
Magenta	#FF00FF	
Maroon	#800000	

色彩名稱	16 進位	色彩樣式
MediumAquaMarine	#66CDAA	
MediumBlue	#0000CD	
MediumOrchid	#BA55D3	
MediumPurple	#9370DB	
MediumSeaGreen	#3CB371	
MediumSlateBlue	#7B68EE	
MediumSpringGreen	#00FA9A	
MediumTurquoise	#48D1CC	
MediumVioletRed	#C71585	
MidnightBlue	#191970	
MintCream	#F5FFFA	
MistyRose	#FFE4E1	
Moccasin	#FFE4B5	
NavajoWhite	#FFDEAD	
Navy	#000080	
OldLace	#FDF5E6	
Olive	#808000	
OliveDrab	#6B8E23	
Orange	#FFA500	
OrangeRed	#FF4500	
Orchid	#DA70D6	
PaleGoldenRod	#EEE8AA	
PaleGreen	#98FB98	
PaleTurquoise	#AFEEEE	
PaleVioletRed	#DB7093	
PapayaWhip	#FFEFD5	
PeachPuff	#FFDAB9	
Peru	#CD853F	
Pink	#FFC0CB	

色彩名稱	16 進位	色彩樣式
Plum	#DDA0DD	
PowderBlue	#B0E0E6	
Purple	#800080	
RebeccaPurple	#663399	
Red	#FF0000	
RosyBrown	#BC8F8F	
RoyalBlue	#4169E1	
SaddleBrown	#8B4513	
Salmon	#FA8072	
SandyBrown	#F4A460	
SeaGreen	#2E8B57	
SeaShell	#FFF5EE	
Sienna	#A0522D	
Silver	#C0C0C0	
SkyBlue	#87CEEB	
SlateBlue	#6A5ACD	

色彩名稱	16 進位	色彩樣式
SlateGray	#708090	
SlateGrey	#708090	
Snow	#FFFAFA	
SpringGreen	#00FF7F	
SteelBlue	#4682B4	
Tan	#D2B48C	
Teal	#008080	
Thistle	#D8BFD8	
Tomato	#FF6347	
Turquoise	#40E0D0	
Violet	#EE82EE	
Wheat	#F5DEB3	
White	#FFFFFF	
WhiteSmoke	#F5F5F5	
Yellow	#FFFF00	
YellowGreen	#9ACD32	